景观设计学教育参考丛书

打工深圳：从大浪看城市化未来

——“景观社会学”之深圳市大浪街道案例

Floating and Dwelling in Shenzhen:
A Perspective of Urbanization at Dalang Community

李迪华　李津逵　路　露　主编

中国建筑工业出版社
CHINA ARCHITECTURE & BUILDING PRESS

图书在版编目（CIP）数据

打工深圳：从大浪看城市化未来——“景观社会学”之深圳市大浪街道案例 / 李迪华，李津逵，路露主编 . —北京：中国建筑工业出版社，2016.11
（景观设计学教育参考丛书）
ISBN 978-7-112-20016-0

Ⅰ .①打… Ⅱ .①李…②李…③路… Ⅲ .①景观设计—案例—深圳 Ⅳ .① TU986.2

中国版本图书馆 CIP 数据核字（2016）第 254243 号

景观社会学是对土地与社会问题的观察与理解。本书收录了 2014 年、2015 年北京大学深圳研究生院景观设计学专业研究生“景观社会学”课程中以深圳大浪地区为研究区域完成的 11 个专题研究报告，内容涉及城市化过程中城市社区与公民参与、城市公共设施、社区公共空间、城市历史保护等具体社会问题和前沿学术问题。“景观社会学”课程教学迈出了我国景观设计学专业教育中对人、土地与社会进行观察、理解与探索的重要步伐。

本书为设计学教育与实践工作者提供了新思路与新模式，可作为城市规划、城市设计、景观设计、景观规划、建筑学专业师生以及相关专业领域的参考书。

责任编辑：杜 洁 李 杰
责任校对：陈晶晶 王雪竹

景观设计学教育参考丛书
打工深圳：从大浪看城市化未来
——“景观社会学”之深圳市大浪街道案例
李迪华 李津逵 路 露 主编
*
中国建筑工业出版社出版、发行（北京海淀三里河路 9 号）
各地新华书店、建筑书店经销
北京京点图文设计有限公司制版
北京建筑工业印刷厂印刷
*
开本：787×1092 毫米 1/16 印张：12¾ 字数：280 千字
2017 年 12 月第一版 2017 年 12 月第一次印刷
定价：48.00 元
ISBN 978-7-112-20016-0
（29486）

序　言

景观社会学是北京大学深圳研究生院、景观设计学研究院（GSLA）在深圳自2005年起开设的一门让学生既“抓狂”但又受益良多的课程。承蒙迪华老师、津逵老师以及其他老师的信任，从一开始我就有幸参与，并陆续与很多届景观设计学专业的同学们交流互动。之所以让学生“抓狂”，主要是这门课的教学方式，把习惯了“宅”在象牙塔里的学生们硬性“赶出”校门，接触活生生的人，让他们近距离观察和认识社会，并重新思考人与土地、空间与社会的关系。根据我的个人体会，无论是景观设计学专业，还是社会学专业，学生们需要面对的挑战越来越不是知识和技能本身，而是获得它们的方法和本领。对于必须面向社会现实和活生生的人的学科，教育的短板往往不在校园内而在围墙外。但受制于长期应试教育以及“三点一线”的校园生活，学生们自主打破常规思维和研究习惯的可能非常小，而“景观社会学”这门课恰恰提供了这样一个机会。“走出校门”、接触陌生的人与社会需要的不仅是勇气和智慧，更需要虚怀若谷的“空杯”心态，而这对于“心怀天下”、踌躇满志的北大学子而言既是莫大的挑战，也是迈步前行的第一步。

我与2013级景观设计学专业的同学们交流互动应该是这么多年来最密切的，当然这主要结缘于大浪。大浪是深圳市龙华新区下辖的一个街道办，地处深圳原关外地区。经过三十多年的发展，大浪已经从过去的岭南客家乡村转变为深圳重要的工业制造业基地，形成了产业和人口在空间上的高度聚集。大浪辖区面积37平方公里，聚集了上千家企业，总人口为50万，其中80%～90%都是外来青工。2012年，受大浪党工委、办事处委托，我所工作的综合开发研究院城市化研究所承担了“大浪青工活力‘第三个8小时’”调研课题。经过长期的合作，我们对大浪已经有了相当程度的认识和理解，并和当地政府、企业以及社会各界都建立了良好的信任和互动关系。大浪是深圳移民城市发展演变的一个缩影，她为我们提供了一个研究快速工业化、城市化背景下区域发展、产业集聚、空间演变、社会发育等一系列问题的鲜活样本。这些都为那年景观社会学课程聚焦大浪做了很好的铺垫。

2013级景观设计学专业的同学们也以“空杯”心态为我们展现了鲜活的大浪社会图景，呈现在各位读者面前的正是他们持之以恒的见证。他们观察到了来自不同地域（省域）群体在居住空间上的聚集现象（《同乡聚落对外来务工人员生存状态的影响研究》）

以及在聚集背后围绕“河南餐馆”、“潮汕茶桌”、“四川麻将”等交往场域而形成的社会互动（《深圳大浪地区河南和广东省籍外来务工人群乡籍差异研究》、《“河南饭店”、“潮汕茶桌”、“四川麻将”现象——深圳大浪地区外来务工人员的地缘性交往》）；他们在思考，外来打工者实现“落脚”之后，如何通过职业技能提升、再次谋求社会流动的机会（《大浪普工职业技能累积与转化的现状研究》）；他们注意到了大量外来青工在工作、生活之外的“第三个8小时”，试图探讨义工志愿者组织对大浪青工的特殊意义（《参与公益活动对外来务工人员城市化过程的影响》）；他们也没有忽视本地原住居民，希望呈现在加速城市化背景下，本地原住居民在面对传统观念与当下现实过程中的困惑与抉择（《老村水塘反应的“吴”姓人与“渔”割舍不断的联系》）；他们也注意站在“他者”的视角，重新描绘大浪的空间形象（《“摩的”司机的城市意象》）；就连一座城市中最不起眼的“垃圾桶”，他们也没有放过，而是从“剩余”的角度反思了城市公共设施的规划配置问题（《从“垃圾桶”看人地关系》）。借用他们自己的话，“这是一次学术经历上的洗礼，是一堂真正走出教室才能上的课”。

他们对于大浪的观察和记录不仅让我们看到了平日里不曾留意的城市边缘和社会角落，让我们更直接地体察到了深圳移民城市的丰富多元，而且他们通过“走地”获得的不仅是知识和技能，更是方法和本领。如此，未来的景观设计师也会更有人情味。因为他们眼里有“人”，心中有“社会”。

中国（深圳）综合开发研究院城市化研究所副主任、研究员

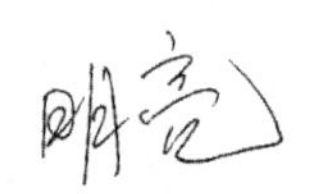

前 言

“景观社会学”是北京大学深圳研究生院、景观设计学研究院（GSLA）自2005年起开设的一门兼具探索性与创新性的研究生课程。之所以将“景观”与“社会”组合起来作为课程名称，意在表明三点：其一，本课程的目的是让景观设计学专业的学生们走出校门，接触活生生的人，认知社会，了解社会需求；其二，课程要求学生们以社会学的视野和方法，观察和理解真实的人与土地关系，研究由此而形成的各种社会问题；其三，以此为起点，继续探讨基于人与土地的社会问题的规划与设计解决途径。景观社会学为学生们提供了认知机会，该课程中学生们掌握的方法贯穿北京大学景观设计学研究生专业全部学习过程，也必将影响他们将来的事业与人生。

“景观社会学”课程采用“学生为主，面向社会”的全新模式：由李津逵与我主持，面向社会聘请能够引领学生走出校园的10余位资深人士作为指导教师，以北大深圳研究生院景观设计学专业研究生为主体，分为若干个专题研究小组，对于中国社会中与土地紧密相关的代表性问题开展研究。

本书收录了2014年、2015年北京大学深圳研究生院景观设计学研究生专业“景观社会学”课程的11个专题报告，内容涉及了城市化过程中城市社区发展与公民参与、城市公共设施、社区公共空间、城市历史保护等具体社会问题和前沿学术问题。“景观社会学”课程教学迈出了我国景观设计学专业教育中对人、土地与社会进行观察、理解与探索的重要步伐。希望本书能为景观设计学科教育和实践工作者提供新思路。

“景观社会学”课程过程中，由多专业学生构成的各研究小组不断与指导教师交流讨论，并经过多次由相关专家学者参与点评的汇报过程，改进与完善研究。期间，还结合不同专题举办多次讨论沙龙与讲座，以扩展学生的视野与思路。最终，各小组完成研究报告，并在终期汇报时邀请各领域权威专家进行点评与指导。

本书虽然收录的是学生课程研究报告，内容却融汇了全体指导老师的知识与思考智慧和劳动心血，他们对这本书的学术贡献未能通过署名来体现，希望参与的学生能够铭记在心，希望读者在理解本书体现的学术思想和方法时，意识到这是一个集体成果和集体智慧。我们更加希望，这样的教学模式能够在更多的高校被复制。高校本科和研究生教育，得到更多的社会援助和参与会起到事倍功半的效果。“景观社会学”课程10年的实践经验表明，这种在有限的条件下最大限度地缩短学校与社会、学生与实际距离的教学模式对学生、教育和参与者教师都是有益的。这样经验的鼓舞，促使我们坚持出版学生教学案例，更希望案例出版能够鼓励更多社会上有识之士加入到中国高等教育的校外援军队伍中。

“景观社会学”课程专题案例部分完成分为三阶段：一是由各研究专题参与人员完成研究报告，景观设计学专业研究生进行初次修改与排版；二是由我负责，各研究小组选择一名成员按照出版要求深化和完善研究报告，完善后的研究报告由路露组织并指导各专题报告主要撰写人进行多轮多次修改；三是由我审稿，路露、陆暮秋、徐素雅、赵妍、朱丹妮完成最终的整理、修订。特别感谢李津逵老师和无私为景观社会学课程提供指导的全体老师们以及参与课程点评的全体专家们，他们是李津逵、于长江、周旭、周林、曾真、吴文媛、周志辉、肖靖宇、张西利、李宝章、范军、宋华，他们的名字和给学生们留下的指导意见和评语，均见于书中正文。他们的加入，使北京大学的景观设计学研究生教育更加充满活力和自信，他们是改变中国高等教育沉溺于书本和“理论研究”现状的援军。

特别感谢路露与全体同学的出色编辑、组织和坚持不懈地修改完善全书语法与文字，让“一切都是可能的”教育信念成为实实在在的出版成果。

希望本书出版，能够起到抛砖引玉的作用，业内人士的批评与建议，是发展完善“景观社会学”研究生课程教学重要条件，更是对完善景观设计学高等教育的支持。

北京大学建筑与景观设计学院副教授

目 录

专题 1

“河南饭店”、“潮汕茶桌”、“四川麻将”现象——深圳大浪地区外来务工人员的地缘性交往

小组成员：史书菡　郑庆之　周　洁

摘　要：深圳是我国改革开放之后的城市建设奇迹，而建设深圳的主力军则是背井离乡的外来人群。本文以深圳大浪地区河南省、广东省、四川省的外来务工人员为研究对象，以“河南饭店”、“潮汕茶桌”、“四川麻将”这些特定的交往现象作为研究中心，展开对外来人群社会支持网络的研究，探析这种以地缘关系为基础的交往活动对外来人群融入城市生活的影响。

关键词：地缘关系；社会支持网络；外来人群；深圳大浪

1　引言

改革开放三十多年来的城市化建设创造了令人瞩目的成绩，深圳地区是中国城市化发展最快速的地方。在城市化建设的浪潮之中，还有这样一批未被关注的弱势群体，他们为此付出过青春和汗水，却仍一直处于这座城市的“边缘”。以经济发展为导向的城市化，更多地注重物质产出，对创造这些“产出”的廉价劳动力的关怀仍显得相当微弱。深圳大浪地区这个同样位于城市边缘的区域，聚集了来自各个省份的外来务工人员。他们怀揣对未来美好生活的憧憬，来到深圳接受了“工厂—租屋”两点一线的生活。这些身处深圳的异乡人，也正以他们独有的方式，融入大浪的生活，融入这座陌生而繁华的城市。

真正走进大浪地区，不难发现带有特定省域特征的商店：河南饭店满座的河南大哥；潮汕人的店铺里围在茶桌前的老乡们；具有代购回家车票等功能的四川麻将馆……在某种程度上，这里是他们信息收发的平台，更是他们主要的社交场所。这种乡土文化的整体性迁入形成的集聚现象以及迁入地各类区域文化较为割裂的状况，对外来人群融入城市生活的利弊还有待探讨。

本文即以这些特定的交往方式为研究中心，展开外来人群社会支持网络的研究，分析这一地缘关系引导的交往方式以及对外来人群个人社

会支持网络构建的影响，阐述这些省域现象存在的意义。最后，本文将从区域文化的角度出发，探究现象的深层原因，为解决进城农民问题提供参考。

2 相关概念

2.1 社会支持网络

社会网络分析作为一种独特的理论和研究方法从20世纪60年代兴起，对现代社会学研究具有重要的意义（童星等，2010）。社会网络是一定范围内的个人之间相对稳定的社会关系。目前国内关于社会网络的研究主要分布在社会支持网络上。个人的社会支持网络就是指个人能借以获得各种资源支持（如金钱、情感、友谊等）的社会网络（贺寨平，2001）。对某一个人来说，其家庭成员、亲戚、朋友和熟人等都是其个人社会网络的组成部分，个人可以从自己的社会网络中获得所需要的社会资源和社会支持（罗忆源，2003）。外来务工人员在进城之后，远离了原有的社会关系网络，在进入新的社会环境之后，需要重建社会关系网络，而社会网络分析在对进城农民问题的研究当中得到了较多的应用。

2.2 地缘关系

地缘关系以土地或地理位置为连接纽带，是指因在一定的地理范围内共同生活而产生的关系，如邻居、同乡、街坊。本文中所指的地缘关系，特指外来农民工的同乡关系。农民工在迁入地形成的地缘关系群体，虽然远离了原来的乡土社会，却仍然保留着迁出地的乡土文化特性，并与当地居民及其他迁出地居民在同一地域空间中保持着文化距离，形成迁入地较为分割化的社会格局。

2.3 区域文化

由于地理环境和自然条件不同，导致历史文化背景差异，从而形成了明显与地理位置有关的文化特征，这种文化就是区域文化。概括起来说，它是文化的空间分类，是类型文化在空间地域中的凝聚和固定，是研究文化原生形态和发展过程的，以空间地域为前提的文化分布。它将

乡土社会与城市社会之间地缘关系特征对照表（李汉宗，2013） 表1-1

特征	乡土社会	城市社会
地理空间	村落共同体	散户社区
归属感	强	弱
获得方式	先赋性	后致性
维持时间	持久	暂时
交往频率	高	低

图 1-1 大浪河南饭店的分布情况

具有相近的生存方式和文化特征的集结作为单独的认识对象，然后进行历史的和分类的归纳和探源，了解每一个区域文化中所拥有的内容，从而展现文化学中一种分支的研究价值和意义（李勤德，1995）。

3　“河南饭店”现象

3.1　“河南饭店”现象是什么？

在整个大浪范围内，河南饭店屈指可数，走遍了大浪的大街小巷，总共发现了5家河南饭店，但它们都有个共同点——客源基本上为河南人，食客一般与老板认识并且关系不错，这就是所谓的“河南饭店”现象，即指具有显著河南特色的河南人开的饭店里，河南食客聚集的现象。

图1-2　河南人家饭店

河南豫菜很难让其他南方省份人群感兴趣，而身在外地的河南人碰到老乡开的饭店，当然不会错过这个品尝家乡面食的机会，以河南食客为主的河南饭店在大浪地区存在，数量虽少却又十分必须。

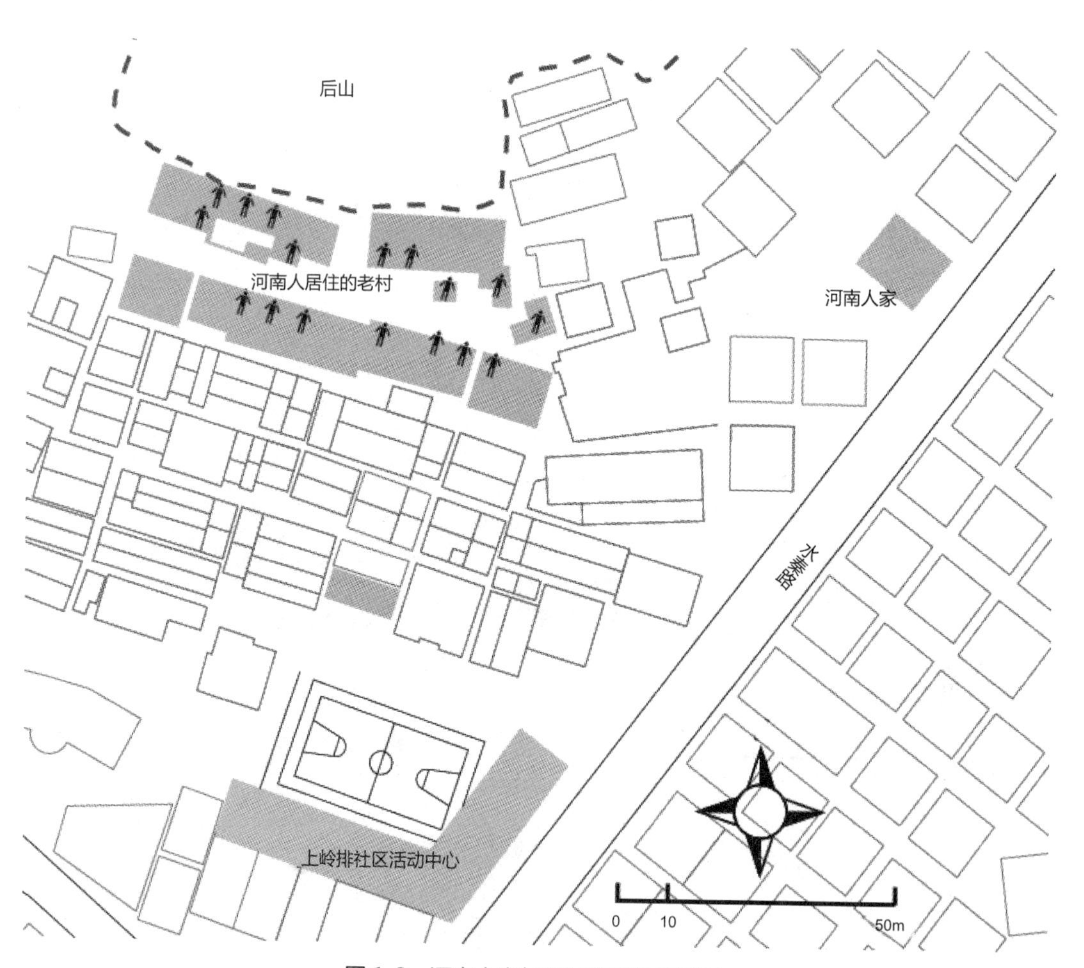

图1-3　河南人家与老村的区位关系图

3.2 河南饭店的故事

大浪的5家河南饭店与河南人的存在相辅相成，或在河南人聚集地附近，或在河南人聚集工厂附近。也正是这种相辅相成的关系，从几家河南饭店，我们能够窥视整个河南人群体在大浪的生存状态。一家家河南饭店的兴衰，正在述说着河南人在大浪的奋斗史。

3.2.1 河南人家旁边的“河南人家”

在大浪地区的东北角，有一个背靠山坡的老村——上岭排，村中居住的几乎全是外地人。就在村子最里端，有十几户几乎全部来自河南平舆县，拖家带口的他们已经在这里生活了许多年。而让我们最先知道并去了解这个村落的人，却是这个老村旁边的“河南人家”饭店的老板。

饭店老板同样来自河南平舆县，32岁，来大浪已经有7年了，他和老婆一起经营饭店，生活还算不错。日常来他这里吃饭的人，70%都是河南人。由于位于水秦路旁，食客中有一大部分人是摩的司机、保安以及政府治安人员等，而这些食客又以河南平舆县人居多。在某种程度上，饭店更是河南平舆人的根据地。

在饭店门前，这个类似农村打麦场的空地，是来此吃饭的人们首先要选择的进餐场所。几次的“河南人家”调研，都会遇到在饭店门口进餐的几位河南平舆的摩的司机与保安。为了防止交警检查无牌照的摩的，老板的这些河南食客帮他买来了一辆治安巡逻用的摩托车，这种车可以躲过大浪一切交警的注意。尽管这些摩的司机很多住在浪口老村，但在这里吃饭，说说家乡话，更是他们工作和生活的重要组成部分。

上岭排老村在整个大浪处于较为边缘的区域，“河南人家”饭店所在的水秦路过往行人也不是特别多。河南人群体偏居一隅，在这里形成了一个属于他们自己的乐园。无论是“河南人家”饭店大招牌凸显地方性，

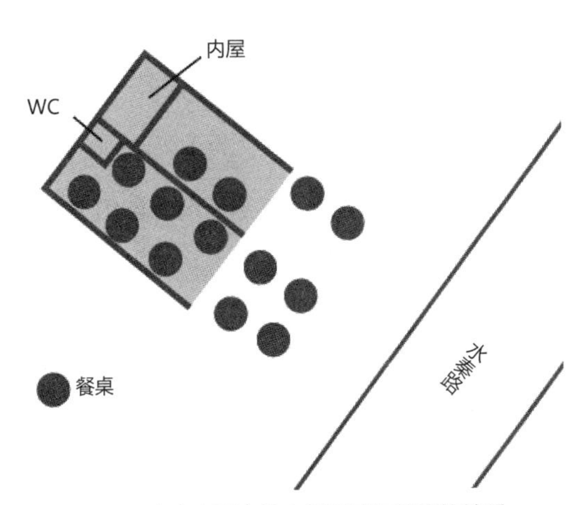

图1-4 河南人家饭店的布局及其与道路的关系

图1-5 上岭排老村墙上的“河南”标记

图1-6 河南人家饭店不远处的长途大巴服务点

还是上岭排老村中赫然写着的“河南”大字，都在强调着这一属于河南人空间的内聚性。而居住在这里的人们的同质化现象也十分明显，职业选择甚至是工作单位的一致性、收入水平的相当性等等，加上又是同乡，让这里生活的人们，如同一个大家庭，在深圳这个地方也一样有着老家的安全感。每当周六周日，老村中其乐融融，大家一起洗菜做饭，吃饭聊天，整个巷子都是他们的客厅。每当傍晚时分，摩的司机与治安巡防们再一次来到“河南人家”饭店，照例的几瓶啤酒，照例对老板的调侃，让大浪这个较为寂静的村落有了些更为温馨的气氛。

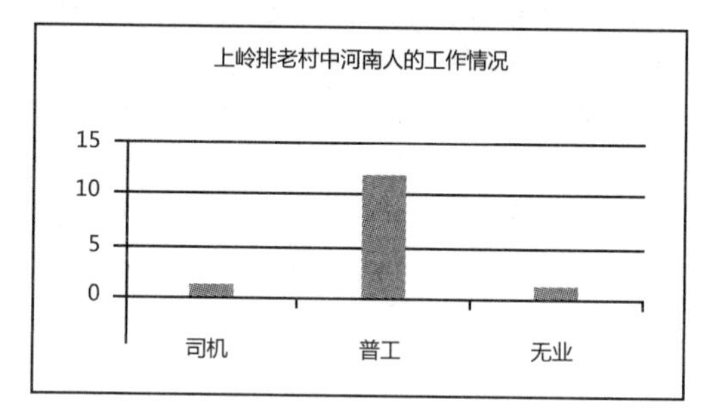

图 1-7　上岭排老村中河南人的工作情况（14 人）

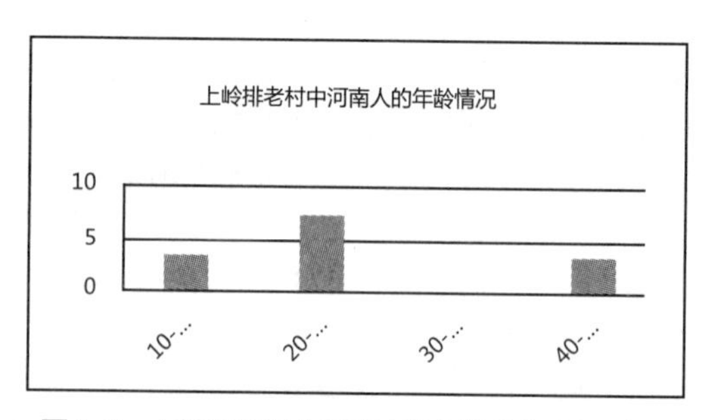

图 1-8　上岭排老村中河南人的年龄分布（14 人）

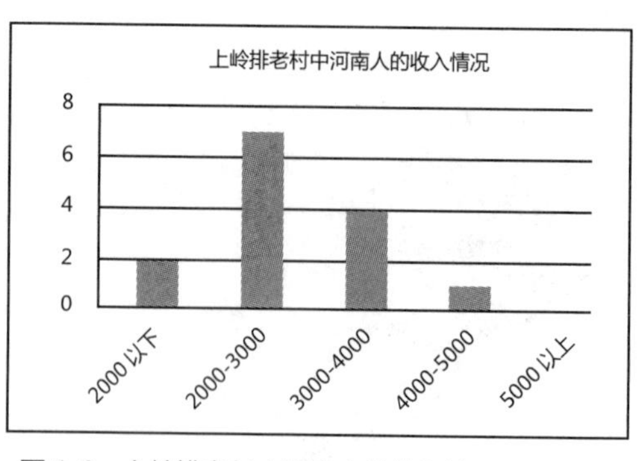

图 1-9　上岭排老村中河南人的收入情况（14 人）

3.2.2　“河南人厂”周围的“河南饭店”

图 1-10　深圳富隆特体育用品有限公司厂房

在大浪华兴路上，有一家名叫富隆特的工业园，工业园内较大的一座建筑就是深圳富隆特体育用品有限公司，这是一家以生产出口泳镜为

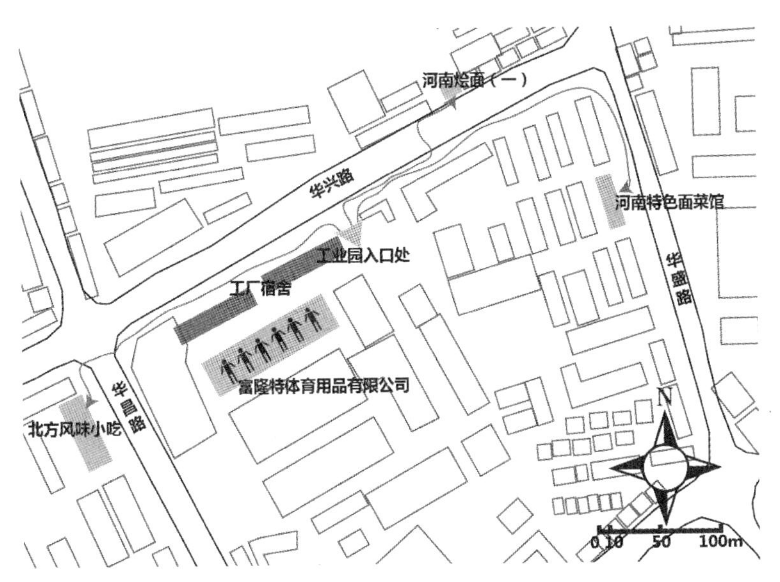

图1-11 深圳富隆特体育用品有限公司与三家河南饭店的分布关系图

主的企业，总部在河南洛阳，深圳则为该企业的生产分部，而该厂厂主及主要高层领导几乎全是河南人，而全厂60%的河南员工（该厂主管提供数据）则让其成了名副其实的“河南人厂”。就在这个厂子的周围，有3家河南饭店，呈三角形分布在厂房的外围。由于工厂提供食宿，工人们基本不离开工厂，这几家河南饭店便是他们偶尔放松、朋友聚会的场所。

河南烩面（一）是离工厂最近的一家饭店，两三年前易主的河南烩面馆以日常便饭为主，同时销售馒头。现今的饭店老板是河南驻马店人，携一家老小，全靠经营饭店度日。饭店的消费水平较低，能够满足工厂普通工人的需求，偏向于平民化。据饭店老板介绍，他们的客源基本依靠富隆特工业园，其中的河南工人是他们在此经营的最大客源。老板一边喊着老乡，一边招呼我坐下，热情地向我介绍着他们的情况。饭店里来来往往的都是河南老乡，操着河南口音，在烈日下，这一切也显得格外清爽。

图1-12 深圳富隆特体育用品有限公司厂房内部

河南特色面菜馆离体育用品厂较远，位于华盛路，对面为鸿邦电子有限公司。同样来自河南驻马店的老板，来深圳已有10年的时间。之前在酒店里做工，工资较低，无法应对新生儿的抚养问题，于是在2006年开了这家饭店。在大浪，这也是开店时间最长的一家河南饭店。饭店最初开张的前几年，正是当时深圳河南人较多的时候，来饭店吃饭的人也很多。老板指着店门前的人行道说道，在之前马路没拓宽的时候，门口可以摆8张桌子，现在马路拓宽了，门口面积变小了，门口却还坐不满。“家里的厂子也有两三千工资，何必来这么远呢？现在河南人来得越来越少了。”前些年每天晚上来吃饭的人很多，许多（开厂的）老乡开车过来吃饭，都是饭店老板的老朋友，每次来一招呼，照例几样菜，几瓶酒，都是不醉不归。现在比之前也稍显冷清，很多厂都搬走了，大浪租金太贵了，

图1-13～图1-14 深圳富隆特体育用品有限公司工人宿舍环境

大家都搬到观澜、东莞去了，不像前些年开厂的老板经常来这聚。说着，老板抱怨道，现在都5月底了，今年迄今为止还没挣到一万块钱。吃饭点的时候，再次来到菜馆，人不多，几位富隆特厂的工人领班在此就餐，喝着啤酒、夹着菜的他们十分欢乐，而其他饭桌上的食客，并不是河南人，据老板介绍，现在饭店的面食销量并不大，其他南方省份的人也不吃面食，这些年饭店又新增了炒饭、炒粉等南方人爱吃的饭食，否则，饭店早就经营不下去了。这家开了七八年的餐馆，与河南人在大浪的生存状况一样，经历了“由多到少”的历史过程。

北方风味小吃位于华昌路与华兴路交叉口附近，据河南烩面馆（一）的老板告诉我，这家饭店的老板也是河南人。由于去饭店几次都不是饭点，又地处偏僻地段，饭店都关着门。最后，终于在6月5日那一天，碰到了店主。店主是河南周口的，是一对28岁左右的年轻夫妇。店主在10年前最初来深圳的时候，在南山区亲戚的一家饭店做工，之后亲戚回了老家，自己便出来创业。因大浪地区租金便宜，选择在此开店，至今也已有半年时间。由于近年来深圳工资不高，河南人来深圳的越来越少，饭店生意也只能勉强维持，店主也决定干一年之后回老家。说着，我面前的这位年轻老板感慨道，出门在外很多年，家还是最温暖的地方，有父母在，在家做什么都好办。之前有亲戚老乡同在深圳，饭店吃饭的食客也都熟悉，大家相互维持，还舒心一些。现在生意差，店不开门的话，就带着老婆孩子出去玩了。

这三家饭店在此聚集，主要是围绕“河南人厂”，引来了有关河南的商业经济。在整个水围新村，这个呈三角形布局的饭店和工厂的结合，

图1-15～图1-16　河南烩面馆（一）的店面情况

图1-17～图1-18　河南特色面菜馆的店面情况

承载着这些普通工人几乎所有的日常生活。单调的宿舍和工作环境，让他们选择在河南饭店寻找乡音的慰藉及与家乡的联系纽带，正如北方风味小吃店的老板所说，“无论走到哪，家都是最温暖的地方”。

这些饭店与工厂的距离，直接影响了饭店的生意状况，离工厂最远的北方风味小吃也是这些饭店中经营最差的一家，次远的河南特色面菜馆有鸿邦电子有限公司食客的补充以及其退而转向南方饭食的销售策略，让其得以长期生存下去。河南烩面（一）也经历了转让的命运，现在的老板更多也依靠在大浪范围内的馒头销售维持生计，同时也是工厂附近饭店中河南食客最多的一家。与上岭排老村旁的河南人家饭店不同的是，这几家饭店都更加开放，在此工作的河南人，除了在应对老乡这一地缘关系的同时，更多的交往则是同事之间的业缘关系，更多是地缘关系与业缘关系的结合。这些较河南人家饭店更为面向其他工人的三家河南饭店以及较上岭排老村的河南居民更为开放的河南工人们，与其他省份人群的融入机会更多，程度更深，河南特色面菜馆老板的南方饭食改良尝试就是其中最典型的融入。

图1-19　北方风味小吃的菜单，为低等消费水平

3.2.3　面向大浪地区河南人的“河南烩面馆”

河南烩面（二）位于大浪劳动者广场对面，毗邻中保富裕新村，也是大浪河南饭店中最新开张的一家。老板是一对来自河南商丘的回族夫妇，之前在江浙一带打工、开饭馆，半年前来到深圳，来到大浪，在此开了这家消费水平偏中等的餐馆。

由于饭店位于大浪中心地带的劳动者广场附近，交通便利，加之新开张，生意是众多河南饭店中最好的一家。由饭店的菜单也可以看出，饭店的消费在大浪属于偏高水平。从整个调研过程的感受来说，这是个河南籍创业者云集的饭店。

饭店附近的中保富裕新村同样聚集着一批河南人，有在此经营的摊贩，也有几十户河南人在此居住。大浪治安巡防的王队长就和妻子住在这里，按照他的指引，我在此遇到了卖西瓜和豆腐脑的河南籍经营者，通过他们的介绍，我来到了这家河南烩面馆。他们彼此之间就存在着密切的交往，仿佛有一股绳，把他们紧紧联在一起，而正是这股绳，让我顺利地走入老乡们的日常生活。

图1-20 ~图1-21　河南烩面馆（二）的食客

中保富裕新村卖西瓜的王大叔，是河南烩面馆附近见证河南故事的老乡中最有话语权的一位。这位大叔，今年 45 岁，河南平顶山人，来深圳将近 10 年了。之前开摩的他随着年龄的增长改行卖西瓜，一天可以赚一两百块钱，维持着在大浪上高中和幼儿园的两个孩子的开销。每天固定而又免费的摊位让他认识了几十个在附近的老乡。虽然来深圳已经很长一段时间，大叔却一直不习惯这里的生活，“不是家里土生土长的，实实在在的感觉，吃饭也没老家有感觉”。而每天最开心的时光就是和老乡一起喝酒，这些老乡大多是来深圳做生意的大小老板，河南烩面馆就是最近他们常去的根据地。随后的几天里，我又在河南烩面馆碰到了这位大叔，他来找面馆的老板拿他放在这里的牛肉，而对我这个小老乡，他也一眼认出。整个烩面馆满满的乡音和阵阵的笑声也让我这个身在异地的河南人倍感温暖。

由于饭店面对劳动者广场，饭店周边也有许多家饭馆，烩面馆除了是河南人聚餐的地方，也是其他在劳动者广场附近的人们品尝河南风味之处，与工厂旁的河南饭店不同的是，这家饭店不仅仅是满足温饱需求的小餐馆，更大程度上是朋友聚餐的场所。与其他几家饭店相比，这家河南烩面馆的开放性最强。

3.3 河南饭店的特点

在大浪的任何一家河南饭店，都能看到和气的店主，操着河南口音，

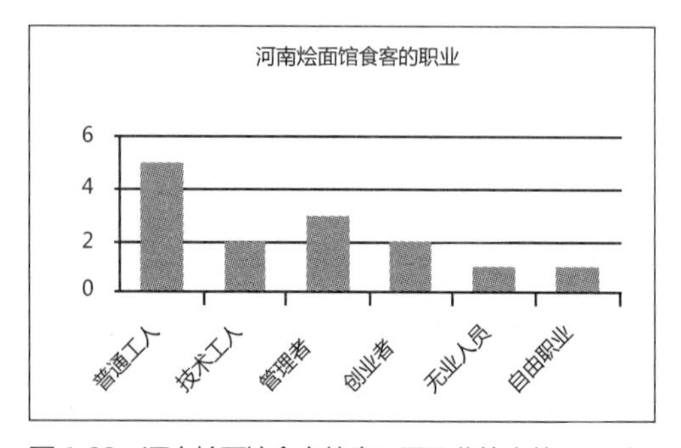

图 1-22　河南烩面馆食客从事不同职业的人数（14 人）

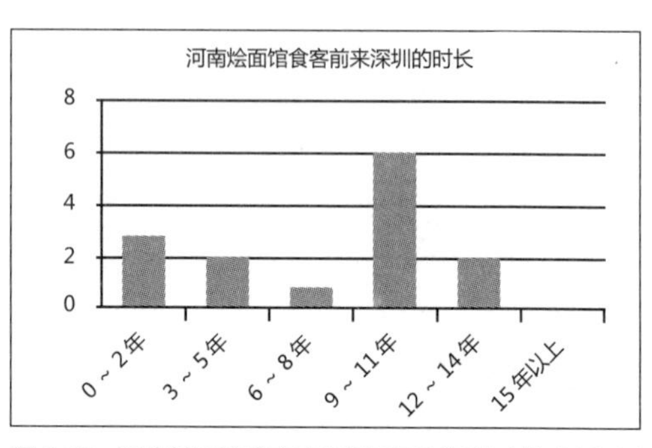

图 1-23　河南烩面馆食客来深圳不同时长的人数（14 人）

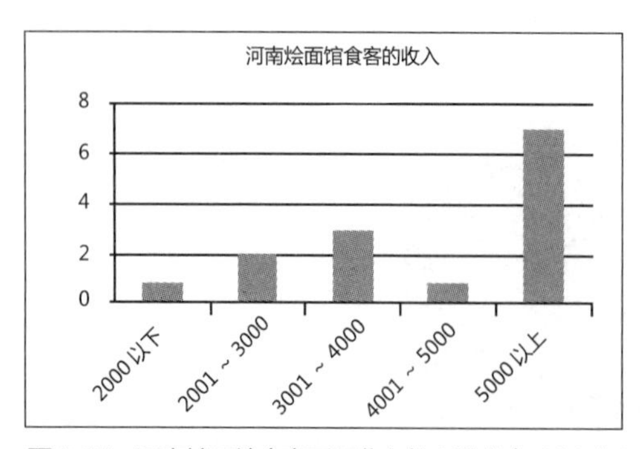

图 1-24　河南烩面馆食客不同收入的人数分布（14 人）

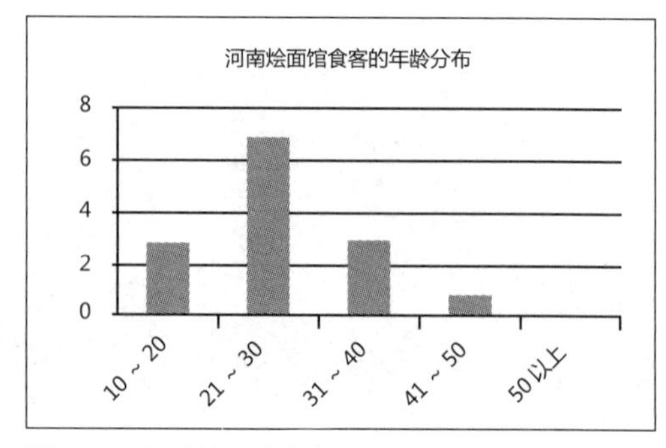

图 1-25　河南烩面馆食客不同年龄段的人数（14 人）

招呼着来此的河南食客。这是一个河南人吃面食的地方，也是身在异乡的河南人获得信息与精神支持的地方，仿佛就是家里的餐厅，可以唠唠家常、发发牢骚，再商量商量“家中事情”的地方。河南人来深圳打工的情况也影响了大浪地区河南饭店的兴衰，随着河南本地的发展以及深圳本地的巨大变化，或许来到深圳的河南人不会再回到几年前“纷纷来深圳”的状态，但身在此地的河南人总会找到这样一个“家”，可以说说家乡话，尝尝家乡的味道，这个地方就是“河南饭店”。

在大浪生存的河南饭店，也在以自己的方式融入着大浪的风土人情，从“河南人家”旁的饭店，再到“河南人厂”旁的饭店，进而到劳动者广场这一大浪中心广场旁的饭店，从内聚到开放的特质不仅体现在地理位置，更体现着在此吃饭聚餐的人们以及饭店老板身上。从表1-2可以看出，各个饭店在地理位置的变化对应的食客职业变化以及河南食客的比例，体现出越开放，食客收入以及身份越高的趋势。而饭店的经营者在经营理念上与其之前的工作经历也有着很大的联系。虽然从整体上来说，河南饭店的内聚性是肯定的，但河南饭店的发展与融合则是长久的。河南人从普工身份，从摩的司机身份到创业者的过渡，也正是从封闭到开放的过渡，这对身在大浪的河南人来说，是机遇也更是挑战。

河南饭店特点总结 表1-2

饭店名称	地理位置	在大浪的位置	饭店客源	经营状况	河南食客比例（老板估计）	老板组成	老板之前的工作	经营时间
河南人家	上岭排老村100m范围内	偏远区域	摩的司机、保安、普工	一般	70%	35岁夫妇	工厂普工	3年多
河南烩面（一）	富隆特工业园150m范围内	次中心区域	普工	较好	80%	30岁夫妇与母亲	工厂普工	2年
河南特色面菜馆	富隆特工业园300m范围内	次中心区域	普工、管理者、创业者	较好	50%	40岁夫妇	酒店服务员	7年多
北方风味小吃	富隆特工业园300m范围内	次中心区域	普工	一般	50%	28岁夫妇	餐馆打工	半年多
河南烩面（二）	劳动者广场100m范围内	中心区域	创业者、管理者、普工	好	60%	40岁夫妇	开饭馆	3个月

4 “潮汕茶桌”现象

4.1 “潮汕茶桌”现象

喝茶并不是哪个乡群特有的习惯，但是在大浪如果看到有工夫茶具，围坐在周围的必有广东人，而且是广东的潮汕人。数据显示，喝茶聊天是大浪的潮汕人与老乡、同事和朋友交往中最主要的活动。并且，在我们的观察中，潮汕人的茶具分布在像巷口这样的公共场所，也分布在店面这样的半公共场所以及潮汕人的家中。不仅如此，围绕着工夫茶具可以是熟识的老乡或是来光顾的顾客，也可能是路过的陌生人；他们可能

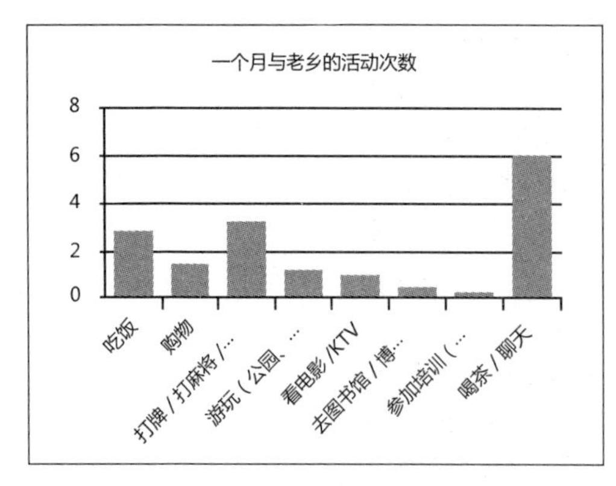

图 1-26　潮汕人与老乡的不同活动类型的次数（一个月）

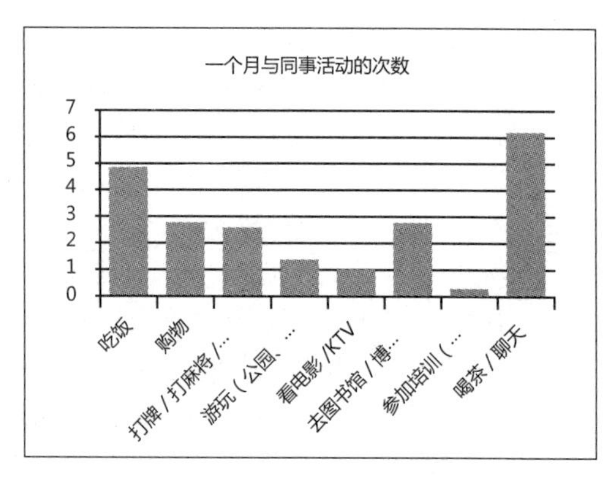

图 1-27　潮汕人与同事的不同活动类型的次数（一个月）

是邻居，也可能是另一个村子的朋友，总而言之这张茶座就像是一个纽带联系着来自四面八方的人。这就是潮汕人茶桌现象的概况。

潮汕的工夫茶具很容易被人们忽略为一种简单的家居摆设，而且喝工夫茶的过程复杂烦琐并不容易被每一个人接受，但是潮汕人对这样一种茶具和这样一种喝茶方式情有独钟。离开潮汕来到大浪，来自家乡的习俗仍然保留着活力，他们爱喝茶、爱泡茶，爱以茶会友。因此，这样一种小小的茶具在这个陌生的城市竟然成为潮汕人与老乡、与社会的社交纽带。

4.2　不同位置的“潮汕茶桌”

在大浪，潮汕茶桌主要出现在三种地方：潮汕人经营的沿街店面、街角的公共空间以及他们的家中。其中最常见的是出现在潮汕人经营的店铺中的工夫茶具，这与他们大多经营生意的特点有关。我们采访的每一位潮汕人都表示家里有泡茶的工夫茶具，繁简各异，主要是自己习惯喝茶，招呼亲友也必不可少。相比之下，在街角、巷子等公共空间中的潮汕茶桌是最少的，在各个村子中只发现了两处。

4.2.1　店面之中的工夫茶——五金店里的“村委会”

喝茶不仅仅是大浪潮汕人的生活习惯，而且变成了他们的经商之道。喝茶会客可以让人觉得从容不迫，可以让店铺氛围融洽，当店主独饮时，有邀他人共坐的感觉，当数位茶友畅谈时，店老板随时抽身照顾店面生意也十分自然。如果买者不赶时间，相邀喝杯茶也是常有的事情。就在我采访各家店面的过程中，总会被招呼喝上一杯，无论我是不是用方言与他们打招呼，也不在乎我是否自报家门。在这里，各个年龄段的店主都有，有三十出头的五金店老板娘，有二十来岁的麻将店小哥，有六十多岁的杂货铺大爷，还有菜市场的年轻夫妇，但无论是谁，他们和他们的茶具给人从容自然的感觉。值得一提的是，在店面里潮汕茶桌旁，谈话的人仍然以老乡居多，用方言对话仍然是主流，但是并不妨碍潮汕以

图 1-28 ~图 1-29 店面中的工夫茶具

图 1-30 五金店里的“村委会”的空间特点及情景图

外的人打破局面成为聊天的一分子，因为有买有卖，顾客与老板慢慢熟识自然能产生话题，普通话和潮汕方言很自然地在对话中相互切换。这是一种很微妙的氛围，有乡群的内聚性但又具有开放性。店面中工夫茶具的普及可能就得益于此，是生活习惯与商店氛围的巧妙结合。

在大浪最具代表性的工夫茶桌是在上横朗新村街道旁的一家五金店里，店老板是一个揭阳人。平时除了老板自己还经常有三到五位“茶客”。常来的有村委会的李先生、村里的电工、装修师傅先生、跑生意的陈先生，老板的弟弟一家也时常来坐。除此之外，来店里买东西的人不急的话也会在店里小聊两句喝杯茶。

老板泡工夫茶很讲究，除了喝茶的工具，还有一个给杯子消毒的小锅，每当邀人喝茶就从中取一只小杯，烧好一壶开水，洗茶再泡茶。所有的过程都十分缓慢闲适，让店里的氛围很放松。当本人作为调研的学生第一次来到这里的时候就被老板招呼坐下，不急着说事，而是先喝一杯，原本的一点唐突也被这样的氛围化解，所有的话题都进行得平淡而自然。

为什么说是五金店里的“村委会”，原因不只是这里的常客有村委的干部，而且来这的人都居住的村里地各个地方，而且是做不同工作的人。他们聊天的内容有抱怨政府对他们村里企业的管束，也有臭骂做生意中遇到的可气事情，同时也可以聊到村子里房租的变化等等。这种事无巨细的聊天可以很容易地被传达到村委会那，因为喝茶的人像是赶场子一样，下班了在这里喝两杯，上班了也可以在单位喝两杯，这边的话题很快就变成了那边的谈资，虽然说这种聊天可能对管理没有起到决定性的作用，但是这种沟通确是非常有效的。

4.2.2　公共空间中的工夫茶桌

图 1-31　公共空间的工夫茶桌

在公共场所鲜有见到工夫茶桌，其中一个出现在一条 4 米宽的小巷的巷口，两侧是五层的楼房，楼下并没有店面。一桌人喝茶聊天嗑瓜子，似乎占据了整小巷，很少人选择从这条路通过。观察发现，他们的对话完全使用潮汕方言，很长时间内也没有其他人参与进来。我们曾试图参与到他们的聊天当中，但是他们不像是店面中的人那么容易接近，在我们走进的过程中他们就开始保持沉默。另外一处也是相似的情况，几个中年男子在浪口新村一处没周围有店面的街角喝茶谈天不亦乐乎，但一旦接近却沉默不语，即使说明老乡的身份也分毫不能缓解尴尬的氛围。

在户外的茶桌，少了店面的庇护，少了主人翁的感觉，失去了些安全感。一位店老板说：在自己的铺位喝茶很安心，不会占了别人的地方，也能体现出自己的好客，一旦在外面，谈天就不会那么自然随意了，一般人不会到街上去喝茶。因此在户外的茶桌上，方言成了聊天的庇护，茶桌以外的人没有机会进入话题，聊天的人也不想打破这样的氛围。户外的茶桌只是潮汕人假想的一个属于自己的私密空间，直接把家乡的风俗搬到了这里，并没有跟大浪发生什么关系。

图 1-32　潮汕人家中的工夫茶桌

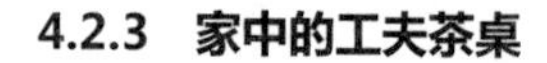

4.2.3　家中的工夫茶桌

在大浪的潮汕人家中都少不了工夫茶具，因为喝工夫茶是生活中不可缺少的部分。但在问起一般喜欢在什么地方喝茶的时候，他们都说平时和朋友喝茶通常不在家里。黄先生说家里一般有亲戚来了才在家里喝茶，但是现在亲戚都在汕尾老家，不经常过来看他们。现在接触的主要是生意上的人，还有就是三个聊得来的朋友——楼下杂货铺的杨叔、隔壁村的老邻居黄先生，还有一起做生意的妹夫张先生，如果要在家里喝茶聚会，时间和家人都不好协调。另外，在观察中发现，喝茶的人多数是男性，所有观察到的 30 多个喝茶聊天场景中，只有 7 名女性。这与潮汕的文化有很大关系，在潮汕文化中“男主外，女主内”分工十分明确，喝茶作为对外的社交活动，女性很少参与。这同样映射在喝工夫茶的人的分布上，在潮汕地区，工夫茶放在家里最外向的空间，例如离门最近的大厅，如果是临街的住户，甚至工夫茶具就直接冲着正门摆放，一点也不遮掩。在大浪地区，同样地，工夫茶作为对外交流的工具是以办公场所以及临街店铺中的工夫茶桌为主，家里的工夫茶仅仅是生活习惯的体现，不具有很强的社交功能。

4.3 潮汕茶桌的特点及其形成

大浪的工夫茶是潮汕地区文化的延伸，但是与家乡的特点又有所不同。在潮汕地区虽然工夫茶具在商店铺面中也十分常见，但是潮汕地区家庭中的茶桌仍然是核心。尤其是老城区中，除了临街的骑楼建筑以及部分大宅院拥有2～3层的阁楼，其他多为一层的坡屋顶建筑，他们的门厅都朝向门前的小巷或者街道开口。面对小巷的客厅基本都是开敞的，客厅正中靠墙必然是工夫茶桌的位置。家里的主人喜欢坐在这里看街上的人来来往往，遇到熟人可以招呼到家里来坐，十分随意。每家每户的门厅联系成了一串半公共的空间，成为人们社交的场所。在潮汕还有一个特别的现象，就是卖菜的、卖小吃的大多数是推车叫卖，希望走过更多的小巷，被更多临街的住户看到。所以即使在建筑密集的老城中找不到很多较为宽敞的开放空间以及茶楼小馆，这里的公共生活一样很频繁。

来到大浪地区，老村的居住环境并不为潮汕人青睐，一位来自汕头的阿姨说，既然要出来发展，就要比在老家过得好一些。所以大多数的潮汕人不愿意住在大浪环境较差的老村。自然他们选择住在以多层为主的新村中。新村的房屋一般在5～8层之间，这些房子的平面为边长为10m的矩形，房子与房子之间是4m多宽的通道。这样的生活空间与老家的形式截然不同，临街的随意串门在这里变得不切实际，每栋房子的防盗门以及一级级的阶梯都成为阻碍原有生活习惯的壁垒。

但是幸运的是潮汕人另一个特点为他们解决了问题——潮汕人乐于经商。大浪的一位杂货店老板的儿子告诉我们：在工厂里打工赚的钱不少，但是你学不到很多东西，几年下来积累不到很多的资本（包括社会经验以

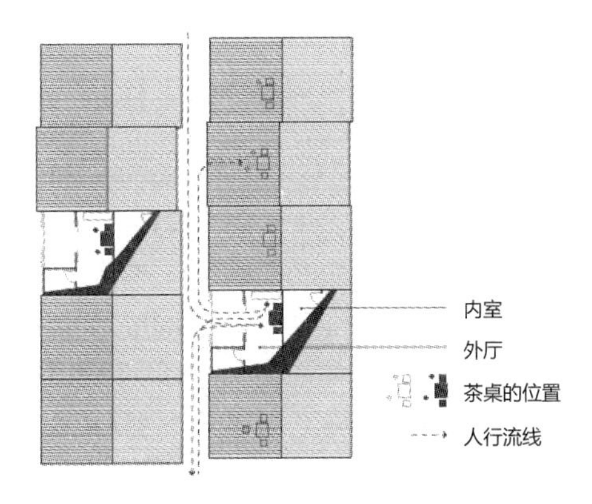

图1-33 潮汕茶桌在大浪城中村的空间模型

及知识）。但是自己做生意就不一样了，他现在自己在公司里做营销，积累了很多的人脉和经验，等到资金准备够了，他打算以后自己做生意。在这种“宁愿在路边摆摊也要自己做老板”的心态驱动下，潮汕人在大浪经营的店面随处可见，其中五金店、汤粉店、汽修店几乎是被潮汕人垄断的，其次杂货店、菜市场的档位也有不少是潮汕人在经营。这些商业基本上都是紧邻街道的，十分容易接近，而且在此居住的人的生活必需品以及服务都由这些商业而满足，长此以往店主以及附近居民也就熟识起来。因此这里的潮汕人店面成为家乡那种临街客厅的替代品，潮汕人在这里串门，喝茶聊天。

4.4 总结

潮汕的茶桌在大浪的三种分布位置体现了在喝工夫茶这个活动中，潮汕人对其他乡群或者说是陌生群体的开放程度不同。店面中的工夫茶最具有包容性和开放性，无论是什么身份的人都能很容易地融入茶桌的氛围；其次是在公共场所中的工夫茶。虽然他们不愿意与陌生人产生过多的交流，但是由于他们处于公共空间中，因此至少在视觉上已经是大浪公共生活的一部分；最后是在潮汕人家中的工夫茶桌，这种几乎不对外的工夫茶形式是潮汕人生活习惯的纯粹表现。三种空间中的工夫茶桌的开放性是递减的，但是作为半公共空间的店面为什么会比公共空间更具有开放性？原因在于店面本身就是一个人与人接触的媒介，有越多的人光顾商店就越有生意，因此店面本身具有很强的开放性，导致其中的工夫茶桌也十分开放。除此之外上文也分析了大浪临街店面空间与潮汕老家住房的外厅空间的相似性，这也是导致店面中潮汕茶桌开放性的原因之一。虽然说公共空间中的潮汕茶桌到现在为止只占少数而且不容易接近，但是它能够在公共空间中出现说明了它存在的可能性，也许在未来的城市改造中，设计师或者管理者能通过空间设计或管理的手法改善户外环境，为潮汕茶桌提供合适的户外场所并激发其开放包容的特性。

5 “四川麻将”现象

5.1 “四川麻将”现象

四川人爱打麻将为全国人民熟知，来自天府之国的人们，在异地也同样保持着这种爱好，大浪地区的四川麻将馆也遍地开花。但同四川本地麻将不同的是，大浪的麻将馆还发挥着其他更重要的作用。

四川人比较乐观知足，享受生活有时候比起挣钱显得更加重要。麻将老少皆宜，它是招待客人的一种方式，也是拉近工作伙伴关系的工具，更是闲暇时娱乐消遣的选择。四川人在闲暇时间的主要活动类型是打麻将。对于老人和闲来无事照看孩子的大妈们来说，麻将是最合适不过的消遣活动，而对在大浪工作了一天的四川人来说，晚上喝点小酒，携三五好友搓一盘麻将也是放松心情的一种主要方式。麻将同时是联系四川同乡感情以至结交异乡朋友的纽带，代表着四川人贵贱同台的平民生活特点。在大浪地区，麻将馆多在四川人聚集地区营业，多形成“楼上四川人，楼下麻将馆”的格局。

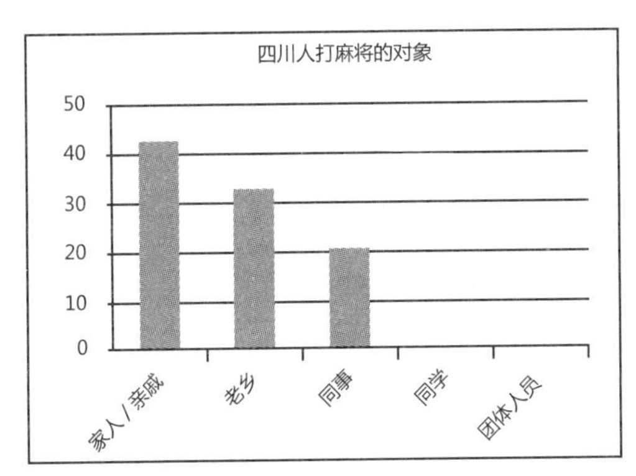

图1-34 与四川人打麻将的不同对象的人数（98人）

图1-35 村中的麻将馆

5.2 “四川麻将”的类型

5.2.1 “四川村”中的麻将馆

在大浪相较其他外乡人来说，出现较特别的就是四川的“同乡村”、“同乡街”。在老围新村，四川籍人口达到了70%，并且这些四川人彼此之间都认识。有些在四川时就是同村的朋友，有些是知道村里四川人多而专门来到这里租房的。而这种四川村中的麻将馆，成为村里男女老少结交朋友、打发闲暇时间的地方。用他们的话说，再不熟的人，桌上一别之后，也就成为朋友了。

而麻将的打法也多样，因为一起打的人身份背景不同而各有不同。四川人对于麻将的打法学习得较快，不仅是与同乡“搓一盘”麻将，也可用广东打法。人们在打麻将的过程中自在地交谈，因为是共同参与的游戏，有时也从牌局中谈论人生琐事，大大地增进彼此的关系，这种交谈既不冷场，也不显得突兀。

而这种城中村中的麻将摊也是个美食分享会，配上茶水、瓜子、花生以及糖果等，会让游戏的过程更加丰富。一桌麻将参与人数从3～7人不等，除了直接参与打牌的人，旁边观看的人也都乐在其中，且人数无限制。

图1-36～图1-38 长途客运与麻将馆的结合

5.2.2 “多动能”的街边麻将馆

四川人的生活中，麻将是一味极重要的调味剂，就像“辣椒”一样，丰富了日常生活。这种活动随着四川人在大浪中的散布而遍地开花，除了上述的同乡村，也有开在城市街边的麻将馆。

这种麻将馆往往与小卖部结合在一起，拉动桌边“零食”的消耗量，有时也承担同乡回家车票预定功能，是个多功能的场所，麻将馆在这里很少起着经营的作用，大多是为同乡提供一个聚会点，聚集人气。在大浪华兴路，大街旁的麻将馆位于高层楼底，这就是四川同乡会聚集点，同时也是帮老乡预定回乡机票火车票的据点。楼上住着的四川人会经常在这里聚会，同时楼上住着的外乡人也会偶尔下来看一看，会有很多外省人因为这里而结识，调查中我们发现四川人是最能与其余省份人在短时间内熟识的，在这里，麻将桌功不可没。递一杯水，点一支烟，大家也就成了好朋友。

5.2.3 小巷边“移动的”麻将桌

除了位置比较固定，名称明显的麻将馆之外，我们在走访的时候，还发现几个城中村的巷头巷尾的过道上出现了巷头的“移动”麻将桌。这种移动的麻将桌配置简单，就是一张小桌，一副牌，供邻里的四川人在闲暇时，在户外，在租屋的旁边玩上几个小时。

这种牌桌分布比较自由，大树下、巷子旁，只要有空地就行，成为一个很自由的聚会场所。街道空间在这个时候为这种临时的游乐活动提供了可能，建筑围合而成的街巷荫凉舒适，即使在深圳炎热的夏季，这里也不失为一个舒适的纳凉空间，拐角或是建筑凹进去的小空地，都可以在合适的时候发挥其无限的可能。

5.3 “四川麻将”的特点

在大浪，四川人分布范围很广，新村老村都有，尤以老村居多。“四川麻将”灵活性较大，“人情味”十足，且聚集的人士不限性别年龄，进行活动的成本也低，只需一张桌子和一副牌即可。有些麻将馆是机动麻将，但玩牌的费用一圈下来也就几块钱。玩牌场所也限制很小，这让它的传播相较其他活动更加广泛。

在调查中我们发现，很明显的是四川人较河南人、潮汕人拥有更多

图 1-39 街巷的临时性麻将 / 纸牌桌

图 1-40 城中村的小巷

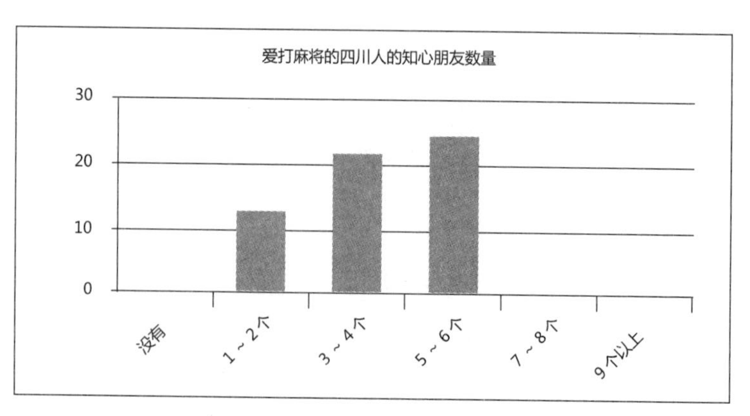

图 1-41 爱打麻将的四川人具有的知心朋友数量分布（61 人）

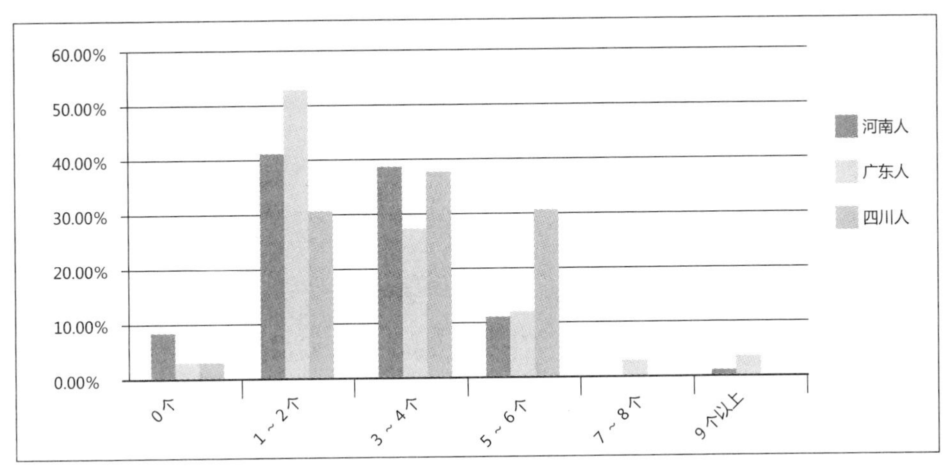

图 1-42 河南人（126 人）/ 潮汕人（108 人）/ 四川人（98 人）的知心朋友数量分布

的知心朋友。四川人多喜欢热闹，喜欢聚会，通过麻将这种媒介，不仅可以联络同乡感情，彼此从不认识到成为朋友，同时也是结交外乡朋友的方式，四川人的外乡朋友多受其感染，将“麻将”作为闲暇时的消遣活动。

四川麻将的形式以四川人在大浪的分布特点为基底，形式自由多样。可以是一个小卖部与麻将馆结合的营业点形式，也可以是街边楼层底的一个民居点，可以在好友的家中，也可以是在窄巷子中的过道边，也可以在树下，只需要能放得一个四方桌就可以。室内室外都可以，打牌的人与观看的人都能从中得到乐趣，是非常平民化的社交活动。

6 总结与讨论

“河南饭店”、“潮汕茶桌”、“四川麻将”是大浪以乡群为主的聚集现象，为外来人群初来大浪，奠定了基本的社会支持网络。这些地缘现象，也在以自身的方式，融入大浪的生活之中，我们能看到的是发展到各个阶段的乡群聚集现象以及各阶段的现象存在的特点、与大浪的城市空间关系。由于各乡群的区域文化差异，表现出来的不同类型的聚集现象，很大程度上对应了各乡群本身的特点。河南人的保守豪爽、潮汕人的精明进取、四川人的闲适满足在大浪也一样出现了这样的区域文化差异。也正因为这些区域文化差异，乡群整体融入大浪的方式也各不相同。

城市在飞速发展的同时，应更多地关注具有不同区域文化的外来人群。由于不同群体在对公共空间以及休闲活动的需求之间存在差异，景观设计与规划应更多考虑“人”的因素，真正做到从“人”的角度出发，用设计师的力量实现社会公正。

参考文献

[1] 贺寨平．国外社会支持网研究综述 [J]．国外社会科学．2001(01)．

[2] 李勤德．中国区域文化 [M]．太原市：山西高校联合出版社，1995.

[3] 罗忆源．农民工流动对其社会关系网络的影响 [J]． 青年研究，2003（11）．

[4] 童星等．交往、适应与融合：一项关于流动农民和失地农民的比较研究 [M]．北京：社会科学文献出版社，2010.

[5] 李汉宗．血缘、地缘、业缘：新市民的社会关系转型 [J]．深圳大学学报（人文社会科学版），2013（04）：113-119.

深圳大浪地区河南和广东外来务工人群乡籍差异研究

小组成员：郑庆之　史书菡

摘　要：本文通过对深圳大浪地区的河南及广东的外来务工人员的对比研究，发现两个省份的外来务工者们具有很强的乡籍特征，且存在明显差异，具体反映在居住空间选择、职业选择以及娱乐方式地点选择等方面。本文对这些具体特征进行详细描述与对比。

关键词：城市化；外来务工人员；地域差异

1　引言

外来人口是深圳市的主力军，大浪地区为典型的城市边缘的工业区，外来人口比重更大。这里的外来务工人员来自全国各个省份，例如河南、广东、江西、湖南、四川等，这些省份都具有明显的地域文化差异，但是如此背景多样的外来人口却要生活在与家乡环境截然不同的统一重复的城市空间中，他们在新环境的适应中会表现出哪些差异？本文选择广东省与河南省的人群作为研究对象，研究数据来源于问卷调查、访谈、观察、官方统计数据。

1.1　广东籍

根据《广东省人民政府对广东三大民系形成的概述》描述，如今广东的汉族居民，主要可分为广府、客家与潮汕三大民系。由于历史原因，三大民系的人们长期各自保持其生活习俗、文化意识和性格特征。深圳大浪的本地居民属于客家民系，而外来的广东人则包括了三大民系。

根据深圳大浪街道的统计，大浪外来的广东人的总量为85524，占大浪街道总人口数的29.5%。外来广东人的年龄结构体现出中间大两头小的特征，而从广东人来深圳年限分布图可以看出，广东人在大浪的居住时间在1～3年这个区间发生转折并急剧下降。

1.2 河南籍

世世代代生活在中原河洛地区的河南人，受河洛文化影响颇多。河南长期以农业为主，自古农耕经济就相当发达，大多数人抱有“重耕稼、鄙商贾”的观念（张向东，2005）。

河南是我国人口大省，三农问题严重，一直以来都是我国劳动力输出大省。广东地区作为沿海经济发达地区，自然成为众多务工人员改变生存状态的选择。根据深圳大浪街道的统计，大浪地区河南人的总量为16274人，占大浪街道总人口数的5.6%。河南人的年龄结构体现出中间大两头小的特征，但与广东人相比，10岁以下儿童的比例所占相对较小，40岁以上的中年人比例较小。而从河南人来深圳年限分布图可以看出河南人在大浪的居住时间在1～3年这个区间发生转折并急剧下降。

广东省三大民系概况　　表2-1

	潮汕民系	客家民系	广府民系
来源	河洛先秦移民	千年前逐渐迁移至此	先秦军队与当地土著
文化	妈祖崇拜（渔业文明）、商业文化	很强的宗族观念	港口商业文化，商业化的农桑文明
聚居地特点	人多地少、濒临大海	八山半水一分田，半分道路和庄园	冲积平原
语言	潮汕话	客家话	广府话（粤语）
性格特点	敢闯能略，谨慎精细，务实勤俭	宁卖祖宗田，不忘祖宗言	顶硬上、马死落地行，务实、乐观、包容

1.3 基本情况的对比

大浪外来务工人口中，广东人口总数是河南人的五倍，这个人口数的差距源于广东的地缘优势，而且粤西、粤北和粤东都是劳动力输出地。改革开放后大量的广东人就近到深圳谋求发展。河南人曾经也是深圳市人口中的主力军，但是2005年发生的打击犯罪集团的事件，影响了河南人在大浪的发展。

除了人口总量上的差异外，两个人群的人口结构、来深时间等其他方面十分相似。人口的主要年龄段分布在18～35岁，且留大浪年限在1～3年的为最多。

2 居住空间的选择差异

2.1 大浪居住空间类型

大浪的居住空间按照所在区域分可以分为新村、老村和工厂居住区三种类型，分别对应村民利用自己的宅基地建设的塔楼公寓（后称塔楼）、

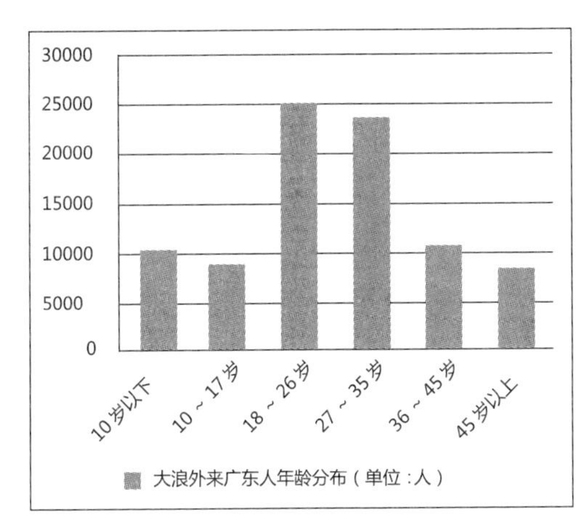

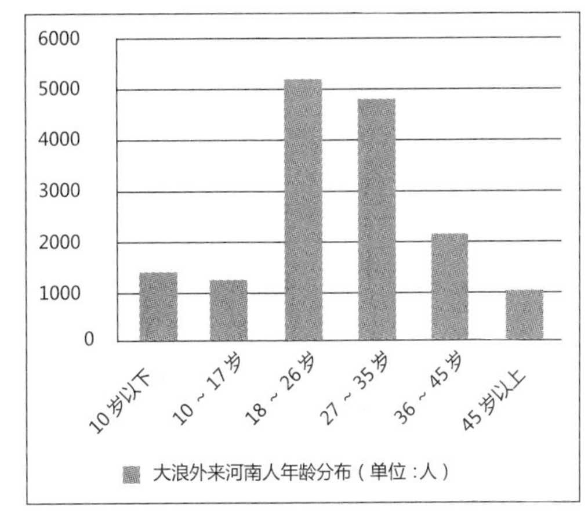

图 2-1　两省人口结构对比（资料来源：大浪街道办）

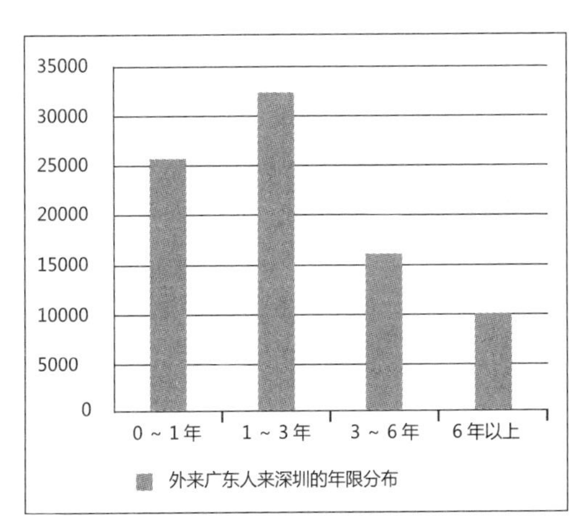

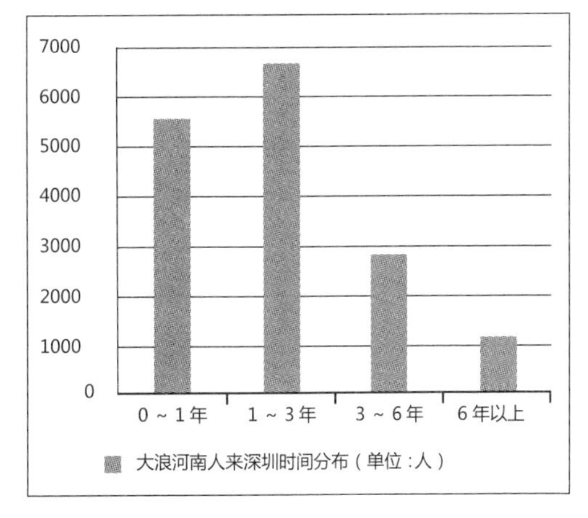

图 2-2　两省籍外来务工者来深时间对比（资料来源：大浪街道办）

老村村屋和工厂宿舍。大浪社区一共有 12 个老村和 12 个新村，每一个新村都依附着一个老村。

2.1.1　新村

新村的居住形式以村民自建的塔楼为主。这种居住形式在 1992 年和 2004 年前后大量出现。1992 年邓小平南方谈话后，大浪街道的大部分农用地被转作为城市建设用地，新建工厂和城市主要干道，原有农民获得规划区域内 10m×10m 的宅基地并给予经济补助，大量的塔楼住宅在这个时段出现。如浪口新村在 1992 年开始建设的两期新村仅占地面积就是原有老村占地面积的三倍。而 2004 年，深圳开始实行农村城市化改造，大浪村变成了一个社区，原住民从农村户口转变为城市居民户口，进一步改变原住民的身份，成为城市经济的一部分，将原来的农田资本转变为房地产的资本。

图 2-3　上横朗新村

图 2-4　正在建设的 16 层塔楼

新村的建筑高度从 3 ～ 16 层不等，框架结构，平均高度为 8 层，没有电梯，每栋楼首层有大门锁，楼与楼之间独立性很强。每一个新村除了若干条主干道可以通车以外建筑与建筑之间只有 3m 的过道。新村基础设施相对老村齐全，临主要道路的建筑一层为商业，配有菜市场和一定公共活动空间，包括操场、各类球场、小广场等。

2.1.2　老村

老村的建筑以平房为主，少部分有两层（图 2-5）。建筑形态是硬山顶加粉灰墙面，属于典型的岭南村落建筑，部分村落保存有祠堂以及风水池塘，例如浪口村。老村的建筑组合方式有围院式和联排式两种。围院式的中间庭和联排式的过道都属于公共空间，但前者主要服务于围合院落中的居民。老村建筑内部采光较暗，开间被房屋拥有者分割为开间为 3 ～ 4m 不等的出租屋，由于是大屋顶形式为主，层高如有富余，都会建有小阁楼。

老村的基础设施建设比较新村落后，道路的排水系统为临时挖掘的小沟，厨房卫生间的设施由于是加建，往往不能达到卫生要求。老村的建筑存在潮湿以及冬天保暖效果不佳的问题。但是老村与新村的距离较近，可以共享菜市场、运动场等公共空间。

图 2-5　浪口老村

2.1.3　工厂宿舍

工厂宿舍的配置为每间房 25m^2 左右，最多可放置四张上下铺，不同级别的工人所在的房间床位数不等。工厂宿舍单间内不允许自行添置厨房，但提供宿舍的工厂基本配有公共食堂。

2.1.4　租金对比

老村中带有厨卫的房间（30m^2）租金为每月 200 元，较为偏僻的地段可以每月 200 元租到 50m^2 的房间。在新村 200 元只能租到 20 ～ 25m^2 的单间。工厂的宿舍由于是工厂提供的福利，基本不需要交住宿费。

2.2　广东人对居住空间的选择

2.2.1　新村多老村少

通过对外来广东籍人群在各个新村和老村的居住比例进行排序后发现，广东人在大浪各村所占比例排名前十的村子中只有 3 个是老村，其中老村所在的排序为 3、9、10。而广东人在新村居住的有 27606 人，占总人数 23%；广东人在老村中居住的有 3757 占总数的 17.6%。在数据层面广东人更趋向于居住在新村。

另外，对居住在龙胜老村、浪口老村、上下横朗老村以及新围老村的人群调查后发现，实际居住在老村中的广东人数量比人口调查显示要少。在上横朗老村中仅仅有一户广东人居住，但这户人家在新村中也拥有房屋，相比之下老屋不常使用。老村中唯一发现有广东人聚集的是龙胜老村，聚集有 10 户来自广东梅州五华地区的务工者。他们居住在老村与社区公园的边界上，房屋除了居住功能外，他们还利用老村的建筑经营破烂回收的生意。在采访中得知，龙胜一带是梅州五华县城的人的聚居地，但他们基本住在新村的塔楼中，在老村中居住的人主要看好这部分老村中的建筑有做店面的可能。这一点同样也体现在新围老村中，老村中沿街有商业价值的老村房屋被改造成铺面，前铺后居，由潮汕人经营。

2.2.2　过渡性的居住空间

虽然在数据和实际采访中发现广东人更趋向于住在新村，但是并不是所有的人都能直接住进新村。需要在大浪长期发展的广东人在入住新村前有两种过渡方式：一种是以工厂宿舍作为过渡；另一种是以老村村屋作为过渡。在这段时间里他们可以寻找更合适的居住空间以及找到可以支付房租的工作或者生意。以工厂宿舍过渡的人群一部分来自于以广东茂名为代表的粤西地区以及以韶关为主的粤北地区的农村，在工厂打工是他们一直以来的谋生方式。另一部分来自于粤东梅县地区，他们进入工厂打工并不是最终目的，他们会同时寻找大浪除打工以外的生存机会，例如做餐饮生意或者是肉、菜生意等。因此，一旦他们有其他的选择就会辞职并搬离工厂宿舍。以老村作为过渡的广东人属于早期全家搬迁到大浪的广东人，因为当时大浪新村的建设并未完善，且全家的经济负担迫使他们选择较为便宜的老村居住。但是这样的家庭在儿女经济独立后也随儿女搬入新村居住。一位 45 岁的客家女士告诉我，以前他们家住在上横朗老村，有两个女儿，

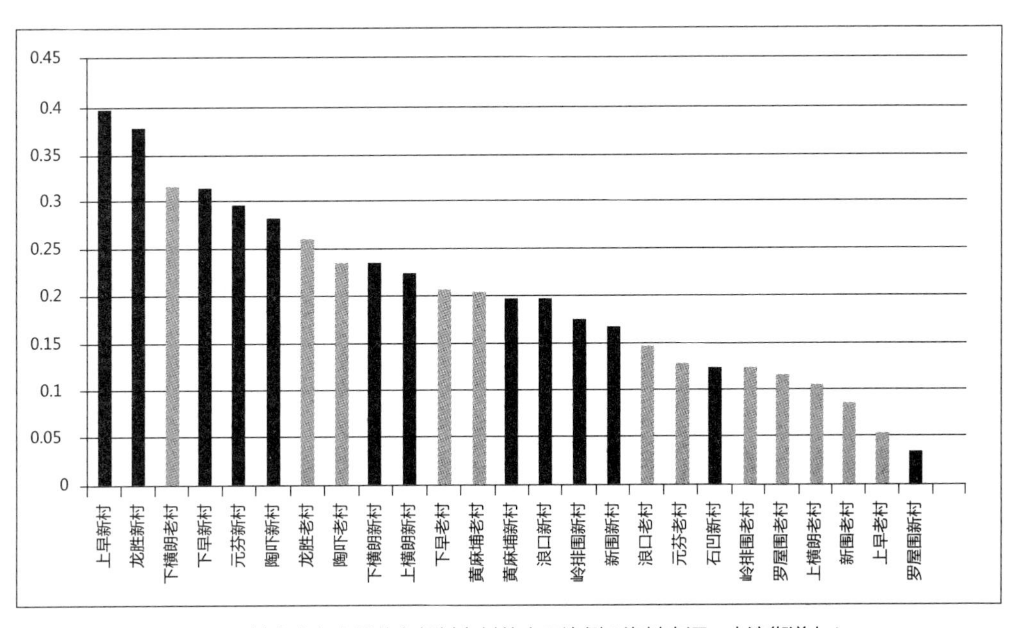

图 2-6　外来广东人居住在新村老村的人口比例（资料来源：大浪街道办）

现在大女儿嫁到了外地，小女儿嫁给了当地人，他们在新村买了房子，现在自己也到女儿家里带孩子。

2.2.3　互助型过渡

粤东潮汕地区的人群较少在工厂打工也不情愿居住在老村中，他们主要采取亲戚朋友互助的过渡方法，把已经在大浪地区发展较好的亲戚朋友的房子作为临时居住空间。如同村互助、原居住地邻里互助、同宗互助、家庭互助等。在采访中他们认为老村的居住环境不如家乡的居住环境，既然选择出来生活必然是要选择更好的生活环境和工作机会，并不会仅仅因为工作机会的增加而牺牲居住的环境。一位潮州开小卖部的女士说：“在潮州老家如果有一门手艺，做刺绣的工艺品一月的收入也在3000元以上，居住环境也挺好，谁愿意跑来这里受没用的苦”。

2.2.4　选择居住环境的原因

谈及居住地选择的原因，广东人提及最多的是价钱和环境。价格虽然是很大的限制因素，但广东人并不会因为价格放弃对居住环境的选择，即使是在暂时没有收入的阶段也会利用同乡关系、亲人关系选择环境满意的住所。即使是同样的价格，广东人都会选择相对空间较小的塔楼。他们认为环境因素的是首要的影响因素，因为他们认为老村“人太杂”而且“不清净”。“人太杂”指的是人口构成复杂，且村落没有限制进入的设施，任何人都能进入；“不清净”指的是老村的室内空间和户外的公

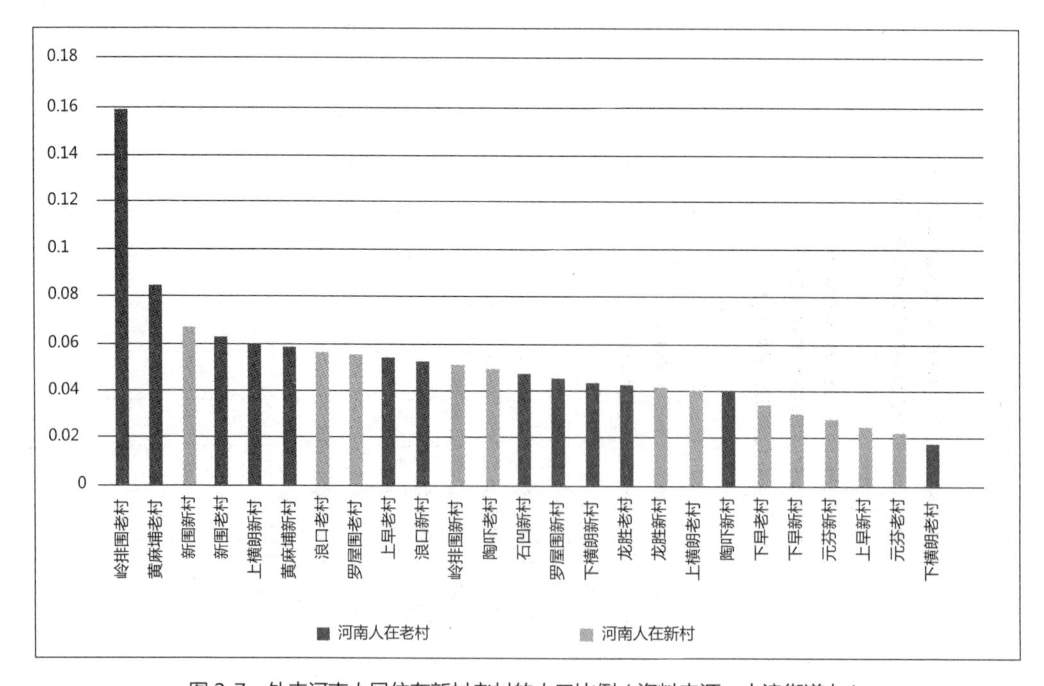

图 2-7　外来河南人居住在新村老村的人口比例（资料来源：大浪街道办）

共空间没有过渡，户外空间的活动对室内的私密空间影响过大，使得住户没有安全感。

2.3　河南人对居住空间的选择

2.3.1　老村相对聚集的租住空间

大浪地区大范围的村庄改造运动在改革开放初期就已经拉开了帷幕。目前的大浪，能够承载几十万流动人口住房的“中坚力量”，也正是这些经过改造的新村。而在那些新村夹缝中生存的老村之中，仍居住着一些异乡人，他们由于各种各样的原因，选择了老村的居住。河南人在各村居住所占比例的前十位中，就有 6 个是老村，新村在其中的排名为 3、5、6、10（图 2-9）。可见，河南人在老村的居住比例还是相当大的。

图 2-8　上岭排老村中河南人聚居地墙面上的“河南”大字

在整个大浪范围内的调查中，共发现 4 个河南人聚集地，其中 3 个分布在老村。聚集地包括以摩的司机、保安为主的浪口老村居住区；以普工为主的上岭排老村居住区和龙胜老村；以摊贩和普工为主的中保富裕新村。尤其是在上岭排老村，居住着十几家来自河南平舆县的河南人。他们背靠着后山，彼此间相互熟知，甚至是亲戚关系。由于一直生活在农村，他们习惯了院落式的居住方式，而且上岭排老村的房屋空间结构符合他们在老家的生活习惯，加上这里较为便宜的租金，自然成了这些河南人的最优选择。这样的居住方式也让这十几户人家的关系非常融洽，在几户人家的墙壁上，赫然写着“河南”几个大字，仿佛这里就是河南人的领地，他们也已占据一方。而对于一些家中有孩子或老人的外来打工者来说，他们选择老村则是希望老村宽敞的环境和平房可以为一家老小提供更为健康安全的生活环境，就仿佛生活在河南老家之中。一位居住在老村的河南母亲提到，这里的街巷很适合孩子的成长，孩子们在家门口跑动，也让她特别安心，这也是她选择居住在这里的最大理由。

图 2-9　上岭排老村中河南人聚居地的居住环境

2.3.2　工厂宿舍等群体居住空间

大浪地区许多河南人聚集的工厂，如富隆特体育用品有限公司、百丽鞋厂等，都采取工厂宿舍的形式安排工人住宿，而许多河南打工者都会选择带有住宿的工作以求简单便捷。在这样的工厂宿舍之中，长长的走廊，多人间的宿舍以及严格的管理，很少能满足工人们其他的需求。在富隆特体育用品有限公司的工人宿舍之中，工人们串门聊天，在宿舍中私设炉灶、吸烟解闷（厂房车间禁烟）成为他们改变居住环境生机的方式，但整个宿舍安静无聊的气氛却无法消减。

这些居住在工厂宿舍的工人们，以年轻人居多，大部分是独自来深圳打工，来的时间也不长。工作的重负荷以及单调的生活就如同这些宿舍中长长的走廊一样，灰暗而无生机。宿舍居住人员的流动性也较大，也有宿舍工友借钱后突然消失的情况，这导致很多工人们选择与知根知底的老乡交往。

图 2-10　富隆特体育用品有限公司工人宿舍的走廊

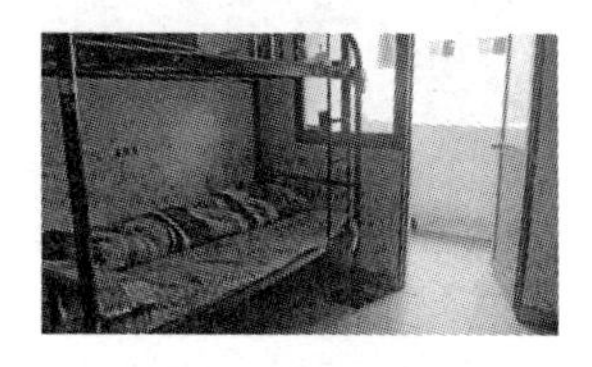

图 2-11　富隆特体育用品有限公司工人宿舍环境

2.3.3　居住环境的背后

谈及居住地选择的原因，河南人提及最多的同样是价钱和环境。老村便宜的租金成为托家带小家庭的选择，老村宽阔的空间、没有上楼麻烦等特点也是世代居住在农村的河南人家的偏爱。而对于独自来打工的河南人来说，价格便宜、安全便捷是最关键的因素。对于这类群体，有工厂提供宿舍，他们都会选择居住宿舍，最大效益地安排时间，挣得工资。

但不可否认的是，在众多新村之中，也居住着大量的河南人，新村与老村相比，其居住承载力的绝对优势，也成为众多河南人的选择。中保富裕新村就居住着许多河南人，他们多通过新村街边的河南摊贩作为媒介相互认识，许多人虽居住在附近，却不会直接认识，彼此之间的交往也很少。据中保富裕新村的河南摊贩和一家店面的河南老板介绍，很多时候，他们知道对方是河南的，但也很少有能说上话，时间长了，才会认识一些河南老乡，而至于他们的邻居是谁？来自哪里？他们却表示不清楚。一位居住在这里五年的河南大叔却说，来深圳这么多年，到现在也没有适应这里的环境，人心隔肚皮，很多时候，少说话成为他们的选择，只身在外，也只有家人能靠得住。整个新村压抑的环境，让这些居住在此的河南老乡们，一直都没找到家的感觉。

3　职业的选择

3.1　广东人的职业选择

在我们调查的外来广东人中最多人从事的是个体商业，其次才是普工。虽然普工的比例占总人数的 20%，但是考虑到大浪地区以工厂为主，且第二产业在三产比例中排第一，20% 的从业率并不算高。但是，在前文的广东人的基本情况中已有介绍广东人分为广府人、潮汕人和客家人三大民系，因此除了考虑广东人整体的职业选择特征外还要将每个民系的职业选择特征分别剖析。

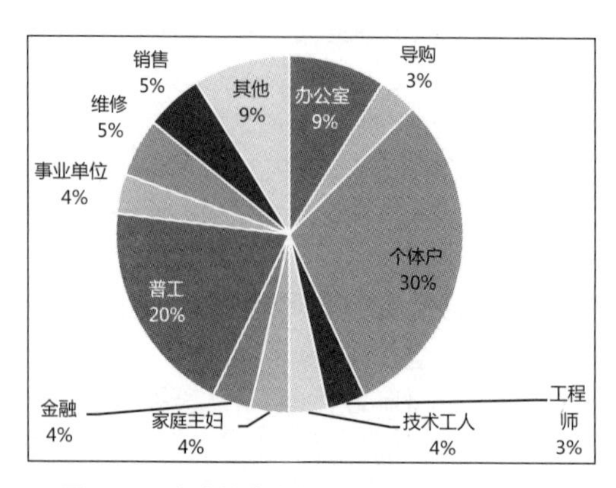

图 2-12　大浪外来广东人从业比例（108 人）

3.1.1　广东三大民系就业特征

1. 广府人

大浪的广府人主要来自以茂名为代表粤西地区和以韶关为代表的粤北地区的农村。这两个地区在经济方面落后于珠三角地区，他们是广东人在大浪工厂中的主力人群。一对三十出头的夫妇表示，他们在大浪打工已经有七年。由于两个孩子均在读小学，他们承受不起收入太大的波动。因此，他们认为除了继续在工厂打工外没有其他较为稳定的收入方式。另外一位来自广东湛江的退伍军人，主要讲广州话，四十多岁，他当兵退役后回家找工作，开始在公安局做小职员，之后辞职到深圳来找工作，在深圳打工 11 年之久。

2. 潮汕人

潮汕人在大浪主要从事个体经营和销售工作。一位 54 岁的开饭馆的老大伯说：“没钱就不等于不能做生意，从一开始在街边摆地摊，到在街边做小吃‘走鬼档’（没有营业执照的路边摊），最后积累下钱学烹饪开门面店。”同样是来自潮汕的 26 岁的年轻小伙表示：“在工厂打工虽然赚钱不少，但是时间都浪费掉了，学不到东西，自己现在跑业务虽然还没做生意的资本，但是至少认识很多人，接触不同领域不同年龄层的人让自己很受益。”

3. 客家人

客家人择业非常具有特点，表现为大量的客家人在同一地点从事同一行业。例如客家人几乎垄断了大浪的菜市场的生意，尤其在龙华的菜市场和上横朗的菜场，客家人拥有超过 70% 以上的铺位。龙华菜市场的客家人均来自广东梅州五华县，且相互认识。另外废品回收行业也是大浪客家人青睐的行业，一般是四五个家庭合伙经营，他们在本地收集废品，再运输到广东河源地区以及江西等地。也有客家人在工厂打工，但是他们都以工厂打工作为过渡，同时寻找店面以及做生意的机会。

3.1.2　广东人的“生意”历程

在我们调查的广东人中，职业为个体户的所占比例最大，通过进一步地访谈，我们了解到这与广东人爱做生意的特点是分不开的。广东人做生意的概念非常之广，只要能赚钱且自己能做主的事情都可以称之为做生意。下文从不同的时间阶段描写广东人在大浪的生意历程。

在最初阶段，他们跟随家人、亲戚或者朋友来到大浪或是独自来到大浪。先来者能为后来者提供一定的专业帮助，能很快地进入某个行业。25 岁的梅州五华人廖先生 2007 年来到深圳，他初中毕业后直接出来赚钱，跟着村子里的人一起做承包装修的业务。整个村子里的大部分人都来到大浪这边从事彩钢、木工、刷墙等工作。所有的手艺都是跟着同村的人学的。另外有揭阳来的一家三口，两口子都是客家人，2004 年来布吉打工，后经熟人介绍来大浪做菜市场的生意，卖冷冻食品和潮汕的风味食品。

假如没有前人带路，刚刚到大浪的广东人即使没钱做生意也有多条出路，但不同年份到达大浪的人都带有那个年代的印记。在被调查的广东人中，最早有在1980年代中期就来到大浪的，他们在大浪仍然主要从事熟悉的农业生产。据他们反映，他们家乡（包括粤东潮汕地区、梅州地区以及粤北山区）人多地少，没有足够的经济来源，才被迫离开家乡另谋生路。来到深圳后他们发现这里土地无人耕作，便扎根开始种菜。这种从业情况一直盛行到1992年。其次，受采访的现在35岁左右的生意人都表示曾在深圳其他地方打工或做非正式工，他们大多初中毕业，并没有经过职业技能培训，也没有一技之长。但用他们的话说就是：“年轻嘛，就出来闯了，也没考虑什么”。他们摆过地摊、跑过黑车，干过不少不固定的工作。相比之下最年轻的人群比较自由，且受到的教育较多，有从职业中学毕业的学生，也有专升本的学生。他们来去自由，不局限于哪个城市、哪个地区。某汽修店主王先生今年25岁，职中毕业后在广州的汽修公司打工，后拿着储蓄和借来的钱在大浪开了汽修店当了老板。另外，来自潮州的李先生今年27岁，大专毕业后开始在手机生产厂从事营销业务，他认为自己已经积累了很多的人脉，随时可以独立创业。

第二阶段外来的广东人面临的是从非商业经营到从事个体商业或者是从非正式的商业经营到稳定合法的商业经营的转变。在被调查的人群中绝大多数的人在做生意起步的过程中向老乡借钱，向家里借钱，受到老乡的非金钱方面的帮助，接受前辈的经验教育等等。亲人、老乡相互帮助在做生意的过程中起到了关键的作用。这种互助建立在广东人讲究投资以及讲究信义的基础上，同乡有需要必当出手相助，即帮了别人也是对未来的投资，因为在生意的路上相互扶持是常有的事。在经济学的角度看，这是一种规避风险的办法。

图2-13～图2-15　街头巷尾的“原味汤粉王”

3.1.3　“原味汤粉王”和“隆江猪脚饭”背后的故事

在大浪的餐饮店中有“原味汤粉王”和“隆江猪脚饭”两种广东小吃店，分布在每一个村之中，是非常受欢迎的饮食店，来吃饭的不限于广东人。本人走访了其中的13家之后，发现经营者均是潮汕人以及客家人。这两个餐饮品牌均出自厨师学校，我们通过当地的厨艺学校了解到，学习这两种菜色的远不止广东人。同时，我们对比了厨师学校其他的热门菜系在大浪的经营情况，其中四川和湖南两种餐馆的经营者也不局限对应省份的人。既然不需要特殊的文化背景，同时也是很受欢迎的餐饮品牌，这两个餐饮品牌为什么会只有广东人在经营呢？通过与多位经营“原味汤粉王”店面的老板谈话得知，这些做法和配方的确都来自于这些餐饮培训学校，但是只要有一个人学了，经验马上就会在同乡中传播开来。更重要的是，在同乡团体中还产生了协同而非竞争的关系，这体现在店面的选址上。他们趋向在不同的地区开店避免竞争，而不是扎堆，甚至会出现因为本地区店面的饱和而到深圳其他区寻找机会的现象。例如在大浪，如果一家人在上横郎开了一家原味汤粉王店，他们的朋友要经营相同的店面就会选择在另外的此类店面较少的地方开店，避免同乡竞争。这样既降低了经营初期的成本，也能很快地分布到不同的地方形成繁荣的景象。

3.2 河南人的职业选择

调研中发现，大浪地区河南大部分的普工都是来自大型企业，工作的稳定是河南人的普遍追求，工厂主管是普工人群的主要职业发展方向。河南人从事摩的和保安等职业的人不在少数，另外还有从事个体经营、小摊贩经营等其他行业的河南人。总体来说，河南人大部分依靠体力劳动打工赚钱，以下将分别从河南人从事的几大典型行业介绍河南人职业选择上的特点。

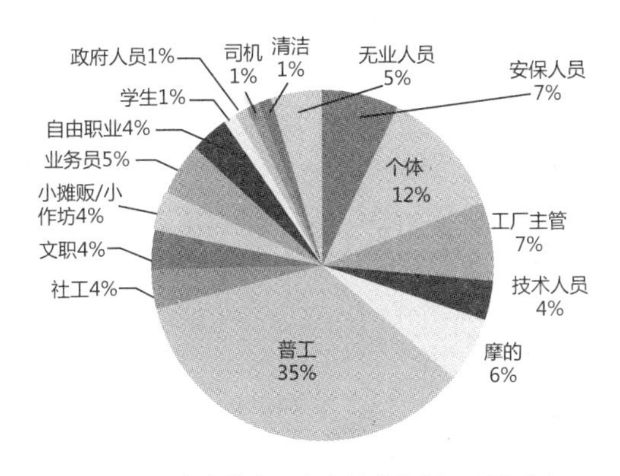

图 2-16 大浪外来河南人从业比例（126 人）

3.2.1 众多的普工，深圳的力量

与广东人不同，河南人更多是靠体力劳动来赚钱养家糊口。普工占 35% 这一绝对性的比例，很大程度上是因为“河南人厂”的存在。工厂里也经常出现来自同一地区，甚至同一个村的打工者，靠老乡介绍工作的务工者占到绝大多数。在河南本地，许多农村孩子，初中毕业就会选择外出打工挣钱结婚，这成为许多年轻人流行的选择。在深圳的大批河南普工，就是奔着成家立业的理想，工作挣钱，结婚生子，再挣钱养孩子。

前面提到的深圳富隆特体育用品有限公司和百丽鞋厂就吸纳了很多河南人，在大浪附近，龙华的富士康工厂里，也同样有大批的河南工人，大型企业较为稳定的收入，成了许多有些墨守成规的河南人的选择。他们的辛勤劳作，让深圳这个城市得以正常运作，也让他们得以实现这一个个小小的梦想。

3.2.2 摩的司机与治安巡防的共存

在大浪的河南人相对高大魁梧，在这里有非常大的优势。也正是这个优势，加上挣钱快、工作不累等特点，很多河南人选择开摩的、做保安或治安巡防。

图 2-17 大浪的河南摩的司机

虽然深圳地区禁摩，但是摩的司机群体的内部网络以及与从事治安巡防工作的河南老乡的关照，保证了他们得以长期存在，有的人甚至已经干了十多年。在浪口老村路口的公交站附近就经常能看到浪口老村的河南摩的司机在那等生意。其中一位河南摩的司机方大叔平日里只和几个要好的河南老乡交往，同为开摩的的他们可以相互通信，告知近日大浪抓摩的工作安排，以躲过治安巡防的注意。据他透露，开摩的虽然很有风险，但只要不被抓，这个工作还是相当赚钱的，比在工厂里打工要自由。

再走过浪口老村的一个巷子，就是四位河南摩的司机的家，他们的年龄均为三四十岁，来自河南驻马店平舆县。和这四位摩的司机住在一起的，还有两位河南保安，同样是高大魁梧。他们提到：“干我们这行，虽然挣钱不多，但省心不累，比在工厂里工作强，再说工厂里看到我们这样的，也不要我们啊，怕我们聚众闹事啊，工厂喜欢要年轻的女孩，听话懂事！”

而在后面的日子里，我再次遇到他们，他们和几位做治安巡防（负责抓摩的）的河南老乡在一起喝酒，操着河南方言的他们，聊着家常，互称兄弟。这种由乡情关系维系的职业选择在大浪河南人身上持续了许多年。很多在大浪的务工者，在工厂工作之余，也会选择开摩的作为副业，挣钱以维持家庭开销。

3.2.3 个体经营的机遇与危机

河南的个体营业人员占到了12%的比例，他们大多是经过几年辛苦打工之后，积攒本钱开始创业，其中一部分就是饭店，也有河南人为了招揽食客，开湘菜馆和川菜馆以迎合大众口味。除了合法营业的商店，路边摊贩也是一部分人群的选择。成本低、风险小、进厂难等因素，让许多河南中年人选择了这样的工作。有位住在中保富裕新村的王大叔，就开了七八年的摩的，后来年岁大了，经不起“禁摩限电”折腾，开始改行做起了小摊贩的生意。在路口卖西瓜的他，已有50多岁，可谓尝遍世间酸苦，看遍人生百态。据他介绍，如果生意好，他一天可以挣200块，他的摊位则是他在此居住久了，占得的免费摊位。一个月五六千元的收入，让在大浪的他吃喝不愁。但他提到，河南人干生意都干不长，缺乏经营和管理经验，过多注重眼前利益。据他介绍，我又采访了其他从事小摊贩生意和个体经营的河南人，采访发现，一直以来河南人遭受了很大的信用危机。许多店面在新开张之后，生意均较好，而后却由于质和量的短缺，生意逐渐变差。但大浪同样有成功的创业者，只是在整个调研过程中观察和统计的河南创业者中，成功的不多。

3.2.4 河南人与公益

在大浪，也有着这样一批有志青年，为了改变河南人遭受地域歧视的现状，全职做起了公益，在大浪小草义工队，就有几位河南籍主要负责人。以大浪各省份人群的数量和小草内部数据统计，在河南、广东、四川、湖南四个省份中，河南籍从事小草义工的比例最高（图 2-19）。同时深圳河南义工联合会的成立，号召深圳河南人从事公益工作，也使得很多河南人多了另一种职业选择。

图 2-18　调查组与几位小草义工的合影（图中旗为小草义工旗）

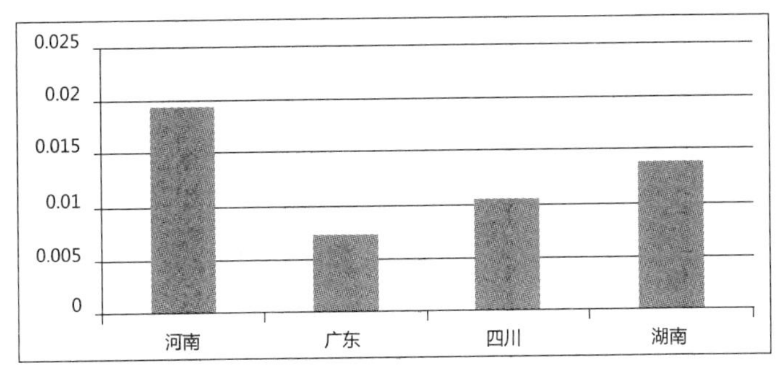

图 2-19　四省人群参加小草义工的人数占各省在大浪总人口数的比例（资料来源：小草义工）

4　娱乐休闲方式的选择

大部分的外来务工人员来到大浪的首要目的是追求更高的收入，其次是追求城市带来的生活便利，其中就包括休闲娱乐方式的改变。而休闲方式的变化很大程度上能反映出一个群体是否融入了城市的生活。

4.1　广东人娱乐休闲方式的选择

广东人的休闲方式很大程度上取决于他们的工作，工作对休闲娱乐的限制主要体现在时间和空间上。因此从工作种类把外来广东人区分为门面老板、工厂工人和其他职业三种。

广东人在大浪从事个体生意的人较多，其中有一大部分是经营门面生意，这种工作的共性需要长时间在店面维持经营。通常从早上 9 点到晚上 10 点，不同店面时间不等，除了大浪商业中心外，其他的店面基本由店主自己经营。开店面的老板们普遍表示受店面的约束没有外出休闲娱乐的时间，一年难得去几次深圳市内。店面虽然限制了店主们的活动，但是他们实际上有大量自己支配的时间，尤其在顾客不多的时候。店面中主要的休闲方式就是喝茶谈天，每个店面几乎都有一套工夫茶具，所有人都可以坐下来喝一杯茶。在我访谈的过程中就不断被邀请坐下来喝一杯。

工厂工人与店面老板一样，生活受到工作的限制。每个人虽然正常上班时间是 8 小时，但是为了多挣每个小时 10 ～ 12 元的加班费，或者希望提高自己的生产数量以提高薪酬，使得原本就以提高收入为目的的工人平均每天“自愿”工作 10 小时。他们表示在大浪没有什么特别的娱乐活动，比较无聊，能算上娱乐的就是在住的附近和工友们聚集在小卖部旁边打牌，周末偶尔去商场和 KTV。在这个人群中的广东人和大量的其他省份的人没有什么太多的不同，只是他们更多选择广西、广东这样有共同方言的群体一起活动，但是一起娱乐休闲的朋友中也不乏其他省份的工友。

广东人在大浪从事的其他行业还包括了业务营销、办公室白领、工厂管理、服务行业等。他们的工作时间较为固定，也有一定的供自己支配的时间，体力消耗较工厂工人小。这个人群表现出了对休闲娱乐活动的多样化需求。他们接触的人比较前两个人群更多样且活动圈子更大，能很好地融入城市的生活，享受城市带来的便利。一位揭阳的黄先生说，他在自己在营销业务中收获了不仅仅是人际关系，还发现了自己的爱好——钓鱼，他从两年前正式成为一位钓友。他很骄傲地说：一起钓鱼的有富商、医生、教授，但是每次聚餐付钱都是各自付钱，这种平等而纯粹的娱乐方式令他很开心。还有一位韶关的女士在工厂做文员，她选择来深圳大浪的原因是因为深圳更接近中国香港，可以有更多的机会去香港消费和旅游。

工夫茶现象

虽然说广东人在大浪的休闲娱乐现象主要与他们的职业相挂钩，但是在大浪有一种休闲活动——喝工夫茶起到重要的社交纽带的作用。我们在大浪主要的公共空间——劳动者广场上并没有发现有很多广东人在这里活动，这与广东人所占的人口比例不相符；另外我们在各个小区的广场以及小公园也罕见外来的广东人，似乎大浪的公共的开放空间并不是广东人休闲的首选。与此同时，我们发现工夫茶具频繁地出现在广东人开的各个店面中和他们的家中，每个门店围坐在工夫茶旁聊天的大部分是广东人。前面已经提及，广东人在大浪趋向于分散地住在新村的塔楼中，然而他们并不是互相没有联系，这一个个工夫茶几就是他们的联系节点。在岭排村工厂区，小卖部因为工夫茶座成为各个工厂中的广东职工聊天喝茶的公共场所；在上横朗，一家五金店里喝茶的包括装修店老板、工人、做小生意的两口子和村委的人员；浪口村废品店中，店主小王的茶友甚至还包括相隔五公里以外龙华街道的朋友。工夫茶作为一种休闲的方式之外还提供一种信息共享的平台，因为是朋友，工作、政策、家庭、生活他们无所不谈，我有幸参加了几次他们的聊天，了解到很多现在大浪开厂的限制和机遇以及政策调整的信息，也知道广东人现在在大浪的主要动向。小小的工夫茶几上映射出整个大浪的广东人的休闲方式，更是社交方式。

图 2-20 ~图 2-22　无处不在的工夫茶

4.2　河南人娱乐休闲方式的选择

研究显示，大浪的河南人典型、特色的娱乐休闲方式很少，也没有形成普遍的现象。河南人经济基础薄弱，大部分精力都投入到了家庭和工作之中，休闲娱乐在北方本来就没有南方受到重视。在老家天黑就睡觉的河南人，来到深圳之后选择了门口聊天、喝酒聚餐这样的休闲方式。

4.2.1　门口吃饭、聊天的河南人

居住在老村的河南人，每当吃饭时，三五成群的人们端着碗，走出家门，蹲在门口开始享受吃饭的美好时光。这一习惯在河南本地非常常见，而在大浪老村，如同河南老家的居住环境，让来此打工的人们仍然保留着这样的生活习惯，这一举动也让居住在老村的人们关系十分融洽。在浪口老村居住的几位河南大哥，住对门隔壁的他们每当吃饭时都会端着碗蹲在家门口吃饭聊天各自调侃，或是戏弄一下过往的邻居与路人。围在一起的他们，都是非常好的朋友。

而居住在工厂宿舍的河南人，他们本身的闲暇时间就很少，中午吃饭时，坐在路边的栏杆上，和工友们一起乘凉、聊天是他们在紧张的工作之中最美好的享受。在深圳富隆特工业园门口的围栏旁边有些树荫，中午时分，三五成群的年轻工友，坐在栏杆上聊天畅谈，观察每一个路过的人，聊聊八卦以缓解工作的压力。

4.2.2　餐桌上喝酒的河南人

河南人休闲娱乐活动不会少掉吃饭喝酒。许多河南老乡都提到会在晚上出去吃夜宵，和朋友聚餐。河南人的豪爽在餐桌上也得以体现。诸多河南饭店的老板也都纷纷提到，他们晚上的时间，生意是最好的，很多河南的老板、工厂主管都会过来喝酒吃饭。在我走访的这么多河南饭店之后，这一说法也得到了证实。

在大浪劳动者广场对面，有家河南烩面馆，傍晚时分，许多河南人纷至沓来。围在圆桌上，开始了一天中最美好的时光。坐在饭店外面的露天环境中，灰暗的灯光也增加了傍晚闲适的气氛，如同河南老家农村的夜晚，门前月光下的闲聊。整个饭店的河南口音，让每一位在此的河南人甚是欢乐。

图 2-23　喝酒聊天的河南人

当然很多河南女孩也会选择购物作为平日的娱乐活动，或随家人朋友出去游玩。但在每日的生活之中，聊天、喝酒聚餐是可以说是大部分河南人主要的休闲方式。

5　结论与讨论

5.1　居住空间的选择

广东人和河南人在居住空间的选择差异体现在新老村的偏好不同以及聚居和散居的差异上。广东人倾向于分散地住在新村的塔楼中，而在大浪的老村中可以发现若干河南人的聚居点。他们的理由分别是，广东人希望有不容易被打扰的干净的居住空间，河南人喜欢宽敞的类似农村老家的庭院空间。广东人偏好居住的新村是与其他外来人口高度混合的，不需要很强的领域感；而河南人的聚居区则有较为明显的界限，最突出

的是上岭排老村最深处的河南人聚居点。周边居住的人都能很清晰地描述出他们居住的范围，且在居住地的墙上还明显地写上“河南”字样。

5.2 职业选择的差异

在就业方面，广东人喜欢自己做主当老板，即使并不能马上当上老板，也会通过很多的途径朝着这个方向努力。在做生意的路途上老乡之间的互信互助是生意风险规避保障成功的关键。广东人做生意这一点上表现出独立且追求自由的特点。与之相比，河南人更多的是靠体力劳动来赚钱，养家糊口。他们青睐收入较高也较为稳定的大工厂，但是由于大浪地区曾经拒绝招河南工人，导致后来的河南男性在工厂里很难找到工作，因此只能从事一些并不主流的行业。两个省份在职业的选择上都显示出了内部的团结，但广东省籍的人体现在商业的互助上；河南人的团结倾向于本省人的自我保护，体现为在工厂内拉帮结派以及组织公益组织改善整体形象等事件中。

5.3 娱乐方式的不同

由于被工作限制，在工厂工作的广东人和河南人都觉得没有什么娱乐的时间和机会。但是即使在这样有限的条件下，两个人群还是有他们的特点。广东人一旦没事就会到常去的老友那喝茶聊天，这些地方往往就是他们熟悉的店铺，那里的店老板多是广东老乡。而河南人大多住在一起，一旦闲下来他们就喜欢在家门口小聚，无论是吃饭喝酒还是聊天都可以，出了家门口，大浪为数不多的河南饭店也是能勾起家乡回忆的地方。河南人的娱乐方式与习俗与家乡是紧密联系的。

5.4 区域背景的影响

我们通过阅读大量的中国文化地理学著作后发现，这些乡籍的特点与书中总结的中原人（主要指河南）、广东人（三大民系）的特点有很多契合。

在《中国文化地理》中写到广东人中广府人喜欢喝茶，广州人喝茶，聚会朋友，洽谈生意，都上茶楼而不是在家里；广东潮汕人喝茶会友，也喜欢在大家都方便聚会的地方喝茶，即使在家里也分前厅后室。这个可以理解广东人在大浪不倾向于聚居，并不是因为他们彼此不需要联系，而是因为广东人的社交生活与他们的私密生活在空间上是分离的，他们不需要通过聚居在一处来保持联系。在《中国区域文化》一书中描写道：中原地区民情醇厚而多宽缓。广阔的平原地带，丰富的水源造就了这里的农业文明。这种文明培养了直率的善良劳动的人，他们适应农村紧密的社会生活。在大浪他们也将这种特点表现出来，喜欢聚居于老村，模拟家乡农村的环境，喜欢抱团，有很固定的圈子等等。

其次，在《中国文化地理》中写道：“广府人历代居住在对外口岸，主要从事商业；潮汕人善于经商，向外拓展，有较强的竞争力和团结力；

客家文化群体观念强，宗族观念浓，重视文化教育，有坚韧不拔的创业精神。”值得一提的是，潮汕是全国典型的地少人稠地区，每人平均只有0.02～0.03 公顷。很多人因此不得不外出谋生，而互助互信是他们唯一的财富。在大浪做生意的潮汕人正是靠着这样的互相信任与扶持走上了成功的生意道路。

5.5　讨论

在这个调研的过程中，我们发现了广东人在交往上虽然以老乡为重，但是还是开放的并欢迎与其他乡籍往来，他们的团结往往是隐性的、契约式的，不会对其他的人群造成外在的压力。另外，同样以老乡为主要交往对象的河南人，他们的特点是较少与其他乡籍人群交往，团体较为封闭，他们喜欢聚居的特点也可以证明这一点。河南人的团结是外向的，体现为自我保护以及争取团体福利，这样的特点往往容易引发他们与其他人群发生冲突。但这些乡籍特征并不需要去判断孰优孰劣，而是需要我们去正视这些特征的存在，因为这些乡籍特征是深深根植在每个乡群的人之中的。

在中国快速城市化的当前，大部分城市空间的设计被产业规划所主导，而产业规划的背后是以经济为中心，乡群的特征在规划中被漠视。对于大浪而言这种漠视体现在单调乏味的新村和工厂宿舍以及缺乏人情味的公共空间等，乡群的特征的表达在这些场所被抑制了。因此，虽然大浪是乡群高度混合的地区，但是各个乡籍的人群的交往对象仍以老乡为主，其中聚居的河南人尤为典型。然而，我们对各个乡群特征的重视并不意味着希望乡群之间需要保持着原有的特点不改变，而是希望各个乡群能够相互碰撞、交流和融合。同时也希望城市规划者和管理者也能在了解了他们乡籍特征的基础上通过城市空间改造和相关的管理有效地促进乡群之间的交流和融合。就如《美国种族简史》中所说：“美国的各种族社区足以构成独具生命力的文化群，这些文化群既不是某种主流模式的翻版，亦非某个国家文化的海外分枝。”这些由全世界集中到美国的种族正是超越了原有的种族界限，相互碰撞融合产生了灿烂的文化。同样，深圳大浪也拥有高度混合的乡群，他们带着原本的乡群特征来到大浪，在大浪与其他乡群碰撞融合，也能产生新的灿烂文化。

参考文献

[1]　张向东．河洛文化与河南人 [J]．社会科学家，2005（02）：139-141.
[2]　王恩涌．中国文化地理 [M]．北京：科学出版社，2008.
[3]　李德勤．中国区域文化 [M]．太原：山西高校联合出版社，1995，6：164-185.
[4]　托马斯·索威尔．美国种族简史 [M]．南京：南京大学出版社，1993，1.

专题 3

同乡聚落对外来务工人员生存状态的影响研究——以深圳大浪上横朗老村为例

小组成员：王庆阳　庄　岩　李学东　邓　瑾

摘　要：在近 30 年的发展中，深圳吸纳了大量外来务工人员。在深圳，同乡聚集居住的现象比较普遍，大浪地区的上横朗老村就是其中一例。本文追溯了上横朗同乡聚落形成的原因，通过调查同乡聚落的人口特征、空间布局特征和社会特征，来描述该村的同乡聚集现象。以此为依据进行分析，从经济联系、社会关系、心理认同和社会保障四个角度，论述同乡聚居对于居民生存状态的影响。文章认为，同乡聚落是在城市化过程中形成的一种较为特殊的现象，它在最初形成的时候既有城市化带来的普遍性原因，也有自身的特殊性原因。同乡聚落形成后，它具备了一系列区别于其他居住形态的特征。而这些特征，又会对居民的生存带来特殊的影响。

关键词：同乡聚落；外来务工者；生存状态；城市化

1　引言

“同乡村”是一个新词，一直到新版的《现代汉语词典》上面都不能查到相关的条目，但是在学术界，已有一些关于“同乡村”的定义。本研究根据文献和实际研究需要综合，将其定义为：同一来源地的外来务工人员，在同一区域长期聚居，形成的带有某种经济联系且长期稳定的社会关系的村落。[1]“同乡聚落”的概念来源于“同乡村”，在本研究中，主要用来描述：在一个村落中，具有一定数量的两个或三个来源地的务工人员分片聚居而形成的不同聚落。

随着我国沿海地区的快速城市化，大量的外来务工人员涌入沿海城市，而走在改革开放前沿的深圳则是这个过程中最具有代表性的一个城市。大量的外来人口迁入，不仅形成了深圳市独特的外来人口与本地人口比例倒挂的情况，也出现了许多新的社会现象，同乡聚居就是其中之一。根据目前深圳公安局的统计资料，深圳有同乡村 643 个，涉及人口近 200 万，其中万人以上的同乡村有近 15 个，外来人口主要来自四川、湖北、重庆和湖南等省市。

深圳市龙华新区大浪街道是深圳市一个较为典型的工业区。在17.8平方公里的建成区内，聚集了3321家企业，包括服装、电子、五金等产业。庞大的产业规模，带来了巨大的用工需求。根据深圳市大浪街道办截至2010年的统计，大浪街道辖区总人口数约50万，常住人口27万，其中户籍人口仅7781人，是深圳市一个典型的外来人口聚居区[①]。

图3-2　上横朗老村北入口

同乡聚居现象在大浪也普遍存在，且主要集中在旧村。大浪街道20个居委会（行政村）中，现有保留老村14个。而这些老村中，有10个都存在着不同程度的同乡聚居现象，其他的村落或被拆迁或已无人居住。同乡聚居现象对于居民的生存状态有着哪些独特的影响？它在城市化的进程中扮演着什么样的角色？研究这些问题，一方面有助于了解同乡聚落中外来务工者的生存诉求，另一方面有助于客观地认识同乡聚居现象，使之进一步得到社会的理性对待。

图3-1　上横朗老村区位及平面图

2　研究结果

上横朗老村位于深圳市北部的龙华新区，属大浪街道办辖区，东临大浪东方工业园，北靠上横朗新村，周围还有建涛工业园、国大工业园等几个工业区，临近一条区域交通干道布龙路和一条城市干道华兴路。上横朗老村面积约为5万平方米，多为平房，其中保存着一些客家传统建筑，有一定的文化遗产价值。老村共有建筑486栋。村中有一条主路，水泥固化，宽10米，路两旁分布3家商店。全村居民1073人，全部是外来打工者。

① 数据来源：深圳大浪街道办事处。

经过对大浪区域10个老村的前期调研和筛选，发现上横朗老村是大浪地区同乡聚居现象最为明显和典型的地方。由于同乡聚落与社区有着某种相似性，都是集中在固定地域内的由家庭间相互作用所形成的社会网络，而同乡聚落的特点更侧重于居民的乡籍以及与这种乡籍高度相关的社会关系、经济关系。因此，在分析同乡聚落的内涵时，可以借鉴社区组成的基本要素——人口、空间和文化来对同乡聚落进行基本地描述和解读。下面对这三个元素略作调整，从人口、空间和社会这三个基本要素的特征入手，解析上横朗老村的同乡聚落现象。

2.1 上横朗同乡聚落的形成

上横朗老村落最初是深圳本地客家村民生活和生产的地方。改革开放以后，经济发展的大潮逐渐改变了这个平静的村落，外来务工人员随着企业的设立逐渐增多。通过分析，我的发现上横朗同乡聚落形成的原因主要有以下两方面：

2.1.1 普遍性原因

深圳特区于2010年实施特区一体化，即把特区范围扩大到整个深圳市行政辖区。而在这之前，大浪街道所处的宝安区并不属于特区的范围，所以被称为关外地区。

深圳于2004年在原关外的宝安、龙岗两区开展城市化转地工作，改镇为街道办，改村民委员会为居委会，所有村民全部转为城镇居民，原集体所有土地全部转为国有。为保障原农村集体经济组织的生产生活，按照一定标准划定非农建设用地给居委会接收，其中，居住用地按100平方米/户计算，建筑面积不超过480平方米。

改革开放以后，深圳成为经济特区，城市化的序幕浩浩荡荡拉开了。1992年后，深圳经济开始腾飞。这一阶段，政策的开放与支持，使得深圳吸纳了众多的投资，大量工厂开始兴建。在接下来的时间里，大量劳动力从内陆欠发达地区，如湖南、四川、广西、安徽以及粤东粤西等地，转移到深圳。大规模的相同来源地的流动人口迁入，为同乡聚居提供了宏观层面上的客观可能性。

再者，老乡的帮带作用，在外来务工者中是普遍存在的。这样的帮带作用，主要体现在同乡之间的信息流动上，例如寻找工作、租住房屋等。

2.1.2 特殊性原因

上横朗同乡聚落的形成，不仅有上述的普遍原因，也包含着自身的特殊原因，或者称为偶然因素，主要包括交通因素、新村的建设、老村的房租价格低廉和空间结构特殊等原因。

交通因素是当时外来务工者在此地聚居的最初原因。1980年代末，许多来深圳的大巴车在上横朗村附近停靠下客，之所以选在上横朗，一方面因为许多务工人员要在这里的工厂打工谋生，另一方面是因为许多务工人员没有入关内务工所需的证件和手续，关外地区便成为他们能够选择的工作和生活的地方。当地的原住民开始把一部分自己所居住的房屋出租给外地人，形成了最早的外来务工人员聚居的地方，此时的外地人主要来自安徽，但规模很小，因为原住民仍然生活在村落中。

外来人口的聚居在1995年上横朗新村建设后进入一个加速阶段。新村建设的位置靠近老村，这里的土地属上横朗村集体（2004年深圳城市化转地后改制为社区）所有。由于深圳市特殊的土地权属制度，原本住在老村的原住民，在新村建设区域，每一户都可以得到一份房屋建设用地，基地面积 100 平方米。在这块用地上建成的房屋归原住民自身所有。因此，新村建成后，原住民不仅自己可以住进新建楼房，其余的楼层和房屋可以出租给更多的外来人，这也成为现在原住民主要的收入来源之一。与此同时，迁入新村的原住民，腾出了大量的老村旧屋，这些房屋多为一层的砖瓦结构房屋，年代久远，房屋和环境质量较差，但这也使其具有了租金价格较低的优势，房租价格是新村的 50% 左右。对于在外务工的老一代农民工来说，房屋条件与老家实则并无太大区别，价格成为他们选择居住环境的首要因素。老村在这一阶段接纳了大量的外来务工人员。加之同乡帮带作用，形成了许多较大规模的同乡聚居村落，如本文研究的上横朗老村。邻近的新围老村居住的重庆人占 70% 以上，而上早老村最多时则聚居了多达上千的四川人，且大部分来自四川省南充市。

图 3-3　老村的住宅环境和典型的空间结构

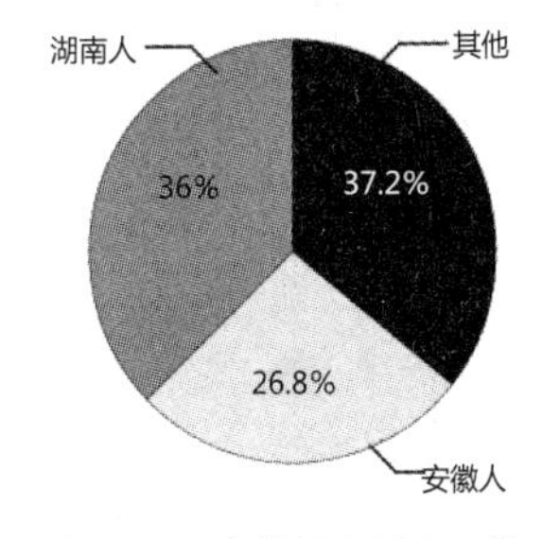

图 3-4　上横朗老村人口的乡籍构成

上横朗“同乡聚落”的形成，还有一个重要的因素是老村的空间结构。由于老村的房屋呈联排式，且都为一层。最先入驻的外来人在这里生活一段时间之后，便可以对整个村落的房屋出租情况、居住情况有很直观的了解。当他们帮忙为新来深圳务工的老乡寻找住所时，了解周围房屋情况的他们首先考虑的当属本村的待出租房屋，甚至自家隔壁的房屋。因此，很自然地，扩展到一排房屋，再扩展到下一排房屋。

除以上因素以外，老村房屋结构简单，没有楼梯，空间比较宽敞而比较适合家庭或某些作坊活动等，也是居民考虑来此居住的原因。

2.2　上横朗“同乡聚落”的现状

经过二十多年的发展，在上横朗的同乡聚落也不断扩大，并趋于分化和稳定，形成了以湖南人、安徽人为主的两个聚落。

2.2.1　人口特征

人口特征是描述一个地方的特性所常用的社会学特征。本文主要从乡籍组成、年龄结构、家庭结构、职业构成与来深时间几个方面，来描述当地的人口情况。

1. 乡籍组成

上横朗老村的居民全部是由外来打工者组成，无原住民居住。据大浪出租屋管理办公室 2012 年的统计数据，上横朗老村居民总数为 1073 人，其中湖南籍 386 人，占 36%。安徽籍 288 人，占 26.8%。两者合计占上横朗总人口数的 62.8%，是上横朗老村最大的两个同乡聚落。其他人口由来自广西、四川、云南、广东、河南等地的居民组成，但各自数量很少，居住也很分散。据了解，安徽籍的同乡聚落形成要早于湖南籍，安徽籍最早的一批人从 20 世纪 80 年代末来此定居。湖南籍则是从 1990 年代初开始来此居住。

在这些安徽籍和湖南籍的居民中，省内来源地甚至也具有高度的同一性。如安徽人主要来至安徽阜阳，而湖南人则主要来自湖南湘潭。

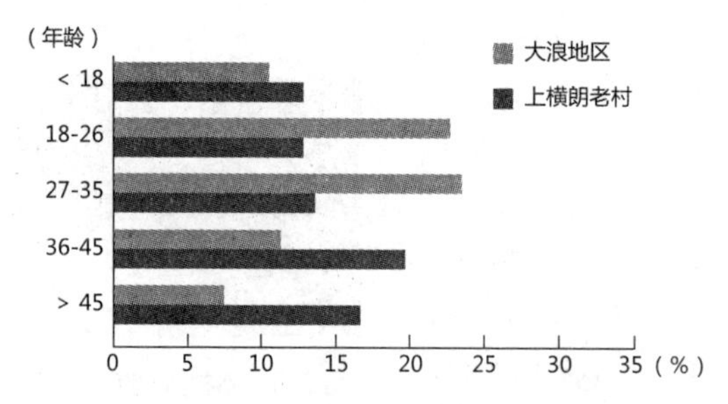

图 3-5　大浪地区与上横朗地区人口年龄结构图

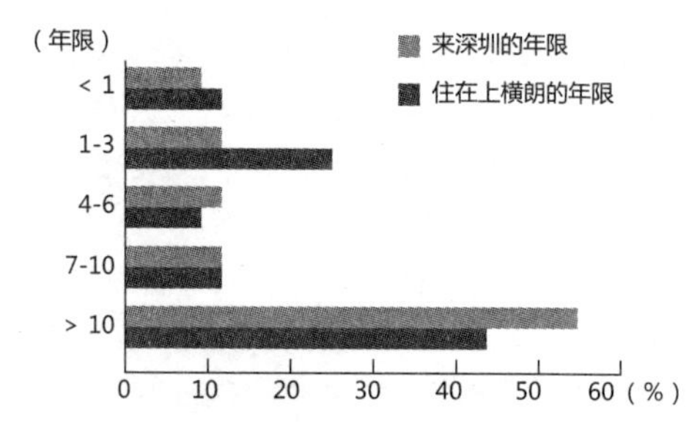

图 3-6　上横朗同乡聚落人口来深年限与在上横朗居住年限对比图

有些人更是来自于同一个村，整体迁移到这里。

2. 年龄构成

在上横朗老村中，18 岁以下人口有 178 人，占老村人口总数的 16.6%。18 ～ 26 岁年龄段为 183 人，占老村人口的 16.9%。27 ～ 35 岁年龄段为 196 人，占总人口比例的为 18.3%。36 ～ 45 岁为 277 人，占 25.1%。45 岁以上有 241 人，占 22.5%。可见，该村中聚居人员年龄偏大的占比例较高。而观察大浪地区，18 岁以下比例为 14.2%，18 ～ 26 岁比例为 30.3%，比上横朗高出近一倍。27 ～ 35 岁比例为 30%，36 ～ 45 岁比例为 15.5%，比上横朗低近 10 个百分点。45 岁以上为 10%，不足上横朗的一半[①]。由此可见，在大浪的人口年龄构成中，18 ～ 35 岁的青壮年比例很高，而 36 ～ 45 岁比例较低。这种结构与大浪产业结构有关，大量服装、电子产业的工厂需要年轻的工人从事强度较高的体力型工作。而上横朗老村中，18 ～ 35 岁的青壮年比例并不高，而从研究小组实地的问卷调研抽样中表明，实际的这一年龄段的人数可能比统计数据还要偏低。36 ～ 45 岁反倒是最大的群体。这一特征与他们在职业上的构成也是有很大关联的。

3. 家庭比例

根据调研结果和问卷统计抽样，发现上横朗同乡聚落呈现出家庭比例甚高的状态。这里的家庭主要是指一户中居住有两位或两位以上，且带有亲缘关系的居民。从问卷调查抽样中得知，上横朗的约 300 户的居民中，仅有 4% 是单人居住，而在余下的家庭中，超过一半以上有儿童居住。

4. 职业构成

在上横朗的两个同乡聚落中，他们都有各自的职业特征，如安徽籍的居民，几乎全部从事废品收购行业，而且他们的从业时间普遍很长，有的甚至超过 20 年，有些人来到深圳的第一份工作就是收购废品。这样的职业选择，与老乡的作用不无关系。同在一个村落的湖南籍同乡群体，则有着完全不一样的职业，他们大都做泥瓦工或者从事建筑工行业，而在大浪

① 数据来源：大浪出租屋管理办公室。

这个以工业制造为主要产业的地方，这是很特别的。

5. 来深时间

与居住在新村，或者其他非同乡聚居的老村不同，上横朗的居民在深圳生活的时间与在本村居住的时间呈现高度耦合，且两者时间跨度都很大。在上横朗居住超过10年的人数接近总人数的一半，有的甚至居住超过20年。这也表示出上横朗人口的流动性不强的特征。这样的事实，除了受务工者的经济和个人意愿等因素的影响，同乡聚落也是一个非常重要的因素。

2.2.2　聚落空间特征

需要说明的是，仅有人口数量上的聚集还不能简单地称为同乡聚落，他们在空间上也必须有聚集居住的特点，而空间也会影响同乡聚落的形成与发展，空间布局与同乡聚落现象是相互影响的一个过程，所以聚落的空间特征非常重要。为了说明同乡聚落内空间布局特征，本研究中选取一个对比样本——上岭排老村，它同样来自大浪地区，两个村落相距仅数公里，且人口规模相当。

上横朗老村的空间布局可分为三个部分：北部是菜地，这里没有建筑；西部是其他省份居民的混合居住区，这个区域里建筑是4～6层的楼房，居住形式上类似于新村，没有明显的同乡聚落现象；中部是安徽同乡聚落的部分，这里位于上横朗老村一条较宽道路的东侧，安徽籍居

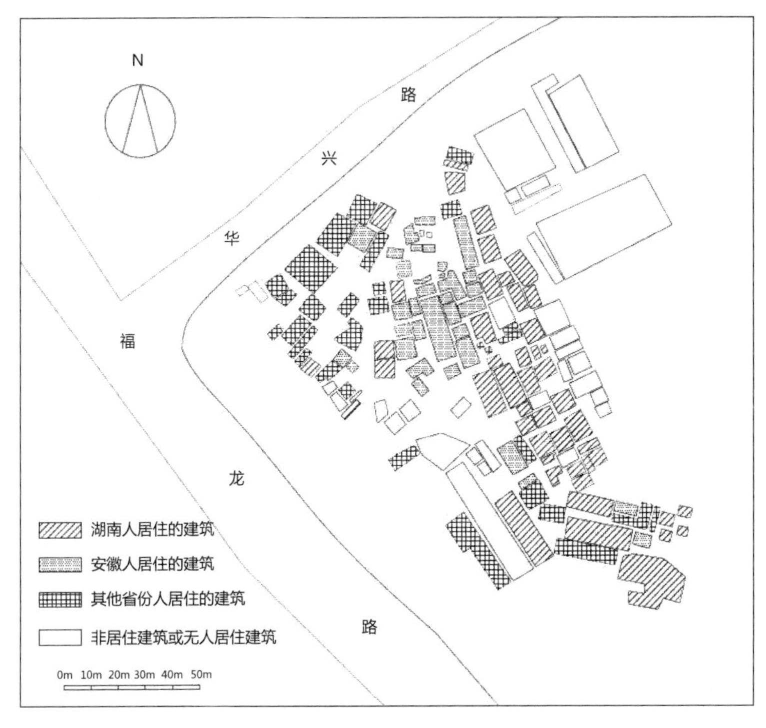

图3-7　上横朗老村各省人口分布图

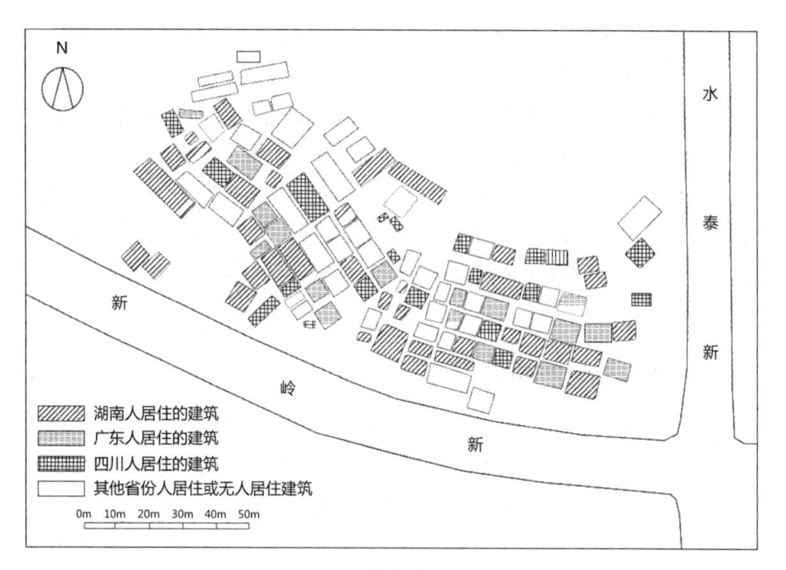

图 3-8　上岭排老村各省人口分布图

民聚集居住在此。这里的街巷相对于其他部分更宽一些，这个安徽籍聚落呈一种团状的布局，大的同乡聚落核周围零星分布着几家安徽籍的家庭。整个村子的东部分布着湖南籍聚落的居住区，尤其集中于村子东侧边缘的 3 个街巷。湖南籍聚落在空间上呈现条带状布局的规律，南部与中部由一块空地间隔开来，南部是一家占地较大的废品厂，周围居住着几户广东籍打工者。

简化来看，整个村子的居住区，大体可以看作西区、中区、东区 3 个部分。西区与中区的边界即村中最宽的水泥路，这条路是村中唯一的一条固化道路，宽度均匀，有 10 米，沿路布置着几家商店。中区与东区的界限在空间上以一条街巷隔开。西区建筑由于是后改建的楼房，建筑密度比其他区域要大很多，房租比老村的平房要高。对比可知，这种楼房式的居住形式不利于同乡聚落的形成。这种情况下，居民间交流少，住房较紧张，一旦出现空房将很快被其他来源地的租房者抢占房子，住在这里的居民很难就近安排老乡的住宿。中区的空间有利于安徽籍打工者聚集，这里的街巷较宽，而安徽籍的居民大多从事废品收购的职业，这种工作需要有较大的场地。业缘的联系和中部的空间特征有利于加强安徽籍聚落的联系。东部的湖南籍聚落是由整齐的 3 个巷子构成，巷子中会形成半包围的空间结构，这种布局中的人家是联系最为紧密的部分。

与上横朗不同，上岭排老村首先在人口结构上便无聚居的趋势。最多的湖南人也仅占 20%，从空间布局上来看，各来源地的外来人口呈散居无序的状态，虽然湖南人的数量在当中占据一定优势，但很难从空间上划分出一块聚居区域。而从实际空间的调研中也发现，这里的湖南人联系的紧密程度要弱于上横朗的湖南人聚居区。

2.2.3 社会特征

同乡聚落第三个重要的特征是其社会特征，主要包括聚落中的经济联系与社会交往。它们与同乡聚落的人口、空间构成了区别于其他居住形式的特性。

1. 经济联系

在职业构成上，上横朗老村的安徽籍聚落和湖南籍聚落都有着各自的特点，因此，在经济联系上他们也呈现出了各自的不同之处。

安徽籍聚落中，从事废品收购的人数占到整个安徽籍聚落人数的90%。他们收集废品的历史从安徽籍居民来此定居时开始，有些人已经依靠这个工作购买了卡车和独栋的住宅。部分安徽人与当地工厂达成协议，定期去工厂处理废品，再转卖给废品收购站。但有些家庭通过收集废品仅仅能维持基本的生活，他们只能从附近居民区的垃圾桶、垃圾池收集废品。由此可见，安徽籍群体虽然行业相同，之间的互助现象并不十分明显，而且这个群体的收入差距很大。他们在这一地区对这个废品行业呈现出一定程度的垄断态势，而在其内部又表现出一定的竞争性。

湖南籍居民中，男性大都从事泥瓦工、建筑工。这些泥瓦工、建筑工自发组成了一个非正式的群体。他们会凑钱在报纸上投放广告，也会有人四处收集工作信息并将其传递给同村的工友。有工程时他们往往结伴一起工作，分享信息。这种由乡缘产生的聚居，又由于业缘而加深了这种联系，最终形成了一种经济上无形的准组织，他们当中的个体在与外界的经济联系上的力量是相对薄弱的，因为工程与废品收购不同，通常需要一个或大或小的队伍去完成，所以这些湖南籍聚落的村民，在与外界的经济联系上呈现出一种共生的态势。

通过调查，安徽籍居民有些家庭不仅从事废品收集，空闲时也会在附近工厂中兼职一些产品加工工作，如贴标签、拆解配件等简单机械的工作。这些工作是在自己家中完成，收入低，例如往玩具上贴彩纸，每件按 1 分钱计算。这种工作是由老乡交流介绍而发展起来的。湖南籍居民的配偶有些在附近工厂工作，进入工厂工作的机会也大都是由老乡介绍的。

2. 社会交往

同乡聚落最根本的实质是同乡间的社会关系网络，这一点在上横朗老村中体现在居民的交往上。根据研究，湖南籍聚落的居民主要交往范围仅仅限于本村的老乡，在需要帮助时，也往往求助于本村的老乡。相比于未形成同乡聚落的上岭排老村，这种现象要明显得多。湖南籍聚落的居民大都来自于湘潭市，这里湖南人大都姓江，大多是由一个村迁到深圳，其内部联系上，同村的安徽籍聚落和没有形成同乡聚落的上岭排老村相比较，交往频率更高、交往程度更密切，居民互相间也都十分熟悉。陌生人进入他们的“驻地”都会使得居民提高警惕。聊天、打麻将等活动都是以聚落为单位，在聚落内部发生的。

据当地居民描述，2011年，湖南籍居民聚落里发生了盗窃事件，小偷当即被发现并制服，当时村里的许多人都参与到抓捕盗贼的行动中。

家庭间的交往也是同乡聚居的另一个特征，串门聊天甚至吃饭，帮忙照看家门，托管一下孩子等事情，在聚落中都是很平常的。

3. 与当地人的关系

从访谈可以得知，当地人对于同乡聚居的事实并不了解，也不关心。村委会所管理的只是本地户籍居民的信息和日常事务，外地人的房屋出租事宜全部由大浪出租屋管理办公室进行统一管理。所以同乡聚落与本地人的关系，仍然是维持在房屋收租、维修等事宜的层面之上。同乡聚落很少受到来自本地人的影响。而据当地警务室反映，没有由于同乡聚居而引发的恶性事件，而且他们本身对于大浪地区同乡聚居的情况也无太多了解。可见，上横朗的同乡聚居在一定程度上比较独立而内向的。

2.3 同乡聚居与对于居民生存状态的影响

同乡聚落作为一种社会组织形态的存在，在其形成过程中，受到了来自外界和其内部自身的种种因素的推动或者影响，而在其形成并且趋于稳定之后，势必会对同乡聚落中的居民产生反馈作用。本研究着重关注同乡聚居形态对于其中的居民生存状态的影响，结合文献研究与实际研究结果，从经济联系、社会交往、心理认同以及社会保障四个方面对其进行论述。

2.3.1 在经济联系层面的影响

上横朗村同乡聚落的社会关系对于外来务工人员从经济维度上具有重要影响。它对于村民在经济联系上的影响在于其经济活动的方式所致的结果以及聚落人员在经济活动中的内部关系。

1. 集体性的经济活动方式更易于获得工作机会

以经济活动方式为依据，可以将其分为两类：一是以个体为经济活动的单位；二是以群体为单位。

以个体为单位的方式比较普遍，这种方式主要是指外来务工者以个人为单位，在职业上与城市的经济体发生关联的方式。最为普遍的例子就是工厂的工人。从职业的发生过程来看，没有形成同乡聚落的工人们在工作上的联系不多，他们在不同的工厂、部门工作，形成的是一个主体对许多个体的来往模式。他们以个体的方式进入城市经济体(如工厂)。虽然从表面上看，他们似乎此时成为一个群体，但实则上在这个城市经济体内部，他们的组织方式仍然是分散的，彼此在工作上的联系是微弱的，将他们联系起来的更大程度上是生产流水线。

与上一种方式不同，同乡聚落的外来务工人员来到城市之后首先选择一个群体，无论这种选择是主管还是客观的，然后大家再共同以这种群体为单位，与城市的经济体发生关联。湖南籍聚落的务工者们，收集工作信息的渠道很多，每一个人的信息汇总到这个群体中来之后，都可以服务于这个群体，使他们得到工作的机会大大增加。

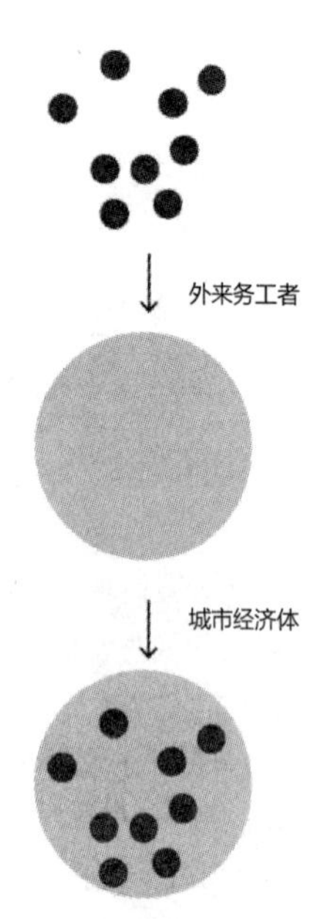

图 3-9 个体的经济活动方式模式图

而上述的安徽籍同乡，他们的工作表现出来的群体性，保证了他们在上横朗地区工作机会的来源稳定持续，带给了他们一种职业和收入上的稳定性。

因此，依托同乡聚居形成的这种群体性经济活动，给他们的工作带来更多的可能性。这种可能性又使得同乡聚居得以维持下去，从而形成了一种正向的反馈循环。

2. 经济集体的存在为个体提供了一种平等的职业供给和培训关系

以上岭排为例，从职业的起始来看，工厂工人的工作很少是通过老乡介绍，仅占 5%。就工厂工人来说，老乡帮带的作用仅止步于帮助寻找住所，而不会帮助他们找工作。工人们的工作大多是自己去寻找，中间并无老乡帮助。而在上横朗湖南籍聚落，老乡除了帮忙介绍住所外，他们会帮带老乡进入已有的泥瓦工人群体中，不仅仅是带进来，而且会发生一定的培训关系，有许多受访者表示，自己是来到这里后才开始学习泥瓦工技术，而这全都是免费而自然发生的。当外来务工人员成功地融入这个同乡聚落中，就意味着他不仅在生活上已经成为聚落中的一员，更在职业和经济层面上也加入到了这个同乡聚落当中。因此，从反方向讲，同乡聚落的存在，为新来的居民个体，提供了一种职业上的供给和培训机会。而且这种机会是基于同乡关系，与社会中其他的基于劳动关系所进行的职业供给和培训有本质上的差别。

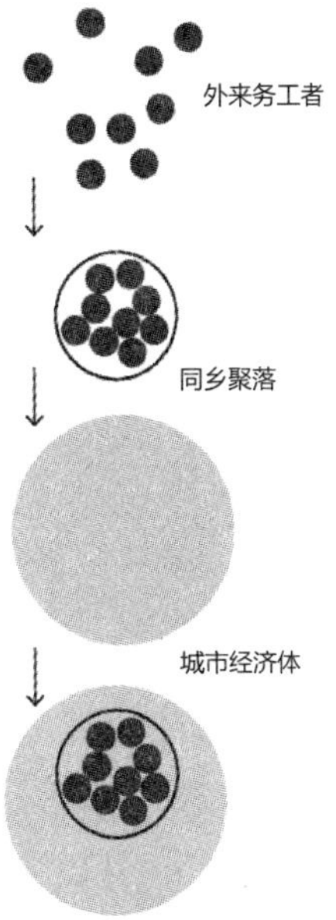

图 3-10　群体的经济活动方式模式图

2.3.2　在社会交往层面的影响

同乡聚落对于居民生存状态最主要的方面之一是社会交往。更深入地说，是对于信息流动上的影响。中国传统社会的“差序格局”理论由费孝通先生提出，该理论把人和人之间的关系比喻为将石头丢入水中，在水面形成了一圈圈的波纹，波纹之间结合或碰撞就产生了关系，从而就形成了以个人为中心的整个社会构成。在这种“差序格局”社会中，通常的表现是以己为中心，根据地缘、血缘关系来传递信息，有些学者将其称为“差序信息”。[2] 同乡聚落在形成之初，无疑是受到了这种“差序格局”的推动。而诸如像上横朗这样已形成了的同乡聚落对于这种“差序格局”又呈现一种加强的态势。

例如，上横朗老村湖南籍聚落中超过 50% 的居民，其工作是由同村老乡介绍，而这一比例在上岭排只有不到 5%，同乡聚落的形成为聚落内村民提供了共享信息的机会，而且这种机会又会在每一个村民身上逐步扩散，使得这种“差序格局”中的“石子”越来越多，有些人会因此而集聚到这个聚落中来，如住房信息的扩散；有些人可能会加入到他们的工作中去，如就业信息的扩散。“同乡聚落”在其中的作用为既集聚信息又向外扩散信息。它使得每个村民相对于没有形成同乡聚落的村民获得了更多的就业信息，增加了他们获得信息的机会。

这种对社会交往的影响还表现在建立生活层面的互助关系，例如，上横朗老村中湖南籍聚落中有 60% 的居民曾经让老乡从家乡捎带过东西，或者帮助老乡捎带过东西，从而减少交通成本。这一事实包含两个基本要求：一是他们的来源地要十分相近；二是他们当前所居住的地方不能相隔太远。同乡聚落为他们提供了这种依靠社会关系而节约成本的巨大可能性。而这种相互来往的行为，又会反过来增进聚落居民的关系，使得居民的关系更加融洽。

通过对比上横朗老村与上岭排老村的交往范围，发现两个老村的居民交往最多的都是住在本村的老乡。而上岭排居民跟住在外村的老乡、同事、朋友交往得更多。在上横朗同乡聚落中，个体间联系密切，足以满足日常的交往需求。而非同乡聚落中，老乡间联系较弱，所以个体需要拓展出老乡以外的其他交往对象。

2.3.3 在心理认同层面的影响

心理上的认同主要包括在两个方面，一是他们对于亲情故土的认同，即文化身份认同；二便是他们对于自己所居住的地方的认同。

同乡聚落在一定程度上就是居民认同自我文化身份的体现。外来务工者离开原籍之后，家中仍有集体土地，老村中许多村民利用废弃地经营菜地，也说明他们对于自己的农民身份并未完全抛弃。另外，他们在选择务工的地点、方式上，趋于与同乡发生最大限度的关联，也即他们希望成为众多“同乡”中的一员，从而给自己除了外来务工者之外的另一个自己所认同的身份。

威廉斯等学者提出了地方依恋的理论框架，该理论认为地方依恋包括地方依赖与地方认同两个方面，前者是人与地方之间的一种功能性的依附，而后者是一种情感性的依恋。Hidalgo 和 Hernandez 曾提出，地方心理依恋的重要特征之一，是一种不愿意远离所依恋的地方的倾向[3]。

上横朗同乡聚落中的居民，普遍居住年限超过 10 年，流动性很小。不可否认，房租价格是他们选择居住在老村中的一个重要因素，老村居住成本较低，他们对于老村必然存在着一种功能性的依赖。但是同乡聚落带给他们的归属感也影响他们的个人意愿，把他们留在了现在的居所。经过调研，以上横朗同乡聚落和上岭排村为例，65% 上横朗的居民表示更愿意留在深圳，回乡的打算并不强烈，目前迁出上横朗的意愿更低。上岭排村中 50% 的居民表示看情况再决定是否回乡。而上横朗村民的流动性，明显要低于上岭排村。在上横朗，有人表示，自己其实有足够的经济条件去新村居住，但是已经在这个熟悉的聚落环境中很习惯了，所以并不打算搬往其他地方。以上横朗老村湖南籍聚落为例，这里几乎是将家乡的人际关系移植到深圳。这种人与人、人与地的联系，使得他们在心理上、在意愿上更加认同现在的居所。因此，同乡聚落在长期的形成和维系过程中，居民对这个群体以及这个群体存在的地方，也产生了一定的情感依赖，也就是地方认同。而这种认同产生的主要原因，就是“同乡”。

2.3.4　在社会保障层面的影响

同乡聚落在社会保障方面，主要发挥的是对现有不完善的制度性社会保障的补充作用，为同乡聚居的外来务工者建立起一种虽薄弱但却十分必要的非制度性社会保障和抗风险机制。

1. 城乡二元社会保障制度的差异

中国现行的社会保障制度是在五十多年来城乡分隔、并行双轨制的基础上形成的，农村的制度性社会保障程度低，主要靠政府、集体的救助。其次，农村的社会保障并未形成稳定而规范的制度，比如农村社会养老保险和合作医疗仅在小范围进行，随着城市化进程变革的加快，农村的社会保障水平并没有得到快速提升。相比较而言，城市的各项保险包括养老、医疗、失业、工伤，还有生育方面都已经普遍建立并且十分完善[4]。

农村和城市社会保障制度差异　　表3-1

社会保障项目	城市	农村
养老保险	普遍建立	有条件地区建立
医疗保险	普遍建立	个别地区开展
失业保险	普遍建立	无
工伤保险	普遍建立	无
生育保险	普遍建立	个别地区开展

2. 同乡聚居人员现有的社会保障

在调研的过程中，发现聚落中的居民对自己应该获得的社会保障缺乏详细的了解，有的也只停留在养老保险的层面。由于在这些居民中，80%～90%都从事自由职业，如拾荒、废品收购、机械运输、建筑工程等，自负盈亏，制度性的社会保障离他们很远。虽然广东省在1998年建立了城保模式，但是在大浪的实施效果并不明显。目前农民工的社会保障制度，主要针对急需的工伤保险、医疗保险、养老保险等以及非缴费性的项目比如社会救助、最低生活保障等。社会福利、社会优抚只针对城镇人口，社会保障的单一性已经很难保障外来务工人员抵抗外界的风险。在实际的调研过程中发现农民工普遍感到“深圳生活消费水平较高，支出很大”，“在城里打工也压力巨大”，“未来孩子留在这里上学也是一个很大的问题”。

3. 同乡聚落在社会保障方面的作用

社会资本（Social Capital）是资本的一种形式，是指为实现工具性或情感性的目的，透过社会网络来动员的资源或能力的总和[5]。社会资本理论强调个体在社会网络中的交互作用，个人的好行为和坏行为的选择受到他所处网络中周围人的影响。研究证明，当个体发生空间迁移后，仍然依赖于他原有的社会资本，不仅为了找工作，同时也是为了防范风险。于是，外来务工者对于社会资本的依赖使得初始的同乡聚居变得更加稳定。[6] 这种社会资本，会随着同乡聚落的发展而增加。从本次研究的调查统计数据来看，上横朗老村中湖南籍聚落的形成，为生活在聚落内的人提供了一种同质化的社会资本，这种社会资本不仅有利于同乡聚落的居民降低生活成本，他们更会依靠已有的一种社会资本，来形成一种抗风险机制，而且这种群体越紧密，这种机制也就越稳固。

同乡聚落的存在对缓解城乡社会保障的不完善有补充作用，同乡聚落中相互协助的关系使他们在遭遇到失业的时候能够及时从老乡那里获得工作信息，这样使他们能及时规避失业带来的经济损失，80% 的受访者表示在与同乡交往中，老乡提供了不少有用的就业信息，50% 以上的受访者表示自己现在的工作就是在同乡聚落中由老乡介绍的，并且一直保持必要的联系。经过调研，上横朗老村同乡聚落中 60% 的居民表示，当需要帮助时会选择本村的老乡，而上岭排老村中只有 30% 的人表示可以从本村的同乡中寻求到帮助。比如缺钱，工伤，生病的时候，老乡会在第一时间伸出援手，有些本该由政府来承担的社会保障工作被同乡村的社会关系取代或者补充，同乡聚落在自我形成的社区中形成了一种社会风险抵御的对抗机制，使个人在面临社会危机与自身困境时有了更多的压力释放出口。

总之，这个群体的存在使得居民在某些方面的生活压力相对减轻。另据调查，上横朗老村中多个亲人一起居住的比例要大于上岭排老村的。这种家庭内部、家庭之间的互助关系，不仅为其中的居民提供了在深圳的一层心理保护，而且在一定程度上补充了这里制度性社会保障的缺失。

3 结论

深圳大浪上横朗老村的两个同乡聚落，是在深圳城市化的大背景下，结合多方面原因而逐步发展形成的。同乡聚落在形成之初，主要是因为大量相同来源地务工者的涌入和老乡的帮带作用，加之老村的交通、房租、居住环境等条件也促进了同乡聚落的形成。而在形成后，同乡聚落在人口特征上主要表现为：乡籍组成比较统一，居民年龄偏大，以家庭结构为主，来深时间与居住时间较长且职业上较为统一。在空间特征上表现为聚集居住。在社会特征上，表现为经济活动的群体性与交往的密切性。

同乡聚落形成后，对于居民生存状态的影响，在经济联系上表现为提供更多工作机会以及平等的职业供给和培训机会；它影响居民的社会交往形态，有助于他们社会关系的融洽；同乡聚落也会使居民产生对于聚落的认同感，使得他们倾向在这里长期聚居；最后，同乡聚居为他们提供了心理保障，补充了制度性保障的不足，一定程度减轻他们在城市生活中的担忧。

不可否认，同乡聚落也存在一些弊端，例如居民的生活相对封闭，外部交往较少。同乡聚落在城市化的进程中产生，其中的人和事都是一个时代的缩影，而城市化的脚步还在前进，同乡聚落的命运不容乐观。在研究小组的调研中，上横朗的同乡聚落是目前十多个老村中比较完整的聚落。而前文提及的上早老村中的同乡聚落，绝大部分已经在 2012 年被拆除，从前的一千多位老乡，分散到附近的各个区域，仅剩十多位老乡还在那里居住。上横朗同乡聚落的命运，只能留给时间来决定。

参考文献

[1]　胡武贤，游艳玲，罗天莹. 珠三角农民工同乡聚居及其生成机制分析 [J]. 华南师范大学学报，2010（1）：10-14.

[2]　费孝通. 乡土中国 [M]. 北京：生活·读书·新知三联书店，1985：126.

[3]　朱竑，钱俊希，吕旭平．城市空间变迁背景下的地方感知与身份认同研究——以广州小洲村为例 [J]. 地理科学，2012（1）：18-23.

[4]　朱进芳．市民化视角下农民工社会保障制度的改革与创新 [J]. 安徽农业科学，2012，40（17）：9496 － 9499.

[5]　(美)林南．社会资本:关于社会结构与行动的理论 [M]. 张磊译．上海：上海人民出版社，2005.

[6]　王汉生，刘世定，孙立平，项飚．“浙江村”：中国农民进入城市的一种独特方式 [J]. 社会学研究，1997（1）：56-67.

专题 4

城市化过程中公益组织对其成员心理归属的影响——以小草义工为例

小组成员：王碧云　王馨甜　丁明君　宋　颂　朱盼盼
指导老师：范志明　于长江　范　军

摘　要： 大浪地区是一个以服装、鞋类加工业为主的工业区，这里聚集了大量的外来务工人员，他们之中的大部分是农民工。他们见证和经历着城市化，对于他们而言，城市化不仅仅是地点、环境、职业的转换，更是从村民向市民的心理认同转换过程。本文选取小草义工队为研究对象，研究在城市化过程中，农民工通过参与义工组织活动，对其融入城市生活、心理归属转换等方面产生的影响。

关键词： 城市化；半城市化；义工组织；心理归属

1　引言

深圳作为改革开放的先行城市，吸引了大量的外来务工人员。这些外来务工人员离开家乡的土地，在深圳谋得一份工作，开始他们崭新的城市生活。然而，他们离开故乡和亲人，只身来到深圳，在一个全新的环境下，身边都是和自己一样的外来者，他们缺乏情感倾诉的空间。这种“移民心态”使得他们迫切希望通过一些行动或一些途径来克服这种孤独的消极情绪，他们也渴望在这个新的环境中得到自我价值的彰显和认同。

在这样的情绪作用下，这些外来务工人员利用打工以外的闲暇时间，努力寻求这种心理上的认同感和归属感。此时，深圳的各类社会组织为这些外来打工者提供了他们所需要的平台，这些外来打工者通过参与社会组织开展的各类活动来参与社会建设、为解决社会问题做出自己的贡献，从这些活动中展现自己、实现自我价值。

与此同时，深圳的义工组织也在这样的移民环境下蓬勃发展。外来打工者在义工活动中做着自己的贡献。这些义工活动促进了外来务工人员自身对深圳的认同，也促进了这些来自各地的移民之间的相互认同（张艳艳，2010）。深圳的义工组织从 1989 年，由 19 名青年通过开办针对青少年的热线电话开始，到现在已经 15 年过去了，义工组织从无到有，从小到大，现在深圳已有近 6 万名注册义工，“有困难找义工、有时间做义工”已经是深圳人的时尚（韩冬，2004）。

深圳市宝安区大浪街道是一个以劳动密集型产业为主的工业区，这里聚集了大量外来务工人员。这些外来务工人员正进行着城市化过程，但是流动性很强，并且在社会活动、社会生活、对城市的认同、心理归属等方面仍处于不完全城市化状态。大浪街道各类社会组织相继发展，小草义工是在大浪街道自发形成的公益组织，从 2008 年成立至今已有 3000 多名义工注册，几乎都是外来务工人员。他们通过参加义工活动充实自己的生活，扩大交往圈，提高能力，从而实现自身价值，并且在帮助他人同时获得精神上的“幸福感”与“认同感”。本研究利用参与法、访谈法、问卷调研等方法，探讨外来务工人员在城市化过程中，通过参与公益组织活动，对其心理归属由村民向市民转换的作用。

2　大浪地区人的城市化状态

2.1　城市化与人的城市化

城市化（Urbanization）指的是人口向城镇聚集、城镇规模扩大以及由此引起一系列经济社会变化的过程。城市化包含了社会的城市化、土地的城市化和人的城市化三个方面。城市化最难而又最重要的是人的城市化（张雪梅，2006）。

人的城市化可以归纳为四个阶段：第一个阶段是人的流动，即农村人口从土地中解放出来并向城镇流动；第二个阶段是人的就业，只有当他们在城镇中获得了工作，找到了自己的位置，才能在流动之后安下身来；第三阶段是人的融入，指的是农村人口在城镇安身之后，社会行为和活动融入城镇之中；第四阶段是人的归属，就是当人流动、就业、融入都完成后，他们心灵上对这个城镇的认同和归属，是由物质到精神的完全城市化。然而，在现阶段，人的城市化还不够完全，虽然第一阶段和第二阶段已经基本完成，但是由于还未达到城乡劳动力身份平等、机会平等和权益平等（张迁，2007），使得这些农村人口在流动到城市并获得了工作之后，仍然无法在社会活动和社会行为上融入城市，并且在心理上对城市不认同、没有归属感。

2.2　大浪地区的人的城市化特点

根据城市化、人的城市化的相关理论，通过调查研究大浪地区的实际情况分析得出，在大浪外来务工人员正处于不完全城市化过程之中，他们在城市化的第三阶段融入和第四阶段归属方面，遇到以下问题：

首先，在体系层面，户籍制度的存在，使外来务工人员虽然人在城市，却享受不到城市人应有的待遇，主要体现在无法争取福利房，没有医疗保险、养老保险，子女教育需要交纳高额借读费等方面。户籍制度同时也是造成中国农民工子女、父母留守，多人合租情况的根源。这些制度阻碍了大浪外来务工人员的城市化进程。

其次，在社会生活层面，大浪地区外来务工人员多租住在原住民建设的城中村房子中，距离工厂近，租金低廉。但基础设施和公共活动空间条件较差，居住条件与商品房、保障房小区存在分异。收入分异和居住分异共同导致外来务工人员交往圈子小，主要是同乡或同事，很难融入当地人的生活圈子。此外，在单位招聘中，存在明显的性别歧视、地域歧视，从访谈中了解到有些单位不招收河南人。这种歧视和偏见使外来务工人员很难融入当地的城市生活之中。

第三，在社会心理层面，由于大浪的外来务工人员无法享受完整的市民权利，在很多制度体系上没有享受到平等的待遇，带有歧视和偏见的社会排斥和与城市隔绝的生活状态都对这些外来务工人员的心理产生了消极影响。他们对大浪对深圳没有归属感，觉得这个城市不属于他们，他们也不属于这个城市。对待这个城市，他们更像是一个旁观者，而心底最眷恋的却永远是自己的故乡。

然而，大浪地区劳动密集型产业的特点使得聚集的务工人员多处在20～40岁之间。他们有强烈的交友、表现欲望，活动的局限不仅体现在家庭生活，也体现在社会生活等方面。大浪地区社会团体、社会组织的存在可以为外来务工人员提供不错的平台。

3 大浪地区社会组织概览

大浪地区有多种类型的社会组织，经过对社会组织的全面调研，选取以下四个与外来务工人员相关性较强的、不同类型的具有代表性的社会组织，从组织的规模、组织内部的成员、活动的内容、资金来源、监管方以及现阶段面临的困境等方面展开调查，调查结果如表4-1。

以上四类大浪地区社会组织在不同的服务对象和服务类型方面，相辅相成，相互渗透。在不同程度上都为大浪地区的外来务工人员提供了一个参与城市、展现自己的机会和平台。

轮滑组织成员在参与时需要交纳会费，组织运转资金充裕，活动形式单一，成员参加全凭兴趣。好人好事属于政府组织行为，以宣讲的形式加强青工思想建设。社区服务中心隶属街道办，活动场地等最有保障。而小草义工相比于以上三类社会组织有明显不同，小草义工完完全全在大浪起步，自发形成，义工成员绝大部分都来自大浪当地青年工人，成员活跃度及社团黏度较高。因此，本研究将目标对准小草义工，研究小草义工成员在参与活动过程中，是否会影响其对城市的心理归属感的转换。

大浪地区的不同社会组织对比分析　　表4-1

名称	特点	人员组织	活动内容	监管方	面临困境
轮滑组织	兴趣小组	总成员1000余人，有组织者，下设若干队，每队有轮滑教练和成员组成	每周六例行活动；不定期组织“刷街”、爬山等活动。组织者适当收取参加者会费	无专门监管方	平时的活动场地在大浪活动广场附近，没有专门的活动场地
好人好事	公益组织	大浪大学堂项目组4～5人	项目组与大浪当地组织开展项目合作，举办大浪学堂、青春故事汇、青工论坛	大浪街道办直接督导、自身督导、青工反馈	
小草义工	本地自发形成	义工总人数将近3000人，其中90%为公司基层员工，内分多个小组，如敬老组、助残组、宣传组等	交通疏导、敬老院、儿童服务中心、大浪U站服务等义工服务	大浪义工联	缺乏组织义工内部活动资金及活动场地
社区服务中心	政府下设的组织	各社区服务中心工作人员6～8人不等，由专业社工、原住民、行政管理人员组成	有固定办公及活动场所，活动场所分为健身区、阅读区、儿童活动区、会议室等，社区人员可自行在此开展活动	市民政局、龙华新区民政局、街道办	

4　小草义工研究

选取小草义工为研究对象，因其在大浪地区自发形成，组织结构完善，活动最为频繁，参与成员多来自大浪地区青工。本研究采用访谈小草义工队发起人，设计调研问卷（主要涉及受访者自身基本情况、参与活动情况以及归属感等方面）等方法，进行分析论证。

4.1　小草义工组织的诞生与发展

小草义工队起初由队长夏某一人在大浪创立，后经发展，现已有3721名义工注册，是有企业提供活动资金支持的、社会认可度高的公益组织。

4.1.1　诞生的机会

小草义工队的诞生受到深圳打造志愿者之城的影响。2008年5月，夏某来到深圳打工，无意间接触到了龙华义工组织，通过参加义工活动，切身感受到帮助他人为自身带来的快乐，于是准备在自己打工的公司创立义工队。当时夏某是宿舍管理员，可以接触到很多青工，群众基础较好，在这一时期夏某经常带领义工队去敬老院探望孤寡老人。

2008年10月，夏某离职后想去别处发展，当时大浪团委的团委书记看到夏的义工组织发展情况很好，希望他可以留在大浪，继续发展义工组织，并为夏某在大浪图书馆安排了工作。2008年12月15日，也就是大浪图书馆开馆的日子，小草义工队正式成立了。其名字正是来源于“没有花香，没有树高，我是一棵无人知道的小草”这首歌。这个名字时刻提醒着小草义工的每一个人，不能妄自菲薄，即便是小草也有存在的意义。

小草义工之所以在大浪诞生，与深圳志愿者服务大环境、当地政府领导的支持以及一位有领导力的创办者密不可分。

4.1.2 早期发展的瓶颈

成立伊始，小草义工不但没有活动场地和资金支持，甚至办公场地都无从谈起，夏某将小草义工的宣传材料放在大浪图书馆，工作的同时向大家宣传小草义工。据介绍，让参加过义工活动的人当场报名，给不了解义工组织的人宣传义工成了夏某工作之余做得最多的事情。于是，渐渐地，才有越来越多的人熟知小草义工。

4.1.3 发展现状

1. 组织规模较大、制度较完善

小草义工经过四年的发展，组织规模不断扩大，从最初创立时仅有十几名义工，发展到目前系统报名人数3721人，而其中的90%是来自基层企业的一线员工。部分小草义工已经坚持服务三年以上。经过四年的运作，小草义工已经形成了一套自己的制度体系，每周召开例会。

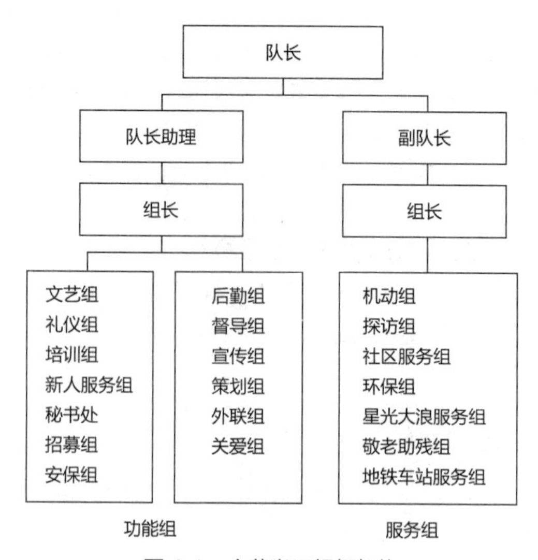

图4-1 小草义工组织架构

随着系统报名人数以及开展活动类型的不断增多，小草义工内部逐渐分工，设立了秘书组、文化组、宣传组、文艺组、培训组以及地铁服务组、敬老组、关爱组等各个小组。

2. 活动类型多样

小草义工经过几年的摸索和尝试，现在可提供敬老院服务、残联服务、登山环保宣传、文明交通劝导、慈善募捐、汽车站地铁服务、街道大型晚会现场秩序维护、外来务工人员交流等各类公益活动。同时，随着服务内容的增多，其覆盖面也不断扩大，除了在大浪进行志愿服务外，还经常参加深圳市义工联的活动。

3. 人员获知小草义工途径多样

小草义工在大浪劳动者广场设置U站，定期在劳动者广场举办活动同时可以进行义工登记。此外，通过朋友介绍得知小草义工并志愿加入的情况也很多。

4. 成员之间的互动频繁

小草义工成员由QQ群联系，发布活动消息、统计活动参与人数，同时成员也可通过QQ群分享生活的故事，自由交流。在活动中，也很大程度增进了义工成员的交流。

5. 资金获取方式

主要资金来源于企业捐款，此外政府也会有少量的经费扶持。为保障小草义工队的持续健康发展，联和国际集团把小草义工队纳入大龙华同乡总会的平台，在大龙华同乡总会的支持下，小草义工队得以更务实地做好服务。

6. 即将注册成为全区性社会团体

由于服务效果好，小草义工得到了社会各界的一致好评，大浪办事处的很多活动都由小草义工承办。2013年1月29日，小草义工队在深圳市时代青工服务中心的指导下申请筹备成立深圳市小草义工服务协会，正式拿到政府批文，同意小草义工服务协会成立，小草义工队迎来了全新的发展机遇和挑战。

目前小草义工的注册已经接近尾声，申报材料基本递交完毕，等政府颁发营业许可之后小草义工就完成了从社区志愿组织到全区性社会团体的转变。

4.2　义工成员

4.2.1　义工来源广泛

改革开放三十多年深圳的迅猛发展，得益于其劳动密集型制造产业，加之经济特区政策导向，使深圳工厂层出不穷，并有“世界工厂”之称。大浪地区在三十多年的发展中，也伴随着服装、鞋类、电子等优势产业的发展，从偏远村落发展成为如今的现代新城区。

劳动密集型产业对青年员工需求量大，对知识、技术水平的要求普遍偏低，广大员工大多未受高等教育、来自生活水平较差的农村。大浪地区外来人口达到辖区总人口的98%，以广东、湖南、四川人为主。

小草义工成员来自各省市，注册的3721名义工中大部分来自湖南、广东、湖北、江西、广西、河南、四川等地。其中来自湖南的人数最多，注册义工中达到770人，此外，来自山西、黑龙江、吉林、辽宁、内蒙古等地人数较少，共计不足10人。

4.2.2 义工年龄低

小草义工成员年龄普遍偏低，在登记年龄的3403名义工中，90后义工有1100人，80后义工有1888人。占义工总数的80%。他们多是第二代和第三代农民工。与第一代农民工相比，他们的价值观与利益诉求出现重大的分化，通过新生代农民工与老一代农民工的对比，发现新生代农民工的经济取向、城市取向和家庭取向等都在弱化，取而代之的是发展取向和个人取向的增强（许叶萍、石秀印，2010）。他们文化层次更高，更加注重个人发展。

4.2.3 受教育程度较高

在学历方面，登记学历的小草义工1725人中受本科教育139人，占总人数8.1%；高中328人，占19%；大专学历216人，占12.5%；中专学历247人，占14.3%。受教育程度较高，使新生代农民工更容易接受新鲜事物，对精神文化生活的期望值也更高，相对于父辈，他们更希望留在城市里生活，对于城市的认同要远远大于对于农村的认同；他们迫切想融入城镇，但又很难逾越横亘在面前的制度、文化之墙——想退回农村，却又做不了合格的农民。

4.3 参与义工活动对义工成员的影响

4.3.1 社会生活层面

1. 交往范围扩大

受成长环境、生活习惯、方言差异的影响，在日常的交往过程中，青年工人更易形成同乡圈子。与同乡交流使青工们更容易找到共同话题，取得心理认同。比如湖北人、河南人的同乡村。这种同乡村的产生可以加速外来人群对深圳的熟悉和认同，但在一定程度上割裂与其他省人群的交流沟通，从而产生以来源地为区分界线的分类聚合现象。这种城市化过程是片面的、不完整的，对城市的认识，对城市生活的感受也颇有家乡色彩。

大浪的外来务工人员中，年轻人占了绝大部分，大多单身，尚未组建家庭，在工作之余需要交友、参与社会活动等的机会和平台。大浪工厂主要涉及服装、鞋类、电子、橡胶等行业，其中，服装、电子类工厂偏重雇佣女工，工作时间长，居住在集体宿舍等原因使这些青工的婚恋、交友需

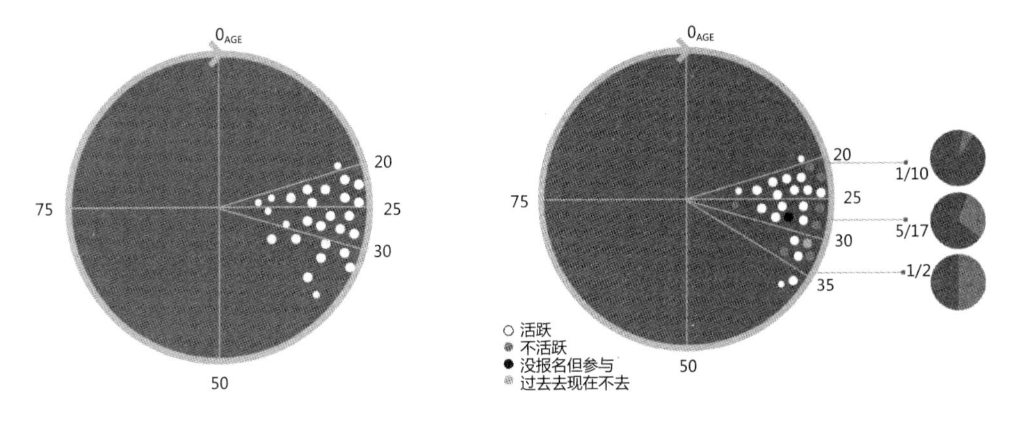

图 4-2　小草义工成员年龄分布

求得不到满足。因此，青年人的交友、自我彰显的需求与单调的工作之间存在矛盾。社会组织的发展可以很好地缓解这一问题。

调研中选取的 53 位小草义工成员中，有 30 位（56.6%）来自广东、湖南、四川等地。此外还有 11 位（20.8%）来自广西、云南、湖北等地。小草义工队并不是针对某一个省或某几个省开立，而是面向大浪地区的所有义工。访谈对象的来源地分布，基本符合大浪地区和深圳市的情况。更能反映大浪地区、深圳市人口的文化背景。通过参加义工活动，与各地义工平等交流，增进来自不同地区的义工互动。

在调研的 53 位小草义工成员中，20 ～ 25 岁的青工有 11 位，占 20.8%。25 ～ 30 岁的青工有 9 位，占 17.0%。而 20 岁以下和 35 岁以上的人数比较少，与大浪地区的务工人员构成相对一致。20 ～ 30 岁这一年龄段人接受新鲜事物的能力比较强，对于新事物能够投入更多的精力，这也是小草义工发展较快的原因之一。

2. 活动类型多样，具有城市生活特点

综合开发研究院 2012 年 8 月到 12 月对青工的调研结果显示，青工交往需求迫切，向往融入深圳社会。但青工社会交往渠道单一，地缘、乡缘是构成青工朋友圈子的主要纽带。据调研，大部分青工每天工作时间超过 8 小时，且这部分时间都在工厂上班，真正可以用来活动的时间少于 6 小时。活动地点多集中在工厂附近，较少接触城市其他地方，活动内容匮乏。

大浪地区的社会组织多样，可以组织不同类型的活动。与第 3 章中提到的大浪地区其他社会组织不同，小草义工的活动娱乐性不强，而以志愿服务为主。经过调研，小草义工活动类型主要有交通疏导、敬老院帮扶、残联服务、举办大型集会（比如星光大浪劳务工歌手大赛）、外来劳务工交流活动等。这些活动渗透到市民生活的各个方面，且颇具城市生活特色。义工成员通过参加诸如星光大浪歌唱比赛这种典型的城市活动，更加了解城市生活，适应城市节奏。而去敬老院、残联服务，让义工成员在深圳除了自己工作和生活的工厂之外，还有其他的地方可去，可以接触到更多的本地人。

3. 活跃程度呈现层次化，增加城市生活参与度

由于大浪地区青工人员流动量大，小草义工成员流动性亦然。小草义工报名人数有 3700 余人，而从近三个月参与活动人员来看，实际参与人员约 300 人左右，总体中个体差异明显。因此，研究小草义工组织对青工城市化过程的作用问题，研究对象的选择不仅仅局限于现在参加活动的小草义工，还设置多角度对照，设计分层抽样。根据分层抽样原则，将总体分为互不交叉的层，然后按照实际人数比例关系，从各层独立抽取一定数量的个体，将各层取出的个体合在一起作为样本，获取他们加入义工组织时的动因、参加义工后的收获、心态转变等方面的信息，最后进行归纳整理来了解小草义工对这些“不完全城市化”人群城市化的推动作用。分层情况如下：

活跃义工群体：指参加义工活动频次较多，最为活跃，在义工组织当中担任重要职位的骨干成员以及乐于参与活动，乐意与人交流的普通义工。此类群体占报名义工总数比例较小，采集比例较高。

报名后不活跃义工群体：指在小草义工报名，但是最近三个月来参与活动不频繁，或者不参与活动。这类群体在报名义工当中占大多数，采集低比例样本。

活动类型分层对比　　表 4-2

活动类型	活跃义工（人）	报名后不活跃（人）	之前活跃后来不活跃（人）	不报名但活跃（人）
地铁车站服务	15		1	
敬老助残	13			1
星光大浪服务	4			
环保	2			
探访	5			
策划		1		
广场舞	6	3		
社区服务	1	1		
义演		1		
安保		1		
募捐		1		

之前活跃而后来不活跃：指曾经参加义工活动频繁，但是由于自身对义工组织的认识发生变化，而非由于工作调动影响，而后参与活动不活跃的义工。这类群体在义工中占极少数，调研时联系困难。

不报名但活跃群体：指在劳动者广场 U 站活动，或经常参与义工活动，但未曾报名的人。对这类人的选择不能从已有数据入手。

报名参加的义工会根据兴趣分成不同的小组，以下将对调研的 53 个对象的活动类型进行分析，在分别统计了各自参与的活动之后得出下表（注：由于每个人参加的活动种类大于等于一项，故活动种类统计总量大于人员数量）：

根据统计，活跃的义工中参与地铁车站服务和敬老助残的最多，分别占比例 32.5%、28.2%，其次是广场舞，占 13.4%，而参与社区服务和环保的比较少，仅有 2.1% 和 4.3%，据调查，敬老院和地铁站活动时间比较固定，基本在周六周日进行服务。这部分人参加活动最为频繁，他们对活动的反馈最能表现小草义工对他们生活的积极作用。小草义工多为大浪青工，他们上班时间比较固定，活跃义工选择的活动也多为时间固定的地铁服务和敬老助残服务。经过培训，义工获得服务要领，为有需要的人提供帮助，使他们在工作之余，可以与更多的人接触，爱老、敬老也不再只是自己的父母，同时也可以是其他的老人。通过活动加深了自己与其他人的联系，与深圳生活的联系。空间上，在自己的工厂与住所之外，有了诸如地铁站、敬老院、残联等留下他们回忆和汗水的地方。在思想上，城市中的公共服务活动给远离家乡的青工们新的启迪。情感认同上，在深圳、在大浪除了与自己一样来自外乡的同事们，还与很多久居于此的深圳人建立联系，从而更加理解深圳和深圳人的生活。此外，在深圳有一种说法“来了就是深圳人，来了就做志愿者”，志愿者身份本身就带有荣耀感，这也为小草义工成员带来自我认同。

报名后不活跃的义工中参与广场舞的人数最多，占 37.5%，而其余的多是参与安保、义演、募捐和社区服务、策划活动。广场舞活动在大浪劳动者广场开展，U 站也设立于此，在参与活动之外，可以现场报名小草义工。这类义工多是在参加广场舞活动，或者到劳动者广场活动时，听闻小草义工报名，但并未更多参与到其他活动和服务之中。这也反映这部分人对服务类的活动并不感兴趣，他们更喜欢文体类的活动。虽然未能在义工活动中增加对义工精神的理解，但是增加了城市生活的参与度。

4.3.2 心理层面

1. 文化接纳

走近小草义工，本是想探寻这群可爱的人们为了公益事业付出的奉献与牺牲，然而，每个人的故事却都在告诉我们，他们获得了什么。

小草义工多种类型的服务形式和不同层次的服务对象，为义工们提供了良好的奉献、沟通的平台。小草义工们在对外发挥人文关怀的同时，对内起到了积极的心里固化作用。

对小草义工分层抽样后，择取样本容量 53 人，访谈内容针对“做义工有何收获”这一开放问题回答如表 4-3：

通过分层抽样法分析，活跃义工群体中认为来参加义工活动可以获得满足感的比率较高，而这一指标在不活跃群体中较低。不活跃义工群体认为交朋友是参加义工活动的主要收获，比例高达 61.5%，而这一指标在活跃义工群体中占 39.5%。积极活跃在小草义工组织的人们用他们的故事告诉我们，做义工在付出的同时有许多收获，除了与人为善的快乐，更重要的是对自身素质的提高。

活跃的小草义工认为参加义工活动可以在帮助别人的同时，增加自身的成就感和满足感。义工生活俨然成为活跃义工生活的一部分，义工服务的观念在新一代青年工人的心中，除了原本的公益性质、新的观念之外更与义工的生活紧密结合。在活动中，结识新的朋友，虽然人在外地，但是仍然可以有家的感觉。此外，活动还给了义工们展示自我的平台，可以提升自身的沟通能力，增长知识。

义工成员参加活动后的收获　　表 4-3

收获	总人数（人）	活跃义工（人）	不活跃义工（人）	之后不来的义工（人）	不报名直接参加活动（人）
A 公益经验	2	1	1		
B 新的观念	7	5	2		
C 满足	18	16	2		
D 交流	11	11			
E 知识	2	2			
F 朋友	23	15	8	1	
G 展示自我	3	3			
H 帮助别人	9	7	2		
I 好奇	2		2		

在调研中，获得小草义工信息的渠道大略可以分为以下四种：经人介绍、在劳动者广场看到小草义工、偶遇小草义工活动以及通过网络得知小草义工。将这四个方面再细化一些就可以继续分为十二小项（具体内容见表 4-4）。按照前述的分层分析对比的方法，将调研数据进行分析整理，结果如表 4-4 所示：

通过表格中的数据可以看出，在不活跃人群中，所占比例最大的是通过劳动者广场了解到小草义工的人们。究其原因，主要可以从两个方面进行分析。首先，他们不了解小草义工进行的志愿活动，只是一时兴起报名参加，而后并没有想参加志愿活动的冲动。再者，通过朋友介绍而来的人多数是因为朋友知道此人有公益之心，希望参加志愿服务，因而经人介绍而来的义工中活跃的义工占多数。对于通过小草义工的志愿活动了解小草义工的人，往往了解小草义工活动进行的方式，并且是对其感兴趣，后来找到小草义工才报名参加的。介绍人与被介绍人都在一定程度上认同义工文化、义工精神。

这里还涉及一个报名成本问题，在劳动者广场得知小草义工的人在现场即可报名，而通过其他方式获得小草义工信息的人需要专门去找到报名点进行小草义工报名。因而后者多为深思熟虑之结果，而前者不乏

如何得知小草义工的分层对比　　表 4-4

得知方式		活跃义工（人）	报名后不活跃义工群体（人）	开始活跃后来不活跃义工群体（人）	不报名但活跃群体（人）
经人介绍劳动者广场	A 朋友介绍	12	2		
	B 夏队长介绍		1		
	C 广场舞	2	2		
经人介绍劳动者广场	D U 站服务站	5	1	1	1
	J 在劳动者广场玩	6	5		
	E 图书馆招募活动	1			
	F 星光大浪活动	2			
活动中	G 地震募捐活动	2			
	H 羊台山环保活动	1			
	K 地铁服务	3	2		
	L 敬老院活动	3			
网站	I 网站	1			

一时兴起之作为。

另外，访谈记录中反映出经朋友介绍参加小草义工的人员不仅参加活动的积极性明显高于其他人群，而且他们会介绍更多的朋友加入小草义工。这正继承了小草义工创建之初的招募方式。另外被调查者还反映，朋友之间结伴做义工对他们之间的感情增进也有很好的促进作用。乡缘、地缘、趣缘是这类民间自发型组织建立的起源，然而这种起源在小草义工组织的发展中起到了不断扩大和巩固影响的作用，同时，义工本身通过参加组织活动，扩大了自己的交往范围。

2. 身份认同

大浪青工大多来自湖南、广西、四川、云南、湖北等较贫困地区，随着大量农村青年进城务工，造成许多农村老人留守在家无人照顾。工业化和城市化的快速发展，一方面直接带来了个人收入的提高，客观上有利于增强对养老费用的负担能力；另一方面也改变了农业单一的生产方式，促使更多的青壮年到外打拼。在经济转型期，现代人的价值观念对传统家庭文化的冲击很大，“百善孝为先”、“老有所养”的传统观念受到了挑战。在市场经济浪潮、城市化进程之中，青年一代更关注经济能力，对于家庭成员关系的看待也不再局限于年龄、辈分等因素，而掺杂了更多获取经济资源的能力、对政策制定的影响力和社会关系网络。价值观念的转变，使新一代青工对城市的归属感更加强烈。

在来深建设者中，一部分在深圳组成自己的家庭，或者决定谋求事业发展继续留在深圳，针对这类人的固化不仅是物理形式的，更是心理状态的固化。访谈时针对活跃义工群体，调查研究参加义工活动是否会增强青工在大浪生活的归属感，进而促进其选择留在深圳。不过，有一部分人则把在深圳、在大浪的生活作为自己短暂经历，明确表示再工作几年后回家。

在对非义工群体的调研中，关于是否留深的问题共访谈 32 人，确定留深圳的 6 人，确定不留的 24 人，而还有待考虑的有 2 人。

调研对象是否有意愿留深　　表 4-5

调研对象		确定留深（人）	确定不留深（人）	不确定（人）
小草义工	活跃义工（人）	16	2	20
	报名后不活跃义工群体（人）	6		7
	开始活跃后来不活跃义工群体（人）			1
	不报名但活跃群体（人）			1
非义工（人）		6	24	2

通过调研数据得出，参加小草义工的人更愿意留在深圳，而不参加小草义工的人则确定要在深圳工作几年后回家。可见，参加小草义工在一定程度上可以反映青工对于深圳的认同感。同时，义工活动这一深圳城市生活的特色活动，给确定留在深圳的义工影响更大，通过义工活动接纳城市、融入城市、进而选择留在城市。而不打算留在深圳的义工，在他们回乡时也将把在深圳、在大浪对于城市的理解以及城市化发展前沿的理念带回自己的家乡，进而促进家乡的城市化建设。

4.3.3　个案研究

小草义工对其成员的城市化进程的影响与成员的成长经历、工作环境、生活状态等方面息息相关。在调研走访的 53 位小草义工中选取 4 位加入小草义工时间较长、参与活动积极的成员进行访谈，发现加入小草义工参与义工活动切实改变了他们的生活。在实际走访中，除了自由发挥的谈话之外，每一位都谈到的几个话题包括：

（1）询问他们的工作情况；

（2）了解他们对城市生活与农村生活差别的看法；

（3）自己平时交往最多的群体；

（4）对义工的认识。

据了解，通过参加义工活动，很大程度上影响了义工成员的生活。交到更多朋友的同时，也可以为其带来工作机会，4 位个案研究对象中，已有 2 位在小草义工中担任组织者，并将公益活动作为自己的工作。通过参加小草义工，使他们的组织能力得到锻炼和彰显，并被社会认可，带来更多人的关注，获得更加稳定的、管理方向的工作，使他们可以在城市中“生根”。通过参加义工活动，扩大了自己的交往圈，认识更多的朋友，这其中有 1 位成员通过小草义工活动，认识了自己现在的女朋友，并有结婚打算。

参加义工活动注入了新的观念。义工的“公益、无偿、志愿”观念被4位成员接受，小草义工组织也切实帮助过很多人。做义工不仅仅是为了丰富自己的生活，更是奉献“授人玫瑰，手有余香”的善心善举。他们感受到奉献时候的艰辛与被人认可的欣慰感动，并愿意将这份感动和欣慰传播下去。

小草义工让成员们更加全面地了解城市。城市中不仅有工业区、川流不息的车辆，还有很多人在遭受着病痛、经历着困难，需要人来帮助。城市中不仅有一起工作的同事、老乡，还有原住民和那些经历城市发展变迁的老人。城市中不仅有每天繁忙的工作，还有工作之余丰富多彩的业余生活。社区意识的增强，对于社区的归属感增强，是他们产生主人翁意识，更加关心、乐于参与城市生活。与农村相比，城市相对完善的基础设施、多样的业余生活、同龄人之间更多的交流都让他们更加希望可以留在城市。

5 结论与讨论

城市化进程中最重要的是人的城市化，这不仅仅指农村人口向城市流动、在城市能够安身立命，还指要在社会生活、心理归属上融入城市。户籍制度、社会歧视等问题的存在给外来青工的社会融入造成很大困难。

社会组织的存在，形成平等活跃的交流氛围，为外来青工的社会融入提供机会和平台。深圳大浪逐步发展起的各类社会组织为外来青工在工作之余提供了展现、奉献的机会。

公益性组织小草义工在深圳大浪自发形成，如今已形成活动形式多样、参与人数众多、组织结构完善、社会评价较高的义工组织。

小草义工对其成员的城市化进程有一定影响，主要表现在:（1）社会生活层面。扩大交往范围，打破原有的乡缘、地缘集聚，满足大量年轻人的交友、自我发展的需求;丰富业余生活活动类型，服务性、问题性、娱乐性活动等活动类型多样，满足不同兴趣青工的需求；激发义工的参与意识。（2）心理层面。使义工成员接纳义工理念，让义工成员在参与活动中除自身提升之外认同义工理念；更加认同城市生活，通过对义工活动的认同更加认同城市理念和城市生活，对城市的归属感增强，有在城市生根的意愿。这种认同不仅反映在留在城市的意愿上，在他们回到家乡的时候，仍然会将义工理念、城市理念带回家乡。

在对成员影响方面，对于参与活动活跃的义工影响优于不活跃的义工。活跃义工对于义工文化的接纳程度更高，对城市归属感更强，更愿意留在深圳，城市化进程更完善。

6 研究不足与进一步研究

分层调研的方法，选取四类人群，主要研究了活跃义工和报名但不活跃义工群体，对之前活跃后来不活跃的义工以及不报名但活跃的义工研究较少。没有分析这两部分义工成员的动因。

个案选取案例较集中，均为活跃的骨干义工，研究小草义工对他们的影响作用。的确，对这部分义工的影响作用较明显，但未分析影响的普遍作用。

继续研究可深入的方面为可以从成员对义工以及义工组织的认识方面展开半结构化调研，研究义工文化是否真正被接纳。义工成员对于城乡差距的理解可以作为其城市化过程的一个指标，研究其对城市的认识和融入程度。

专题 5

大浪普工职业技能累积与转化可能性的现状研究

小组成员：云　翊　李露颖

摘　要：土地城镇化与人口城镇化共同组成中国当今的城镇化浪潮。人口城镇化并不仅是人从空间区位上进入城市，还是人们的文化、道德、个人的教育水平等方面与城市标准接轨，从而实现工作生活融入城市的过程。因此，农村人口需要获得帮助他们在城市经济中找到自己生态位的社会资本。本研究将技能视为个人融入城市社会经济体系的重要资本之一，以深圳大浪街道为研究区域，从该地区的技工需求空间、工人学习意愿、技能学习途径与技工转化途径四个方面探讨普通工人在当前工作中累积技能资本并逐步实现技工身份转化的可能性。研究发现，大浪地区由于自身产业结构性问题、各社会要素之间的错位，使得普工在职业中积累专业技能困难，向技工身份转化的途径受阻，这对于人口城市化是不利的。

关键词：人口城市化；技能学习；大浪工业区；青年工人

1　引言

在大浪的一个工厂里，我们接触到了巨先生。初来深圳时，他还是一名下岗职工。在一个崭新的天地，他重新开始，从学徒工做起，慢慢成长为厂里的模具师傅，后来为了谋求更好的发展跳槽到了现在的企业；目前，他已是厂里技术部门的中层，并且即将被调任到上海。“有技术，因此走得一直很顺利。”谈起那段奋斗的经历，巨先生充满了自信。

然而讲到现在厂里的后辈，他却流露出一种恨铁不成钢的感慨：“现在的年轻人都太懒了，没人愿意学技术。”在访谈过程中，另一位电子厂技工这样跟我们说：“我年轻的时候很喜欢机器，满怀着学习技术的热情。可现在的 90 后跟我们那个时候想法可能不太一样了。”最让我们感触的是青工小邓的无奈：“我曾经梦想成为一个优秀的技术师傅，但是现在我已经放弃了，现在的环境下已经没有可能了。”

在大浪很多人和我们讨论到“技术”与“技术工人（技工）”。中年的技术干部说年轻人吃不了苦，不学技术；壮年的技术工人说年轻人没有兴趣，不学技术；年轻人说想学技术，但学不成。在生产制造业中，企业在实践中培养自己的技术工人，传承技术，本是行业内的惯例；不少的青工也提及不愿做一辈子普通工人（普工），希望拥有一技之长。80、90后的青工们城市化的意愿比他们的前辈们更为迫切，从“人口城市化”而言，人们需要不断积累资金、人脉、技术以及观念等社会资本，实现自身软性条件和城市的匹配才真正意义上完成城市化。其中经济技能与城市的对接是最基础的要求，对青年工人而言，专业技能是除了资金之外的、可预期的城市化资本。转变为一名技术工人是运用技术资本实现社会上升的有效途径，也是在生产制造业中最为广泛接受与常规的职业发展方向。工业在经济结构中占据82.5%的大浪街道目前生活着大约40～50万的外来人员，其中的八成是普通青年工人，但是想要培养一名真正的技术工人，仿佛是一个难以实现的梦。这是一个蹊跷的现实。我们不禁开始思考，“技术”、“技工”对于普工而言意味着什么？普工之中想成为技工的人是否只是少数？或者，即便普工普遍存在学习技能、转变为技工的意愿，但“想成为”与“成为”之间是一道难以逾越的鸿沟，使得无数人像小邓一样，放弃了曾经的憧憬？造成这到鸿沟的原因又是什么？

“技术累积”与“成为技工”是一组相互关联却又不同的概念：技术（技能）是一种城市化资本，学习技术是资本累积过程；而成为技工则是运用城市化资本实现社会地位上升的可能途径。“城市化的资本”的不可得或“上升渠道”的不可行，都将影响人口城市化的推进。本研究以人的城市化过程中城市化资本的获得与上升途径（社会流动）的通达性为出发点，主要通过调查问卷与深度访谈的方式对大浪地区工人技术资本累积与“成为技工”这一个常规上升途径进行现状研究，希望对深圳大浪地区的青工城市化之路有更为深刻的认识；希望明确当前此上升途径的阻力是来自于工人个人因素还是企业因素；阻力主要存在于技能学习环节还是技工身边转变环节。本文试图将笼统模糊的青工群体印象回归到鲜活的个人形象，呼吁建立一套合理的、人性的行业机制并与其他社会机制相互协助，帮助青工们寻找到自己的存在感和持续城市化的可能性。

2 工厂类型选择

为了使研究对象具有共性，需要筛选研究的工厂类型并最终确定为电子厂与五金厂。选择这两类工厂是基于以下的考虑：

（1）根据大浪街道办2010年的统计数据显示，在大浪的2644家工厂中，有913家为电子类工厂，另外有782家为五金类工厂，两种工厂数占工厂总数的64.1%；在这两类工厂中工作的总工人数为143137人，

大浪不同类别工厂数量与人数　　表 5-1

类型	总工厂数	总人数	人数比例	工厂规模	工厂数	人数
电子类工厂	913	100028	0.5607171	大型（500 人以上）	28	42760
				中型（100 ~ 500 人）	159	33827
				小型（100 人以下）	726	23441
五金类工厂	783	43109	0.2416519	大型（500 人以上）	14	11670
				中型（100 ~ 500 人）	68	13584
				小型（100 人以下）	701	17855
服装类工厂	63	8273	0.0463751	大型（500 人以上）	6	2780
				中型（100 ~ 500 人）	19	3695
				小型（100 人以下）	38	1798
其他类	885	26983	0.1512559	—	—	—
共计	2644	151410	1	—	—	—

数据来源：深圳市大浪街道 2010 年调查资料。

占大浪地区总工人数的 80.2%。这两种工厂的状况影响着大多数工人的生活。

（2）曾经作为大浪地区近 30 年来工业发展先锋产业、支柱产业的五金厂与电子厂，随着生产技术的提高、生产方式的改变以及大浪地区的产业升级和定位调整，将面临严峻的考验。

（3）五金厂与电子厂作为传统的制造业类型，发展历史较长。随着现代生产技术的发展，在过去与现在不同的生产方式下，这两类工厂中一些技术岗位的工作内容发生了变化。因此带来的对技术工人认识的变化，对技术工人群体的未来趋势产生了深远的影响。

通过考察五金厂与电子厂的生产线，发现这两类工厂的生产内容有所重叠。完整产品大多同时需要五金类生产线和电子类生产线，因此一些有实力的电子厂常常也会涵盖了从金属外壳到内部电子部件的生产，同时拥有电子类与五金类生产线。技术工人的岗位分类是基于生产线的类型而言，而非以工厂类别笼统而论，所以下文将使用“五金类生产线”与“电子类生产线”区分论述技术工人的特点。

此外，不同规模的企业其内部管理机制也有明显区别，类似规模工厂中工人技能学习与技工发展状况往往具有共性特征。本研究将工厂的规模作为另一重要影响变量进行讨论。

3　技工与技能的界定

对于“技工”的界定在整个研究过程都困扰着我们，什么样的技能与什么样的职位可以被称为技工？

严格意义上而言，技工是指有专长或职业技能的技术人员，在各大含生产制造的企业中，技工最为普及，凭借着本身的技能，负责着某一工作领域或生产制造流水线的正常运行（此研究中的技术工人不包括生产线之外的，诸如电工、运输司机等技术工）。通过与工人、企业管理者等不同人群的访谈调查，我们听到了不一样的解释。综合访谈中的反馈与目前企业中的岗位设置，我们对本研究中的“技工”做出以下界定与分类：

（1）高级技术工人——也是传统上被人们所认识的“技术工人”，实质为企业高级技工（包括高级工、技师、高级技师 3 个等级的技术工人）。他们属于高技能人才行列，是企业技工队伍中产品生产方面的稀缺智力资源。他们的显著特点是，拥有大量技能类隐性知识，是在企业的产品生产、机器维修、自动化操作、技术改造等技能工作方面发挥重大作用的骨干力量。在传统生产线上，这种技术工人最主要价值体现在经验与技术的累积上，而非理论知识。即使在先进的生产线上，仍然有一些工艺是不能完全使用机器进行的，例如产品的模具制作。此外，随着高自动化程度的生产线出现，出现了一类调试维护设备的高级技术工人，他们具有对于大型的、复杂自动化机床进行维护与编程的扎实理论知识与操作经验。

（2）低级技术工人——随着现代自动化生产而发展起来的新型的技术工人，他们主要通过现代学校教育掌握扎实的理论基础。工作内容主要是为生产设备提供日常维护服务以及为生产不同产品进行设备调试。这一类的技术工人对于理论知识的依赖更胜于经验的积累。从生产自动化的趋势来看，这类技术工人，实质是未来全自动化生产线上的普通工人。但就大浪而言，生产线仍处在由低级自动化程度向高级自动化转变的过程中，相对于其他低自动化生产线上的普通工人，这类工人被称为技术工人。

凡是生产第一线的工种基本都存在高级技工与低级技工之分。两者凭掌握技能的多少和层次高低而定的；也通常需通过国家组织的培训考核来划分，拥有国家颁发的高级技工证书的为高级技工。在生产线上两者的差别具体体现为他们所加工的部件的难度与精度高低。

在五金类生产线中，高级技工不限定于特定的工种，但存在于特定的生产环节：具有高级认证的技术工人多数在产品原型模具制作的环节，包括高级认证的车工、铣工、磨工、镗工、铸造工、锻造工、金属热处理工、冷作钣金工等；而普通技术工人主要进行依靠模具的批量生产，如简单部件的手工加工或设备操作。对于自动化程度高的冲压机床生产线，设备操作员便属于普通工种；对于自动化程度低的生产线，仍需要车工、铣工、磨工、镗工、铸造工、锻造工等在流水生产线上进行人工操作，这类技术工人属于低级技术工人。在通常情况下，传统五金厂将低自动化流水线上的低级技术工人与装配、组装环节的工人一并视为普通工人。

电子类生产线中的高级技工通常指向特定岗位。电子类生产线的工人可以分为两类：一类是调试维护设备的工人。对于自动化程度高的复杂机床生产线而言，设备调试维护工人需要懂得程序编程、设备调试与维护，属于高级技术工人。而对于传统的、自动化程度低的生产线而言，设备调试维护工人主要负责设备的调试与维护，属于低级技术工人；另一类是设备操作员，这一类属于普通工人。

本研究最初关注点是工人学习高级技能、向高级技术工人发展的可能性；后来经过实地调研发现，大浪地区高级技术人才的比例很小，需求很小，而绝大多数的技术工人需求是低级技术工人。所以本研究同时涵盖对于这两类技工技能的学习，向这两类技工发展。

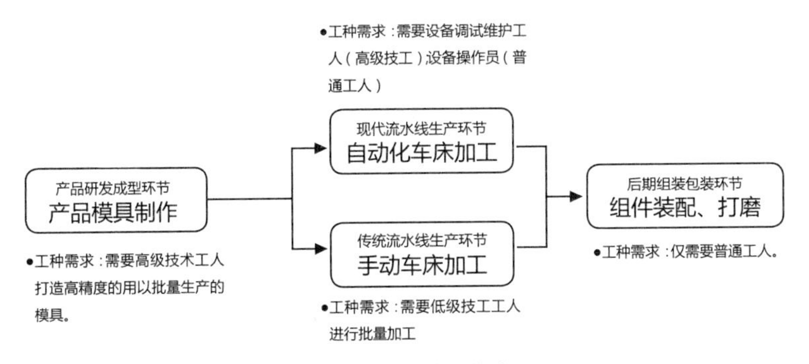

图5-1　五金类生产线流程

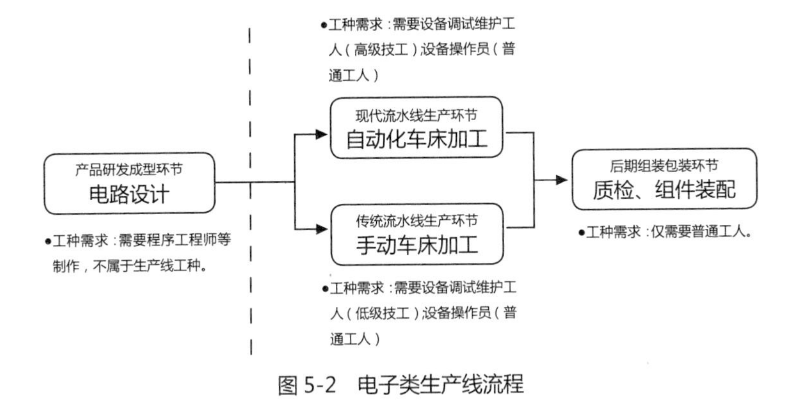

图5-2　电子类生产线流程

4　现状分析

普通工人向技术工人发展的可能性研究的组成可分为前提条件、技术累积及技工转化3个大方面，6个子层面：

（1）工人主观上是否具有向技术工人发展的意愿是基础前提，要进一步明确“愿意”或“不愿意”背后的原因；

（2）大浪就业市场中对技工的需求状况是影响工人向技术工人发展的另一个重要前提；

（3）明确工人累积技能资本（学习技术）的可能途径。调查显示共有两大类途径：一是企业外学习途径；二是经由企业提供的有意识或无意识的学习途径（有意识的学习途径指的是企业提供的培训项目；无意识的学习途径指的是并非企业的特意培养，而是工人通过在工作中接触不同岗位而逐渐学习岗位技能）；

（4）针对以上具体的学习途径，进一步明确各种技能学习途径需要的成本，从而分析工人负担选择各种学习途径的可能性；

（5）企业内部的学习途径与转变途径基于稳定的雇佣关系。在大浪，雇佣关系的稳定性受到企业因素与个人因素两方面影响，同时不同规模企业的管理制度又将影响企业内学习途径以及技工转变途径；

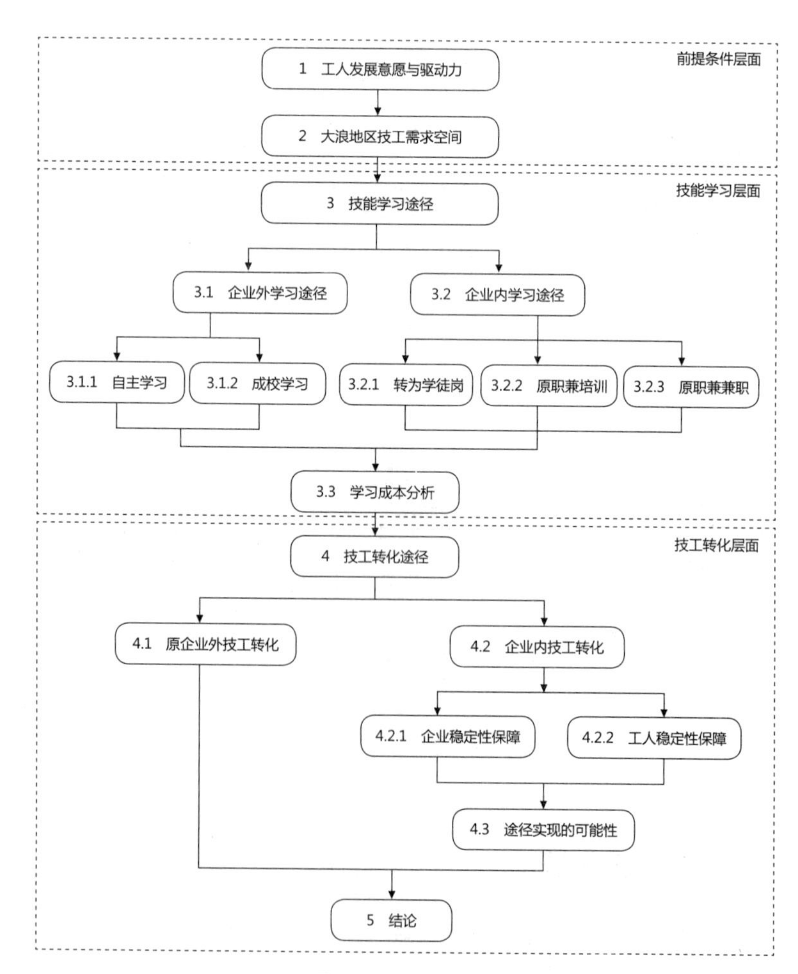

图 5-3 研究框架图

（6）企业外的技工身份转变所面临的问题。

通过这6个层面的分析明确大浪地区普工学习专业技能并实现技工转变的阻力。

4.1 工人意愿与驱动力

通过对大浪工人的调查问卷，可以发现有65%的工人不排斥成为技工，25%表示排斥成为技工，另外7%表示不明确。整体而言，成为技工的潜在群体约为65%～72%，占大多数。然而在意愿上不排斥成为技工的工人中，有希望成为技工的仅占调查总数的25%；而明确目标且行动中向技工方向努力发展的仅为总人数的7%。而最终成为技工的，根据我们访谈，比例是远低于7%的。总体而言，虽然工人们不排斥成为技术工人，但缺乏向技工发展的明确意愿。

这从侧面说明了目前工人们对于技术工人这一岗位认同感不足。根据调查问卷统计，只用4%的人对技工群体持完全不认同的态度，认为技工相较于普工不具有任何优势；但同时也有8%的人对于技工的认同感是来自于精神认同。工人们主要认为技工的优势在于工作待遇好、工作好找、工作轻松3个方面。整体而言，88%的调查者向技工靠拢的动力来源于功利性、性价比的驱动。

由于深圳大浪处于产业链末端、对高级技工需求很小，同时随着自动化生产线的更新，技工相对于普工的经济与待遇优势将逐渐缩小。因此工人对于技工的驱动力将逐渐降低。

造成工人向技术工人发展意愿低迷的原因可以细分为3个方面：

1. 当今社会中对于技工精神认同感的缺失

从社会化大生产而言，技术拆分导致核心技术所有权被垄断于极少的人手上，技术研发、产品设计以及产品生产3个过程也随即分离。由于全球范围内生产资源重新配置，末端的产品生产环节又被进一步拆分。有的工厂甚至只生产一种电子元件。代工厂并没有完整的“产品”概念，它们只需进行完全无技术含量的简单生产，被剥夺了发展技术、更新生产的必要性。简单生产对这些企业的“愚化”，使之逐渐失去了向更高级生产链升级的实力，最终面临被淘汰的局面——目前深圳大浪以代工加工为主的产业结构决定了绝大多数工厂都不具有技术竞争力，被排斥在核心技术之外。这些工厂生产过程所需要的技术简单到甚至不需要真正意义上的技术工人。从这个角度而言，导致了“技术工人”在大浪地区的缺失。

社会化大生产和技术拆分进一步改变了技工群体的组成结构与培养方式。机器广泛使用，工作分工细化，使得原本需要完整的技能体系的工作被分成简单的、有序列的、易操作、重复性的工作，生产线以低级技工为主，导致传统师徒制培养逐渐被学校式职业教育取代。技术工人的技能要求的改变和降低，摆脱了传统生产活动中依托师徒制传递复杂的生产技术的需要，也使得应由企业/工厂内必要的员工培养机制在一定程度上被忽视（以往的复杂生产技术依靠学徒制度以“一对一”或“一对少”的模式传承，因此，培养大量技术人才很难完成）；现代学校专业教育顺利胜任大规模低技术含量的技术工人的培养。在调查中发现，大浪企业招收工人的形式从过去招收学徒工为主转变为以各大、中专、技工学校、职业高中毕业生为主补充新工人。

规模化生产降低了工人的操作难度，降低了对大多数技术工人的技术要求，高级技术工人在生产中的整体比例大幅下降；而低级技术工人作为未来高自动化生产线的普通工人，随着生产线的普遍升级，技工工人与普通工人的待遇差距逐渐缩小。当前社会以低级技术工人的标准以偏概全地定义整体技工群体，导致了社会范围内对于技术工人的认识度、认同感降低。生产一线上的工人体会更为突出，对于技术工种的向往度普遍降低，失去为之努力的精神动力。在访谈的过程中，我们甚至听到普工表达了“普工和技工都一样，其实都是普通工人”的看法。

2. 当今社会氛围对于功利性的追逐

从户籍来看，普工大多数为非城市人口，进入城市的最主要动力是获得更好的经济报酬。作为城市中的中低收入群体，他们会更多地考虑生存层面、经济层面的因素，而不是精神层面的追求；多数工人以前在老家（或家人）务农，本身对于工厂、产业技术的认同度就有限，自然也缺乏对于技术工人的认同感。加之受到当前社会功利氛围的影响，工人群体发展选择上对于功利性的追逐是明显的、出于对技术的精神向往是微弱的。也说明了技工岗位能够吸引普通工人的因素主要是来自于附属的经济层面：当技工岗位失去经济与待遇上的优势时，对普通工人而言，这个岗位也将失去吸引力。从这一点而言，小邓是工人群体中少数的对于技术有着精神向往的案例。

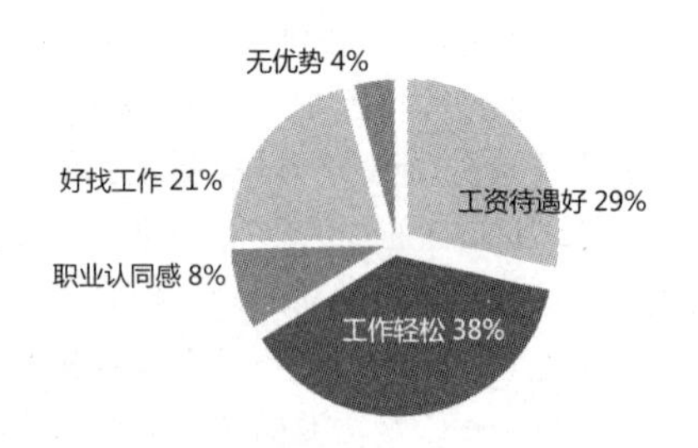

图 5-4　工人群体对于技术工人认同感组成

3. 普工群体缺乏职业规划，发展方向具有较强的不确定性

根据问卷调查，从“不排斥成为技术工人”到“有希望成为技术工人”再到“明确向着技术工人发展”，随着意愿强度的增加，人数比例急剧下降。

这其中另一重要原因是多数工人主观上对于自己的职业规划很模糊。他们不排斥任何比普工更好的选择，但同时也缺乏为之努力的明确方向。多数人选择做着眼前的事，然后等待机遇；但又往往因为缺乏准备，当机遇来临时难以抓住机会。在调查问卷表明：仅有26%的人表示，有明确职业规划；11%的调查者表示有考虑过，不过最终决定随遇而安；63%的调查者表示，有考虑过，不过还未确定。

累积技术资本、向技工发展的上升途径是一个需要从长计议、长期准备的过程，需要实践者有明确的规划。但青工群体对于未来普遍的不确定性，导致实际行动上的松懈和滞后，大为削减了最终成为技术工人的可能性。

4.2 大浪地区技工需求空间

调查表明，目前大浪地区高级技术工人群体缺失，技工群体主要为低级技术工人。造成这样的现状的原因可以主要有以下两点：

1. 大浪市场只需要低级技工

深圳最初介入世界市场时，只能依托自身的劳力优势接收生产链的末端——低技术含量的代工加工业，成为“世界代工厂”。虽然深圳关内已经基本完成产业升级，但位于关外的大浪依然处于为其他品牌代工或简单抄袭他人产品的阶段，缺乏自主品牌与技术。

这些代工厂不享有产品的关键技术、不需要复杂的生产技术以及自主研发能力，所以基本不需要真正意义上的技术工人——企业高级技工（包括高级工、技师、高级技师三个等级的技术工人）。这些工人属于真正的高技能人才行列，是企业技工队伍中产品生产方面的稀缺智力资源。他们的显著特点是，拥有大量技能类隐性知识，是在企业的产品生产、机器维修、自动化操作、技术改造等技能工作方面发挥重大作用的骨干力量。

2. 缺失高级技工发挥作用的产品生产研发环节

高级技术工人的核心价值在于产品的研发阶段。已经开发完成的产品可以通过已成型的模具进行批量生产，但用于批量生产的模具原型，无法借助其他模具直接生产，模具原型必须依靠高级技术工人凭借经验打造。

企业没有自主品牌、自主产品，便不存在自主生产模具原型的需要，通常是直接使用其他企业委派的模具原型进行批量生产。这样的企业不需要高级技工工人，仅需要少量低级技术工人，极大限制了技工群体在大浪地区的发展。具体的技工需求随企业规模不同有所区别：

（1）大型工厂：拥有自我品牌，具有部分的研发能力，生产线生产自己的产品，有产品成形的需求，需要少量高级技术工人与大量低级技术工人；

（2）中型工厂：部分企业拥有自我品牌，但很少具有研发能力（多为抄袭产品），基本都为加工制造，生产线自主生产与代工兼顾，对于高级技术工人的需要很小；

（3）小型工厂：不具有自我品牌与产品，基本是其他品牌的代工厂。但是主要的业务分为两种：1）电子类工厂，从事加工制造，仅需要低级技工；2）五金类工厂，主要从事加工制造，部分工厂兼有为其他企业产品制作简单模型的服务，对于高级技术工人有少量需求。

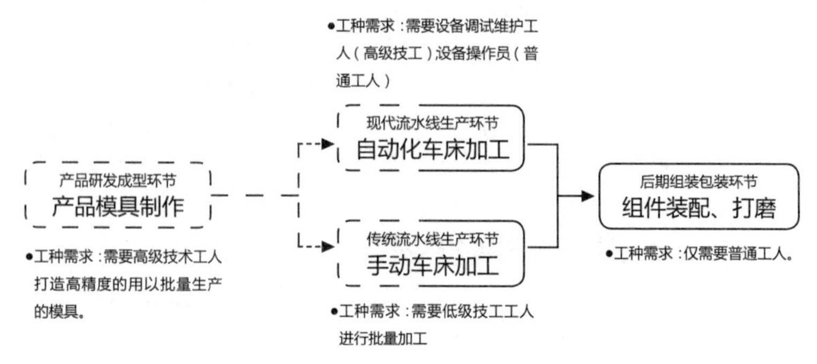

图 5-5　大浪五金类生产线流程现状图

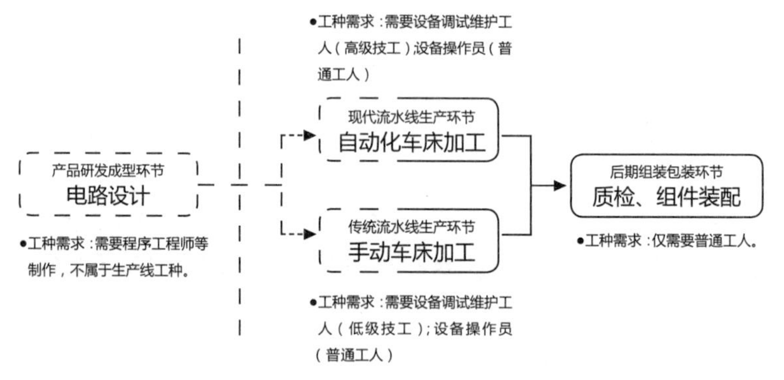

图 5-6　大浪电子类生产线流程现状图

4.3　普工向技工发展的途径

普工工作期间学习技能的途径分为两大类，共五种途径。途径与企业的规模有着直接联系，本研究就每种技能学习途径从所需的时间成本、智力成本、精力成本与经济成本 4 个方面进行横向比较：

4.3.1　企业外学习途径

1. 自主学习

工人可以通过购买图书，或者在街道图书馆、书店阅览的方式学习技能。对于工人，这是一种在资金与时间上经济的学习方式，可根据自己空闲时间与精力情况，灵活安排自己的学习；但这种方式的弊端在于，没有他人的教授指导，对于知识的领悟并不轻松，相对于其他方式是最需要智力成本的。此外这种方式难以培养工人的实操经验。通过我们对工人采访、对图书馆和书店的考察，发现使用这种方法学习技能的工人并不多见。

2. 成校学习

工人通过报班的方式参加技能培训。由于工厂技能类培训，需要配备较昂贵的实操机械，所以这样的培训一般由政府培训机构承办。大浪地区的主要培训机构是大浪成人学校。通过对成校的走访，我们发现学校并未针对大浪地区产业情况开设课程，适合工厂的技能培训课程十分有限，难以满足青工的选择要求。在时间安排上，学员需要跟着课程安排走，时间灵活性较弱。

参与成人学校所提供的四类培训的学员人数比例为（数据来源：大浪成人学校2012年统计资料）：学历类（大、中专学历）：10%；素质工程类（政府项目）：70%；技术技能培训（技术技能）：15%；文化通识类：5%。成校一年的学生数约为8200人，其中学习技能的人数为1230人左右，课程费用在1000～2500元/人，占大浪青工总基数的0.35%～0.4%。这种方式相对而言是在时间成本、经济成本以及精力成本消耗较多。

4.3.2 企业内学习途径

1. 转为学徒岗

在大型的企业中，普工转向技术岗位多使用这种途径。大型工厂各车间在空间上一般是相分离的，工人无法同时兼顾新岗位的学习与原岗位的工作，通常需要转为学徒进入新岗位。学徒岗学习期限从3个月到半年不等，工人的基本工资大约为原工资的70%～80%，同时由于技术不成熟，加班的机会减少。这种途径对学徒工人而言经济压力比较大，是最消耗经济成本的方式，但相对而言精力成本、时间成本、智力成本需要较少。

2. 原职工作兼新岗位培训

大中型企业常使用这样的方式培养潜在技术工人，作为企业应对高人员流动率的人才储备策略。挑选部分工人，让他们在原职之外，使用个人时间参与企业内培训以及一些实操练习。在完成培训之后，这些工人只有当所培训岗位出现空缺时，才会调入该岗位，否则仍然从事原职工作。这种方式需要工人付出比较多的时间成本、智力成本以及附带的部分经济成本（因为舍弃了部分加班时间）。

3. 原职工作并兼职新岗位

在小型企业中，普工学习技术主要通过这种途径。小型企业为削减开支，工厂工人数量通常保持在略微紧缺的状态。这要求工人在完成原岗位工作的同时还需随时轮替于其他不同岗位边学习边工作。原职工作与其他岗位的兼职替岗都属于正常工作范畴，可以获得工资，相对而言工人则需要付出较多的智力成本与精力成本。

4.3.3 技能学习成本分析

普工属于城市低收入阶层。拮据的经济、繁忙的工作令普工们对“成本”尤为敏感。工人如果希望向技术工人方向发展，必然会仔细衡量实现这个想法的边际成本。我们认为工人可支付的资本可分为四类：时间资本（对于普工而言，时间资本与经济资本具有高关联性）、经济资本、精力资本（精力资本是在本职工作之外，工人能为学习技术额外付出的精力多少。如果能在本职工作内同时完成技术学习则被认为是精力成本较低）、智力资本。

普工的时间分配与他们的经济收入有着十分精密的联系：多数工厂施行每月 24 天、每日 8 小时的工作制，基本工资为 1600 元 / 月。目前大浪地区普工的平均到手工资为 3500 元，普工除正常工作时限内的 1600 元收入外，其余的 1900 元需要工人们牺牲个人时间加班所得。按 14 ～ 15 元 / 小时的加班费计算，意味着青工每月需额外加班约 130 小时，即平均每日加班 4 ～ 5 小时，每日工作时长达到 12 ～ 13 小时。工人加班外的个人时间基本所剩无几。

工人们的时间资本与经济能力之间呈负相关关系；精力资本与工人工作强度呈负相关关系，需要强调的是工作强度并不直接等同于工作时间；经济资本与工人的月综合收入，工厂的货单均匀度与密度有高关联性；智力资本属于工人个人素质，与工厂无直接关系。

综上所述，学习成本与学习途径、工厂规模呈现以下的相关性：

不同规模工厂与其工人个人资本量关系图　　表 5-2

工厂规模学习资本类型	大型工厂（500 人以上）	中型工厂（100 ～ 500 人）	小型工厂（100 人以下）
时间资本	○	▲	●
经济资本	●	▲	○
精力资本	○	▲	●
智力资本	—	—	—

●有富余；▲有波动性；○缺乏

工厂类型（规模）与技能学习途径的关联表　　表 5-3

技能学习途径 \ 工厂规模		大型工厂（500 人以上）	中型工厂（100 ～ 500 人）	小型工厂（100 人以下）
企业外学习	自主学习	○	○	○
	技校学习	▲	▲	▲
企业内学习	转为学徒岗	●	●	○
	原职兼培训	▲	●	○
	原职兼兼职	○	○	●

●经常发生；▲偶尔发生；○很少发生

各学习途径下的成本负担表　　表 5-4

学习方式 所需成本	自主学习	成校学习	转为学徒岗	原职兼培训	原职兼兼职
时间资本	●	●	▲	●	▲
经济资本	○	▲	●	▲	○
精力资本	▲	●	○	●	▲
智力资本	●	▲	○	▲	▲

●高负担；▲一般负担；○低负担

4.4 技工转化途径分析

与技能学习途径相应，普工转换为技工的途径也分为原企业外技工转化和原企业内技工转化两种：原企业外技工转化指的是普工在掌握技能之后，个人以技工的身份通过劳力市场应聘其他企业的技工岗位；而原企业内的技工转化途径则是与企业内所提供的技能培养途径相配套，本小节将不同企业内技能学习与内部技工转化相联系起来分析。

4.4.1 企业内技工转化途径前提

"培养技工需要时间。"这是在访谈中我们常听到一句话。

青工小邓总结说一个工厂决定培养一名技工通常有三点考量：(1) 该工人是否有一定知识基础；(2) 该工人是否有耐性坚持；(3) 学成之后是否会留在工厂，为工厂所用。

虽然前两点考量属于个人因素，但是工厂要发掘工人潜力需要以一段时间的接触为前提；而第三点考量属于工人与工厂之间的信任问题。这三点考量都离不开工人与工厂间的稳定关系作保证。通过访谈和问卷，我们了解到工人一般需要至少在该工厂中工作1年以上，才有可能得到企业的信任和培养，而学习技术所需时间从3个月到2年不等。从问卷调查中，我们发现63%的工人在一个工厂呆的平均时间不足1年，甚至有些工人在同一个工厂中反复进出达3次。工人与工厂之间关系的稳定性不足导致工人很难在工作岗位中得到学习培训的机会。

影响工人与工厂之间稳定性的因素有两方面：(1) 企业稳定性，这方面即涉及工厂生产地点的稳定性与工厂的市场生产能力；(2) 工人稳定性，指的是工人对于企业的适应程度，即工人对于企业制度、待遇等方面的选择。

1. 企业稳定性保障

企业的稳定性显著影响工人流动性，这与企业的规模之间存在着明显的关联性。在大浪，大型企业的稳定性较高；而中小型企业，由于缺乏技术竞争力和稳定的订单来源，面临着较大的市场生存压力。通常情况下，这些企业尽可能降低其生产成本获得生存：生产成本主要由人工费用、机器费用、厂房费用以及材料费用组成。机器费用属于硬性支出，难以缩减；材料费用需要根据市场而定，不过一般波动不大；随着国民收入水平的提高，劳动法规定的基本工资不断提高，人工费用不断提高；企业唯一能削减的开支是厂房租金。这也导致了小型企业会紧随各区域的优惠政策不断搬迁厂房，调查了解到有的小型企业4年竟搬迁3次，平均每16个月搬迁一次。搬迁的范围在整个深圳关外地区，不只限于大浪。

调查中72%的工人表示当所在的工厂搬离大浪时不愿意一起搬离。小邓说"每次更换陌生的环境，对我们（工人）都是挺残酷的。"工厂搬迁会迫使工人与工厂的关系松动，雇佣关系的稳定性大大降低。企业的稳定性不足，一方面使得员工与企业之间难以建立起信任关系，因此工人也得不到企业内学习培训机会；另一方面，企业疲于应付眼前生计，无力筹划自身的长期发展，更无力给予企业内的员工培养的机会。

即使这些企业通过不断搬迁厂址控制了运营的成本，但市场竞争仍然十分激烈，中小型企业的倒闭率依然较高，中小型工厂中的工人难有稳定的学习机会。

2. 工人稳定性保障

工人对工厂工作生活的适应性是影响流动的另一个原因。在调查问卷中，25% 的人对目前的工作不满意，64% 认为还可以。工人们的“还可以”只是通过不同工厂比较后、对于没有更好选择的一种妥协。访谈中就曾有工人向我们明确表示“工作还可以，不过也没有更好的地方可以去了”。

工人离开工厂的原因主要来自于以下因素：工资待遇 25%，用人制度 9%，管理方式 15%，工厂搬迁 5%，回家过年 11%，时间长 10%，工作累 6%，其他（多数为个人因素）20%。

以上的离职原因与不同规模工厂的管理制度有着紧密联系，下表表示了不同规模工厂中工人离职的原因：

离职原因与工厂规模关系　　表 5-5

工厂规模离职原因	大型工厂（1000 人以上）	中型工厂（100 ～ 1000 人）	小型工厂（100 人以下）
工资待遇	○	▲	●
用人制度	●	●	○
管理方式	●	●	○
工厂搬迁	○	▲	●
回家过年	●	●	●
工作时长	●	▲	▲
工作强度大	●	▲	▲
其他个人原因	▲	▲	▲

●经常发生；▲偶尔发生；○很少发生

（1）工资待遇：一般而言，大厂的月薪要高于中小型工厂，并且工资收入稳定性较高。原因在于大型工厂具有自主品牌，主要生产自家产品，用工人的话说“生产自家的产品，哪有生产得完的时候”。这说明大厂的产量更为稳定、生产强度更为均匀，所以工人的收入也更为稳定；而中小型企业，为其他品牌代工，生产的强度根据当季的订单量而浮动，不确定性大，生产存在淡旺季之分。造成工人工资的波动性高且工资发放不规律的状况（产量、强度决定了加班量）。因工资待遇离职的工人，多数来自于中小型工厂；当然，大型工厂也存在工人认为待遇与付出不匹配而离职的情况。

（2）用人制度：在大型企业中，管理制度较完善。企业的管理层级为：经理—主管—组长—拉长—工人。除了上下紧邻的层级，跨层级之间的接触机会少。作为最底层的工人，一般只能接触到拉长。虽然大型企业从整体上推行多层级制度化管理，但是这种制度化管理并不完全，单层级之内仍是以“人制”为主。个人发展机遇随着层级人脉向下传递。许多工人反映，如果不和拉长拉近关系，且得不到更高级管理层的注意的话，基本就没有提拔的机会。因用人制度不善而离职的工人，多数是来自大型工厂。

（3）管理方式：大型工厂由于规模庞大、人员众多，所以管理力度较大。对于员工上下班考核、纪律要求也更为苛刻，工作时不允许工人间有多余交谈。许多工友认为管理太严，厌烦被他人过多束缚。通过访谈与调查，因管理方式不适应而离职的人，也多为大型工厂。

（4）工作时长：中小型企业的工作时长随着生产订单的淡旺季波动性大。在旺季、赶工期、加班期，工作时长能够达到12～14小时/天；淡季时，甚至会面临停工。中小型企业中部分工人会因工作时长忽长忽短的波动性而离职。

对于大型工厂，由于生产自家产品，基本不受订单波动性的影响，工作时长较为均匀。但是由于生产流程中衔接、配置的问题，工人常常会因低下的管理效率，而消耗许多不必要的时间。对于这一点，也有一部分工人表示不满而离职。

（5）工厂搬迁：在工厂的稳定性分析中介绍了不同规模工厂的搬迁情况。一般而言，因搬迁而离职的工人多是小型工厂的工人，并且五金厂内因该原因离职的比例相对较高（在大浪，五金厂更多是以小型作坊的形式存在）。

（6）回家过年：此因素属于当前工人群体自身的局限性。绝大多数的工人都是外来务工人员，仅有过年期间能够回家。工人们过年在家所待的时间，一般长于法定的春节假日。多数工人会视自己的情况而灵活地决定返回城市的时间。在这一点上反映了工人群体与工厂之间的不稳定性。由于目前大浪劳力市场仍然充足，且工种技术要求低，所以工厂对于工人的稳定性也未给予足够重视。工厂与工人所签订的合同多是以1年为期限，许多青工在年后便会更换工厂。

（7）工作累（工作强度高）：相比于工厂规模，工作强度与生产线类型的关联性更大。电子类生产线尽管工作时长较长，且常加班，但由于工作内容简单，所以工作强度并不大（常常只是动动手臂、手指的事）；而对于五金类生产线，特别是金属冷加工的岗位，工作强度较大。这些岗位的工人不仅需要搬运金属原材料，而且需要单手负重，另一手进行加工操作，所以常伴有受伤风险。五金生产线上因工作强度大而离职的工人占多数。

4.4.2 企业内技工转化途径通畅性

企业内的技工转化机会通常与企业内提供的技能学习机会相配套。工人在企业内学习的途径可以分类为企业有意识地培养，如转为学徒岗、组织技能培训等；或企业无意识地培养，如原职兼兼职等方式。企业有意识的技工培养的实现有赖于企业的效益（未来发展形势）、企业管理、用人制度的合理性、工厂职位组成与职位空间；企业无意识的技工培养取决于工人间跨界交流的可能性、调岗的灵活性，工厂职位组成与人员变动情况。其中企业内有意识的技工培养的转化概率更高；通过企业内无意识途径累积技能的工人，只有在中小型企业中才有可能在企业内完成技工转化。

1. 大型工厂

少量培训机制：拥有自主品牌的工厂开始营造自身企业文化，开始注重员工与企业的共同成长，所以逐渐设置一些岗位培训机制。但根据调研了解到的情况，这些培训的比例不大。

调岗困难：成规模的工厂就如一台大型的机械，惯性强，对工人的熟练程度更为重视，员工被固定在原职位上的现象更明显：从事自己最擅长的工作，很少有机会换岗接触不同的工种与技术。

跨界交流困难：大型工厂由于人员、车间众多，各车间专门化程度高，在空间上也是相分离的（如分层布置、分建筑布置）。这一点从物理空间上阻隔了不同生产线、生产技术的工人的交往与交流，工人限制在相对单一的人脉圈、技术圈内。

员工时间弹性小：大型工厂内使用制度化的分级管理：经理—主管—组长—拉长—工人。工人如果希望调整工作排班和请假，需要向拉长、组长申报，并需要自己和工友协定调班。较多的管理层级，使得信息反馈机制变慢，工人失去协调个人时间的弹性，不利于工人的自主学习；此外，大型工厂的生产流程长、协调车间多，而目前工厂较低管理水平使得在物料调配、车间衔接等方面常出现混乱，工人工作时间因虚耗而被迫延长，工人个人时间缩减。

技术碎化程度高：越大的工厂，分工越细化。每一环节要求的工人专业化程度更高，熟练程度高；但同时工人被要求掌握的技术就越狭隘，技术的碎化程度就越高。不同岗位间鲜有调岗的可能性，这样更加阻碍了工人对于整体技术的掌握。

职位空间相对较大：由于实行制度化的管理，工厂中的岗位设置是比较正规、齐全的；同时因为具有自主品牌和自主研发产品，并规模化生产的需要，工厂中对于技术工人的需要是高于中小型企业的，存在少量高级企业技术工人的岗位。对于工人而言具有企业内职位流动的空间。

企业发展稳健：深圳作为高新技术发展的牵头地区之一，已经确立自己品牌的电子企业，相对其他地区而言具有良好的发展空间。大浪500人规模以上的、已经确立自主品牌的企业/工厂具有一定的生长空间。由于成规模工厂的稳定性高于中小型工厂，所以企业能够稳健地逐步发展；随着企业发展能够产生新的岗位需求与技工需求，为企业内普工向技工的发展提供了空间。

2. 中、小型工厂

基本无培训机制：大浪的中小型工厂多面临较大的生存压力，需要尽可能节约开支。这使得这些工厂（企业）没有余力兼顾企业发展与员工发展。此外，中小型企业多为其他品牌的代工厂，根据每季度订单量的不同，生产强度存在明显波动。淡季时，工厂甚至会停工，因工厂无法发放工资迫使员工离开；旺季时，为迅速恢复生产，企业习惯于依赖招聘快速填补职位空缺。从企业的生存状况和员工稳定性两方面而言，中小企业还不具备发展常规化的内部培训机制。

调岗灵活：中小型企业为控制运营成本，工人数量常常处于略微紧缺的状态。当出现工人突然离职或需扩大生产时，需要灵活地调度工人的工作岗位。根据访谈发现，特别是100人之下的小型工厂，一个工人常常需要掌握多项技能。就这点而言，灵活调岗，给予了工人学习更全面技术的机会。

跨界交流容易：受限于生产规模，工厂一般不会拥有太多、太复杂的生产线，并且空间分布也相对紧凑。工人易于了解不同生产线的工作。并且由于调岗灵活，普通工人与技术工人以及其他工种能够有更多交流机会。

时间弹性大：中小型工厂的管理结构尚不完善，管理层级的简化，反倒使工人调班更为容易。只需自己和工友协调好，并提前报备上级管理者即可。这为工人赢得了相对灵活可控的时间；此外，这些代工厂相对简单的生产流程、数量较少的生产线，更为紧凑的生产空间利于不同工序之间的衔接，节约了工序衔接中的耗时，为员工赢得了更多个人时间。

缺乏好的技工师傅：由于中小型工厂多不具有自主品牌与核心技术，相应不需要产品的自主研发、模具打造的工序，使得这类工厂大多没有高级技术工人。缺少技术榜样，对于工人的技术学习是不利的。

职位空间局限：中小型工厂不得不缩减生产规模与整体生产线的人员配置，并且技术需求也较低，使得生产线简单、技术工人需求小。总体而言，中小型企业中可供发展的技工类职位空间是十分有限的。

企业生长缓慢：中小型工厂疲于应付生计，缺乏多余的资金来拓展业务；在订单没有稳定保障的情况下，盲目地扩大企业规模，反而加大了自身的风险。所以，这些企业在短期中生长空间十分有限且发展缓慢。这也意味着它们对于技术工人的需求不会增加，不能为企业内工人职业流动提供空间。

4.4.3 原企业外实现技工转化

无法通过企业内途径完成技工转化的工人可以寻求企业外转化途径：目前劳力市场对于技工工种应聘人员条件较为模糊，工作经验为主要的衡量标准，少数有学历要求（比如中专电子类相关专业毕业），这使得自主完成技能累积的工人有可能实现技工身份转化。大浪多数的企业都依赖外部劳力市场招聘来补充技工资源，相比企业内技工培养途径，企业外招聘口径更为宽泛。

龙华三合人才市场作为大浪工厂招聘的重要劳力市场，我们对其招聘信息进行了收集整理。此外还收集了大浪各工厂的公告栏与粘贴招聘广告，目前大浪街道企业外部技工招聘呈现下述特征：

1. 电子类生产线招聘的普通技工岗位（低级技工）主要如设备维修技术员、电气技术员，一般而言要求为电气自动化相关专业毕业，中专以上学历，一年以上工作经历；高级技工则为机械工程师 / 助理工程师（在一定程度上已经不是工人岗位），需要大专及以上学历（相关专业毕业），5 年以上工作经验，强调带机实操经验。以富士康（电子类）工厂的招聘广告为例，招聘初、高级维修工（技术型），应聘者仅需满足以下要求之一即可：(1) 电子类相关学历即可，不限工作经验；(2) 有在电子类工厂工作经验，专业无须对口。但是由于电子类生产性的技工要求偏向于知识型，企业更倾向于招收职校相关专业毕业生。这对于自学的技工而言，加剧了竞争的趋势。

2. 五金类生产线招聘的普通技工岗位（低级技工）包括：磨工、铣工等基础工种，要求 3 ～ 5 年不等的工作经验；高级技工岗位有五金模具师（经验型技术工人），一般要求有 3 年以上工作经验以及电脑锣师傅（电子五金类），要求 5 年以上工作经验，并熟悉相关软件操作。五金类属于依靠机床的冷加工行业，对学历要求不多，但十分注重实际操作能力，对工作经验更为看重。但作为刚完成技能累积的工人是一种限制：特别是完全自学的工人，很少有操作机器的机会，即使了解相关知识，也难于满足企业的招聘要求。

整体而言，电子类生产线的工人相比于五金类生产线工人，更容易借助企业外的劳力市场找到上升为技工的机会；就技能学习方式而言，接受过企业内培训或机构培训（无论是有意识或无意识的培训机会）的工人，在实操经验上比完全自学的工人更有优势。但是企业自主培养的技术后备人才需要跳槽其他企业才能成为技工，实质上会对企业内部培养机制的积极性造成损坏，进一步加深企业与员工之间的不信任，导致大浪地区企业内培养机制的萎缩。

4.5 结论

多层次因素综合作用造成了普工在工作过程难以累积技术、向技术工人转化的现实：从个人意愿上看，工人虽然对于技术工人不排斥，但认同感低、学习技术的动力不足；从产业结构而言，大浪地区多为代工工厂，缺乏自主品牌、自主知识产权，导致高级技工群体萎缩，技工需求十分有限；工人在企业外自主学习技能的途径与工厂生产规律、工人创收方式相冲突，且面临外部培训选择面窄的限制；企业内的技能学习途径虽然也需要付出较多的成本，但对于工人是更为有效的技能学习途径，但目前大浪企业提供的企业内技能学习途径有很大的局限性。企业内技能学习与技工转化两个阶段的衔接不顺畅，导致企业内技术储备人员更倾向借助外部劳力市场进行跳槽来完成技工身份转换。这损害了企

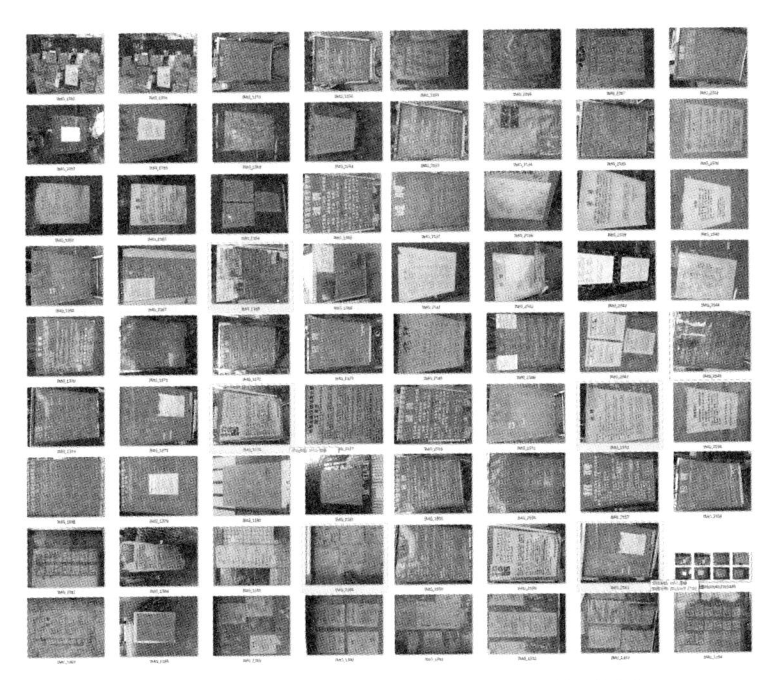

图5-7　三合人才市场与大浪各工厂的公告栏的招聘广告

业培养技术工人的积极性，普工在企业内得到技术培养的可能性降低，大浪不得不依赖外部劳力市场输入技术工人。而自学技术的工人，因为缺少实际操作经验，在外部劳力市场也难以最终实现技工身份转化。

大型工厂有高级技术工人的需要，但由于企业内部管理制度、空间分隔、用人制度等因素，阻隔了工人向高级技术工人发展的可能性；而中小型工厂，虽然工人能通过日常的调岗、轮岗等方式得到一定的学习机会，但又受限于中小型工厂有限的技术水平与发展空间，工人所能学习的技术水平有限，上升空间有限。

职位需求、岗位空间与培养机制等方面的错位，导致工人学习技术、向技工发展的困难。相对而言，工人们在累积技能方面所遇到的阻力要大于在技工身份转变途径上的阻力。

5　总结

随着社会化大生产的深化，生产过程和环节的分化程度越来越高，进而促成劳动力不断专业化以提高生产效率，分工内容愈发简化，下游代工企业规模愈发小型化。这种现象在以代工制造业为主要经济支柱的大浪地区更为突出：大量的小型、微型企业，承担的只是整个产品生产过程中末端的加工环节，生产内容也极为简单。原本完整的生产工序与技术被拆分成众多简单的、序列的、易操作、重复性的工作分散于不同生产部门。

对于生产线最底层的普工而言，技能细化虽然利于提高操作熟练度，却无法学到真正的技术。高度的分工使工作内容变得极为单调，劳动者更易疲劳，容易对工作环境、企业产生厌恶和敌对的情绪，合作意愿下降。工人对整个生产过程之间关系的了解程度降低，应变和自主协调能力下降。人仅作为生产要素而存在，作为“社会人”的发展需求常常被忽略。工人们有学习技术的渴望，但自身却困于时间、体力、精神的夹缝之中。几十块的工资差额足以促使一些工人频繁辗转于不同企业之间，是否有尽可能多的加班机会成为了工人选择工厂时重要的考虑因素。这是当今大浪生活着的青工们的现实：终日疲于为生计奔波，即使心中有憧憬有梦想，也在日复一日枯燥而单一的工作中慢慢消磨。

随着工作的分工细化，虽然技工需求数量有所增加，但整体技能要求下降。传统的师徒制培养方式逐渐被学校式职业教育取代，技工由经验型转向知识型。以往的技工可以完成相对完整的某一制作工序，但现在技工只掌握更为局部的工艺。青工小邓对那些经验丰富、掌握着精湛工艺的师傅满怀尊敬，曾经满怀着成为技工的梦想，但对现实深感无力，逐渐远离自己的梦想。另一方面，“我觉得我不是一个技工，我只是卖苦力的。”技工对自己的职业缺乏尊严感，社会对这个群体也缺乏尊重。在问卷调查中，大部分人对技工的认同来自于“工资待遇高”“工作轻松”等待遇条件，但是对技工的精神认同感并不高。在与富士康的大专毕业生访谈过程中，他认为“一般的焊工、车工算不上技工，能调试程序、维修设备、按图作业的工人才能称之为技工”。

就企业而言，对近期利益的追逐、对技术的忽视导致竞争力缺乏。大浪目前的产业类型主要为劳动密集型产业，大部分的工厂主要进行代工生产，依靠大量的廉价劳动力，而对技术和设备的依赖程度较低，对技术人才的需求较低。正如访谈过程中一个工人提到：“我们不需要技工，生产线上都是普工，不需要技术。”然而缺乏自主产品、自主知识就意味着缺乏核心竞争力，在激烈的市场竞争中很容易被淘汰。例如手机部件加工行业，由于技术含量不高，办厂极为容易，大批的加工厂如雨后春笋般冒出，又很快在激烈的竞争中被淘汰；又如小邓所工作的LED灯具厂，由于劳动力成本又在增加，但产品价格无法提升，发展堪忧。

社会对技术工人认同的下降、普通工人缺乏向技术工人发展的动力、企业内部学习机会的不足，导致了在大浪的普通工人边工作边学习技术、向技术工人转变的可能性甚微。从某种意义上而言，这是社会生产的必然趋势；但从个人发展来看，是不利的；从企业而言，没有高级技工的支持，未来也将渐渐失去竞争空间。社会发展需求、企业发展需求与个人需求之间存在着分歧。

6　讨论与不足

6.1　保持城市低技能岗位流动性利于接纳新入城人口

城市低技能岗位的流动性具有重要意义：从社会整体层面而言，中国现阶段的城市化发展仍然需要通过低技能岗位的流动性为城市发展能持续注入廉价的劳动力；从个人层面而言，城市低技能岗位的流动性为人口城市化提供了最初的就业可能，帮助农村人口展开城市化的进程。对于早期进入城市的人而言，随着自身城市化程度的深入，他们需要在城市结构中找到可行的上升途径以获得能更好反映他们诉求的发展空间；而另一方面，新进入城市的农村人口始终拥有更为廉价的劳动力优势，客观上也在不断迫使早期进入城市的人不得不寻求上升途径。

6.2　技能作为生存资本对人口城市化具有重要意义

人口城市化可分为显性和隐性过程两个层面：显性过程可理解为人进入城市区域工作生活；隐性过程是人的思维、技能、人脉等不可见因素逐步与城市相匹配的过程。隐性过程的实现才是真正意义上的城市化，它依赖于对技能、思维观念、人际等生存资本的累积。隐性城市化过程的不完全迫使许多人中途退出了城市化过程。

对于大多数的农村人口而言，学习城市经济技能是在他们进入城市后才开始的。受限于自身原有知识和技能的限制，他们只能从城市经济结构中的低技能岗位做起，如基础的市政服务业、流动零售业以及普通工人等。小邓说“每个人都希望有一个更好的起点，即使是青工也一样。”青工们之所以成为工厂流水线上有生命的“机械手”，并非是自愿。青工们与机械日夜相处：感受着机械的冰冷，感受着自我精神上的漠然以及其他阶层对他们的冷漠。一个难以让他们感受到自己存在的岗位，给他们的精神带来很大的压抑。

6.3　职业流动是保障人口城市化的重要途径

大浪地区青工未来职业流动的必然性体现在4个方面：

（1）普工岗位的身体要求：对于五金厂，普工主要从事重体力活，工作强度大，随着年龄的增长，体力上将会无法胜任；对于电子厂，普工是一种要求精准的机械工作，需要有好的眼睛和手脚麻利，随着年龄增长，动作的准确性将会下降；就整体而言，充足的劳动力导致普工的流动性大，不断有年轻的工人填补工厂缺口，使得多数大龄普工缺乏竞争力；

（2）普工岗位的工作性质：目前大浪的普通工人的工作强度较大、工作内容枯燥且机械。工作内容与工作时间导致了对于个人生活、个性的排斥。普工岗位过于强调人作为生产要素的作用，无法满足工人作为社会人的需求。不利于工人们未来的家庭生活以及个人心理承受能力；

（3）未来产业调整：大浪目前以加工业为主的经济产业结构在不久的未来将会发生较大调整，导致普工岗位大幅缩减，大量普工将面临下岗；

（4）中国人的心理预期：青工普遍有“水往低处流，人往高处走”的传统观念，从主观上带有不甘于一直从事普工的意愿，希望寻找更有发展空间、更体面的职业。

6.4 “成长为技工”是一个重要的职业流动方式

职业流动可分为两种类型：（1）在同一企业或行业内的职位变迁；（2）从一个行业到另一行业的职业变迁。普通工人在企业或行业内的职业流动可概述为3类：（1）成长为在生产线上的技术人员（技工）；（2）成长为在生产线或企业的管理人员（例如拉长、组长等）；（3）离开生产线，转入企业其他部门，如后勤、文员等。对于大浪这样典型的工业区而言，对个人与企业而言，普工成长为技工是具有特殊意义的职业流动：

1. 对个人的意义而言

成为技工是第二产业中重要的职业流动方式，它可以衔接、传承普工在长期工作中学习、积累的经验。而且，从工作性质而言，技工岗位能够将工人从普工单调、枯燥的机械性重复工作中释放出来，给予工人思考、钻研的空间；就收入报酬方面，虽然技工并非是以上3种方向中最有优势的，但优于普工；技术工人以技术作保障，凭借一技之长，可以得到更广泛的就业保障；就社会地位而言，技术工人作为蓝领阶层精英，享有更多的社会尊重。

2. 对社会的意义而言

产业中的技术进步主要分为创新发明和人力资本提高两种方式：前者表现为新产品、新工具不断发明，被称为“物化技术创新”，主要依靠“物”的更新；后者则体现为劳动者技艺的不断提高，我们将之称为“人力资本增进型技术创新”，其传承主要依靠“人”的经验与技能累积。

现代企业的核心竞争力更多地表现为隐性知识。优秀企业的生命周期往往长于员工的更替周期，所以需要有人不断传承企业的隐性经验和智慧。这种内部传承，无法通过外部现代教育途径实现，需要依靠企业内部有效的培养制度和员工的成长来传递。一部分普工在工作中成长为技术工人，使实际生产中积累、提炼的生产经验与隐性技术知识得以传承。

参考文献

[1] 梁宏．生命历程视角下的“流动”与“留守”——第二代农民工特征的对比研究．[J] 人口研究，2011（4）：17-28.

[2] 张世勇．生命历程视角下的返乡农民工研究——以湖南省沅江镇的

返乡农民工为表述对象 . [D] 武汉：华中科技大学，2011，5.
[3] 刘雨龙 . 生命历程视角下的农民工社会融入研究——在京农民工的案例分析 [D]. 北京：中国社会科学院，2012，4.
[4] 潘华 . 新生代农民工“回流式”市民化研究——基于 G 市 X 县的个案分析 [D]. 上海：上海大学，2012，6.
[5] 胡薇 . 累积的异质性——生命历程视角下的老年人分化 . [J] 社会，2009（29）：112-130.
[6] 李津逵 . 城中村的真问题 . [J] 开放导报，2005（03）：43-48.
[7] 周化明 . 中国农民工职业发展问题研究 [D]. 长沙：湖南农业大学，2012，6.

专题 6

浪口老村水塘反映的“吴”姓人与“鱼”割舍不断的联系

小组成员：李　丹

摘　要：城市化不仅给中国城乡空间结构带来翻天覆地的变化，也强烈地影响人们的意识，而意识影响空间决策，会进一步作用于环境。研究选取中国城市化的典型城市深圳，以一个老村水塘为切入点，总结村庄历史遗迹保留的影响因素，即村民观念、村庄整体环境布局和村民生活方式。通过实地观察和对村庄不同人群（村委、村民及村中外来打工者）的访谈，了解水塘及其周边的空间形式变化，总结这些变化反映出的村民观念、村庄环境布局方式和村民治理方式的变迁以及当下村民对水塘去留的态度。对水塘生死未卜的未来，分析保留和填埋的条件，并预测可能的后果，其中，老村居民与鱼塘割舍不断的联系还将发挥重要作用。

关键词：村庄；历史；变迁；水塘

1　引言

改革开放以来，深圳各个客家村周围都建起了楼房，并由于经济利益的需要被加高。而这一情况也很快蔓延到了老村，很多老村除了祠堂外，甚至看不出一点过去村落的痕迹，山体被整平建厂房、河水被加坝、水塘被填盖起高楼，摧枯拉朽的力量正在让一个个原本各具特色的农村变成千篇一律的城镇，文脉被割断，村民生活方式发生巨变，曾经寄托了信仰的祠堂变成空荡荡的外壳，客家人原有的祖先崇拜、多神崇拜、崇尚自然的意识也随之减弱，原住村民在“村改居”、由农民变成城市居民的过程中，也丢失了自己的客家人身份以及共生了几百年的村落环境。客家人与自然相互磨合形成的交流界面、具备调节和反馈功能的生态系统，在向城市开放时，几乎没有任何自我维持和自我恢复的力量，这一切反映出村落文化在经济发展浪潮中的不堪一击。

2　村民祖先观念：“吴”姓人与“鱼”割不断的联系

村民对水塘的看法十分特殊而且一致，“（在客家话里）‘吴’和‘鱼’同音嘛，池塘养了姓‘吴’的人嘛”，“不能动，水塘说什么也不能动啊”，“如果填了（水塘），发生什么不好的事情谁也负不了责任”。在当今人人追求各自物质利益的背景下，村民们在水塘问题上说法和看法十分一致，可以看出他们身上保留的故土情节、祖先情节和精神依赖。

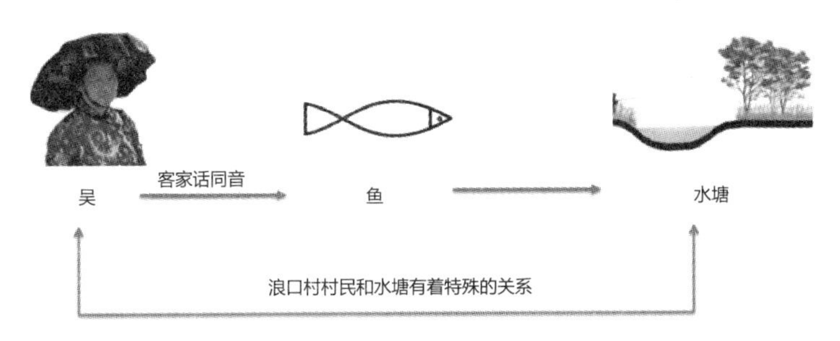

图6-1　浪口村村民和水塘特殊关系示意图

2.1　水塘建成——村庄选址的传说（18世纪）

康熙年间，浪口村的祖先吴继旺带着妻子和外孙刘子凡迁到深圳龙华地区，找到风水先生赖布衣，赖先生说“大船出海鱼浪口，大船者，大船坑也，鱼者，吴也”。于是吴继旺按照赖布衣的指点来到大船出海处，即大船坑下游的地方察看，发现该地果然有一山头形状像鱼，正合“大船出海鱼浪口”之意。又见山下地势开阔，又是大船坑和横朗溪的交汇处，水源充足，周围山岭林木青翠，如立足此地，会如鱼得水，是个安身立命、繁衍生息之所。遂立足创业，开基立村。

图6-2　浪口村及老村水塘位置图

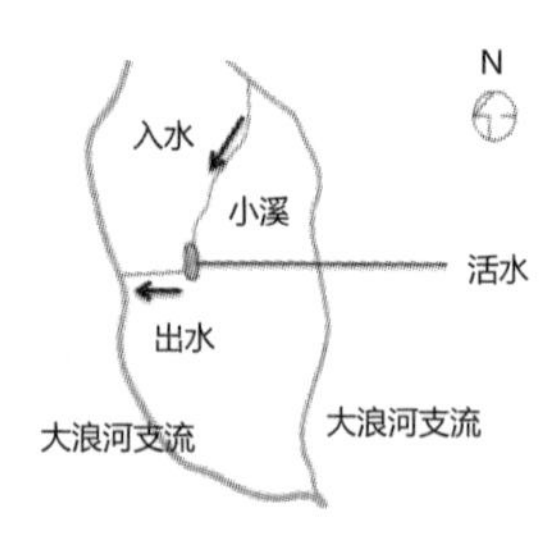

图 6-3　城市化以前浪口村水塘与大浪河关系示意图

2.2　水塘在农业社会的辉煌——服务村民生产生活（18 世纪 ~ 1980 年）

在农耕社会，鱼塘在空间上是围屋和自然环境协调的重要环节，这不仅保证了水塘水质的清澈，同时也使水塘满足了村民的一系列的生活需求。

2.2.1　村庄理水

过去村东北有一条小溪，连接大浪河支流与水塘，为水塘提供水源。水塘的南侧，几条水渠与大浪河支流相连，作为疏水的渠道。水塘的水有来源有去路，一直保持清澈、水质良好。

2.2.2　水塘——农田农业生产循环

农耕时代的水塘是泥土衬底、自然驳岸，村民们将鱼塘承包给村里的居民养鱼。每到年底，村里负责管理鱼塘的专人将鱼塘的水放干，把鱼分给每家每户，水塘能够给村民提供福利；鱼塘的水放干后，塘底的沉淀的养料暴露出来，村民们把淤泥作为肥料铺到田里，提高粮食产量。这样，水塘的水、鱼、淤泥就形成了清水—肥鱼—肥料的良性循环，既节约了资源又便利了村民的渔业农业生产。

2.2.3　水塘分担村庄泄洪功能

水塘还能起到滞蓄洪水的作用。雨水从山上流到河沟里、汇入水塘，水塘能存储大量的雨水，溢出的雨水才进入地势更低的农田，经过这两步分流，洪水不会在路面上大量积存，农田里的水分也很快通过径流和下渗回灌到地下水，村庄以此多年不受洪水的威胁。这一防洪体系更大的好处是，水塘涨水的同时，塘里的鱼也会浮出水面，随水流漂到塘边的地面上。雨水退去后，遍地是鱼，村民们不费吹灰之力就得到许多水产。

图 6-4　浪口老村泄洪系统示意图

2.2.4　水塘作为公共空间的来源

此外，村民们在鱼塘边洗菜、交谈，孩子们在鱼塘边玩耍，鱼塘就是一个公共交往空间。水塘就是一个集生产、滞洪、娱乐、审美功能于一体的多功能景观（multifunctional landscape），是农田—农业社会生态系统的重要组成部分。小小鱼塘，折射出客家人合理利用自然环境的智慧。

2.3 水塘在城市化中的萎缩（1970 ~ 2005 年）

改革开放的春风吹过深圳，这个小渔村很快换上了工厂林立的新装。浪口村民随势兴建工厂，不惜改造农田、侵占水塘。经济发展日益如火如荼，水塘的境遇也每况愈下。具体的变化过程大致包含 4 个阶段，即水塘面积缩小、水源切断、与村民分离和环境恶化。

2.3.1 水塘面积缩小（1970 年代）

1970 年代，居住在水塘边的村民为堆放杂物，将水塘部分填埋，改成房屋，水塘面积变小。

2.3.2 水塘水源切断（1980 年代）

随着改革开放，1980 年代村里建设了厂房和楼房。水塘也经过衬砌改造，原来与大浪河上游沟通的小溪被填平，建成虔贞女校前的水泥路，水塘变成了无源之水，农田上拔地而起成片的厂房，打破了原来的防洪系统，水塘的泄洪功能也被削弱。

2.3.3 水塘与村民生活分开（1990 年代）

1992 年征地以后，浪口村被分为上村、下村，中有围墙隔开，上下村只能通过村外侧的马路沟通。上村在老村原址（水塘所在地）的基础上扩建，大部分排屋建筑保留至今。而新村新房位于下村，大多数村民搬迁到下村住楼房，过上了城市生活，不需要再依靠水塘来饮水、吃鱼、洗菜，加之交通不便，水塘淡出了大多数村民的生活。租住在老村水塘周围排屋和楼房中的打工者数量剧增，水塘成为外地人的公共空间。

2.3.4 水塘环境恶化（2000 年后）

水塘的新使用者不像村民一样视水塘为亲人，他们对居住环境本就缺乏归属感，加上高压的工作环境，业余时间除了在水塘边钓鱼、散步、做买卖、消遣，无暇维护水塘周边的环境卫生，向水塘内和周围乱扔垃圾，污染了水体。缺乏社会意识的村民对此也没有妥善管理，不仅不保持水塘周边的卫生，还取消了对水塘一年一度的换水管理。据年轻的村民回忆，“小时候（也就是 1990 年代）放过水，后来就再也不管（水塘）了”。水塘及周边就这样成了脏乱差的场所。

2.4 水塘在城市更新中去留的博弈（2005 年至今）

2005 年开始的城市更新对水塘来说更是雪上加霜，村委和开发商都把这块难得的未建设用地列入了改造的范畴，在浪口村的两次城市更新改造办法中，都规划将水塘填平改作他用。采访中发现，村里除老人和部分中青年人对水塘有感情外，其他人对水塘态度冷漠。在未来的决策中，水塘的去留不确定性很大。

图 6-5　浪口老村水塘周边杂乱的景象

2008 年左右，村委才在水塘边修建一圈 1m 高的栏杆，与水塘及老村建筑十分不和谐。水塘边的房屋上挂牌“禁止钓鱼”却无人管理。

现在的水塘已面目全非，养鱼、洗菜、嬉戏、交谈的场景也成了回忆，只有爆发山洪的时候，人们才依稀记得水塘的好处，还有垂钓的打工者对水塘有些许的好感，好感中还夹杂着对水塘恶臭的厌恶。在浪口村民看来，水塘已经从年轻力壮的“小伙子”变成了衰颓迟钝的“老者”。从客观条件来看，水塘失去了人们保留它的环境条件和功能优势。

原住民对是否应该保留水塘的态度也成了研究的难点之一，根据问卷调查统计，有 74% 的村民认为应该保留水塘。村民的态度应该与他们的年龄和姓氏有关。中老年人（40 岁以上）对水塘的支持明显高于年轻人（40 岁以下）。而保留水塘的态度最为坚决的是 40 岁以上的吴姓村民，他们几乎全部同意保留水塘。

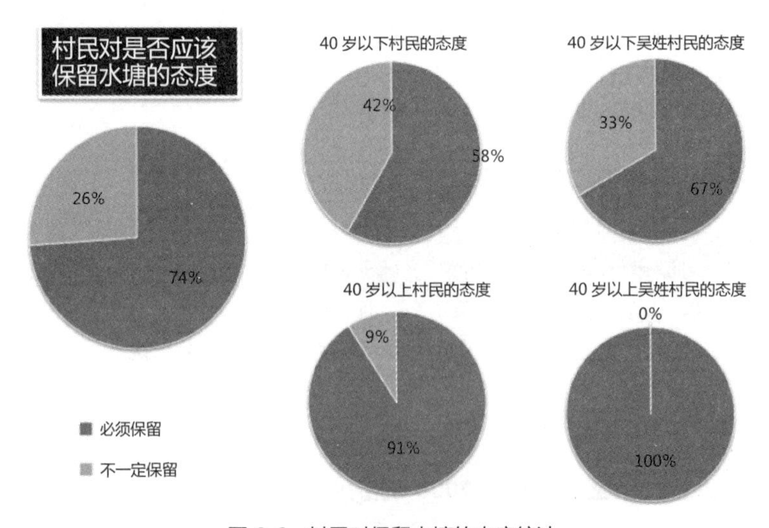

图 6-6　村民对保留水塘的态度统计

对于村民同意保留水塘原因的统计，最主要的是当地吴姓离不开鱼塘的风水观念。其次是祖先观念，认为鱼塘祖辈流传，不可以去肆意改变。第三点是许多村民认为水塘承载着他们美好的回忆，不舍得填平。最后一点是实用价值，将水塘改造后村民可以在水边游憩，还可以恢复养鱼。

认为不应该保留水塘的村民则认为，村里难以负担维护这个水塘，并且自己也不在老村居住，吴姓说法是封建迷信了，不在乎水塘填与不填。

对于当前老村水塘的主要使用者——外地人的态度，我们也做了几项统计。有 57% 的受访外地人表示，虽然水质较差，但仍愿意经常去水塘边活动。对于水塘村庄的必要性，有 75% 的人希望村里有水塘。多数人的选择可能和他们从小的生长环境有关系，因为 69% 的受访外地人不同意把自己家乡的水塘（如果有）填埋作他用。这也说明，人们普遍对自己家乡的水体有深厚感情。

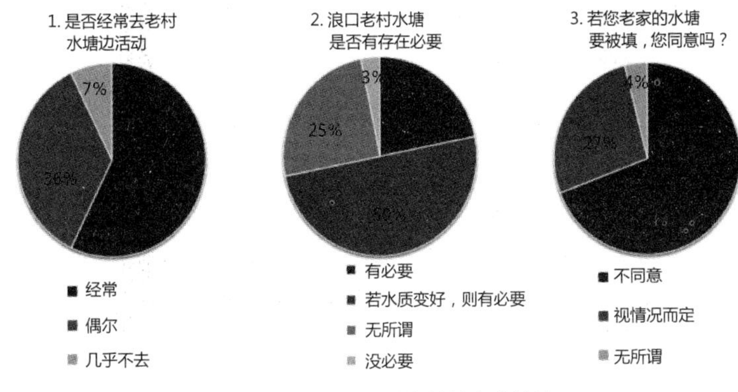

图 6-7　老村外地人对水塘的态度统计

3　村庄其他文化遗产的命运

唐代诗人骆宾王曾写下这样的诗句:“不睹皇居壮，安知天子尊”。建筑和景观是权力和观念的外在表现。浪口村水塘的命运能不同于深圳一般村落的水塘，与浪口村村民的祖先意识息息相关。体现村民各类信仰的水塘、祠堂等村庄景观，有着相似却各具特色的命运。

3.1　无法摧毁的宗族祠堂

浪口村的祠堂和水塘一样，是村民祖先情节的寄托。在 1866 年村里改信基督教以前，浪口村的祠堂是有牌位的，为吴、刘两家共用。村里人改信基督教以后，由于基督教反对祖先崇拜，村里人放弃了祭祖活动，祠堂内不摆放牌位。

然而外来的冲击，无论宗教还是朝代更迭，都无法彻底撼动人们根深蒂固的祖先意识。民国 17 年村民们还是将祠堂重修了一次。2002 年浪口村村主任还带人去梅县等地考察浪口的客家祖先，并根据梅县客家村的形式，在 2002 年 10 月重建了吴氏祠堂。尽管如此，祠堂的祭祖功能已经几乎名存实亡，除了作为除夕和清明全村人宴会的场所，祠堂平时都大门紧锁、无人光顾。

3.2　风光一时的基督教堂

基督教作为全球最大的宗教，在中国的传播却是近代的事，是在鸦片战争时期大规模传入中国，一时间受到沿海地区百姓的欢迎。1866 ～ 1873 年间，浪口村里也建设了天主教堂。1891 年瑞士传教士在教堂南侧修建了“虔贞学校”，在基督教传教士和村民的重视下，学校办得有声有色，当年有寄宿生五六十人、走读生一百余人，堪称小有规模。虔贞女校的教学质量远近闻名，从这里毕业的学生到附近其他中学读书，都是免试的，曾经是宝安的“最高学府”，蜚声海内外。在近 130 年的历史风雨中，不仅桃李满天下，还留下了孙中山和东江纵队抗日志士的足迹。据村民们回忆，学校曾出过五六名学生到黄埔军校就读，一些优秀毕业生成为其他学校的校长或在市里成为官员。

新中国成立后，学校几经变迁，先后改名为姜头小学、浪口小学，直到 1985 年被合并到大浪小学后才停办。然而这座学校目前已经废弃，门上挂着一把破旧的锁。由于年岁已久，院内满是荒草，与中国大部分地区一样，基督教的传播遭遇巨大的尴尬，曾经的辉煌都埋藏在那中西合璧的建筑中，供后人参观。对于基督教，村民们回忆，以前全村人都是虔诚地相信的，但“文革”之后有少数老年人还坚持去教堂，年轻人都只是名义上相信。

3.3 祖先意识与基督教信仰的比较

“文革”和城市化的冲击，检验出祖先意识和基督教信仰在村民观念中的维持能力。村民对祖先信仰，虽然减弱却还有残留，反映在村民整体对祠堂的维修、对水塘行动和口头上的维护中；而村民中只剩下三四个老年人还虔诚信仰基督教。也就是说，目前看来，客家传统、儒教文化比外来文化有着更强的生命力。不过，未来的情况如何还取决于社会的影响和人们的行为。

4 水塘周边村落环境变迁及其历史背景

除了水塘、祠堂、教堂这些独立的构筑物，浪口村景观的整体，也随时代发生了剧变。如今，那个曾经的客家村落，已摇身一变成为城市化的新村，这些变化的背后，是农耕时代、战争时代和新时代的历史身影。

4.1 农业社会的典型客家村落（18 世纪 ~ 19 世纪中叶）

农业时代的浪口村，是一个典型的闭塞而稳定的客家村落。北侧和东侧有山峦环绕，大浪河从村南流过，村里的水塘通过东北的小溪和南侧的支流与大浪河相连。山上是树林和果树林，村西侧是农田，村民们的住房建设围绕祠堂展开，有六排排屋。村里前有流水后有靠山，地势东北高西南低，山洪暴发时水可以通过径流到地势较低的田地中，在下渗作用下退去，保证浪口村不受水患。

浪口村康熙年间建村，乾隆年间建成浪口村祠堂，堂号为“延陵堂”。全村以祠堂为中心逐步向两旁发展，均为排屋建筑。资料显示“客家祠堂不仅是一个家族的权力中心，也是其文化的中心”。祠堂内的神牌、对联及祭祀祖先的活动，集中显示着客家人的祖先崇拜文化。村庄的治理也是家族制，村中事务由几个大户人家掌管，公共财产诸如水塘、祠堂由特定的人家来承包管理，村民对村里农业基础设施的使用、参与程度也较现在高得多。

4.2 基督教影响的宗族村落（清代同治年间～民国年间）

图6-8 1913～1914年基督教浪口堂及农田

深圳作为沿海地区，在清末受到了外来文化的冲击，加之清代广东新安地区（即现在深圳地区）生活贫困，容易接受基督教的信仰。1866～1873年间，村里修起了天主教堂。基督教信仰从此植入浪口村，并一直延续到“文革”。100年间，全村人都信仰基督教。据村民回忆说，“基督好啊，基督让我们行善，全村人都做好事”，“那时候人心好啊”。从那时候起，村里的祠堂不再供奉牌位，祖先信仰被认为是封建迷信而被村民遗弃。

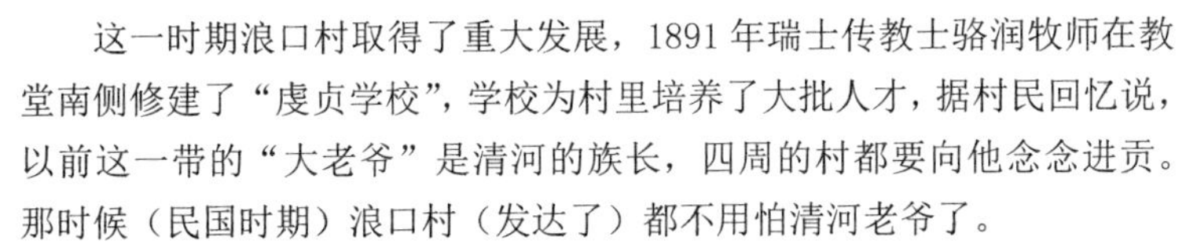

这一时期浪口村取得了重大发展，1891年瑞士传教士骆润牧师在教堂南侧修建了“虔贞学校”，学校为村里培养了大批人才，据村民回忆说，以前这一带的“大老爷”是清河的族长，四周的村都要向他念念进贡。那时候（民国时期）浪口村（发达了）都不用怕清河老爷了。

通过照片推断，当时的西洋建筑与村里的农业景观相协调，一派生动和谐的田园气息。村庄的环境，村前是池塘，村后有树林，延续着客家人的建筑风格。基督教的入驻，除了破除了村民们的一部分祖先观念，给全村人带来了一致向善信念，并未大范围改变村落的形态，村庄的环境变化比较缓慢，新建的祠堂和女校，也能与村里环境相协调，祠堂、女校、排屋、水塘、农田、山林一起，构成了完整的田园图画。

4.3 新中国成立初期及“文革”时期的集体所有制村落（1949～1980年）

民国时期，浪口所处的广东地区实行保甲制，村落的形态和社会结构也并未发生骤变，直到新中国成立后设立行政村，村落发生了很大改变。行政管理方面，1955年后成立浪口农业生产合作社，1958年人民公社化后成立浪口农业生产大队，1961年后和大川坑、石凹村共同组成大浪农业大队。浪口村分别改为大浪大队第八、第九两个生产队。

村落环境方面，水塘北侧的平台，多次被用作文艺会演的场所，祠堂还在“文革”期间被用作了粮仓。教堂、女校在“文革”期间停用，建筑年久失修，墙壁出现裂缝。教师也流转到其他地方。而受“文革”影响最大的是村民们的基督教信仰。据村民回忆，由于教堂被毁坏，现存的信仰基督教（很多村民口头说信基督教，却从不到教堂做礼拜）的村民不超过10个。

社会主义集体所有制的生产方式，让村民认为公共财产的管理者应是国家、社会，个人对其既没有使用权，也不负有管理责任，公共财产成了公共“不管”的领域，村庄的公共空间因此遭遇管理不善。1970年代末，住在水塘东侧的一排居民私自占用水塘空间，村民利用“公共”地带修建仓库堆放杂物，水塘不仅面积缩小、景观效果也变差了。

图 6-9　浪口老村水塘边的告示

4.4　改革开放后的工业化村落（1980 ~ 1992 年）

1980 年深圳设立经济特区后，城市规模迅速扩张，大量农地征转为城市建设用地。原村落农田被改造，农民数量骤减。浪口村的两个生产队统一为一个村民生产小组，据村民回忆，村里原本有四五个水塘，在这期间为了准备建厂房，村集体把原有的水塘拆掉了，现存水塘与水源沟通的小溪也被填平，建成了水泥路。村里的学校由于校舍破旧、人员不足，于 1985 年被撤销，学生被转移到附近的爱义学校。改革开放的热潮轰轰烈烈地将深圳关内的农村变成城市，与此同时，关外浪口这样的小村庄也准备着从农村过渡到城市。

4.5　第一轮“抢建风潮”后扩张的村落（1992 年）

1992 年，深圳经济特区内推进全面城市化，资料显示，1992 年特区城市化以及 1993 年深圳市宝安县撤县改区的行政体制转变过程中，私房抢建风潮在特区内外全面展开，当时的抢建者主要是深圳市原村民。

浪口村在这一期间规划了新村，每个户籍人口在下村（浪口老村被称为上村，东侧的新规划土地被称为下村）获得了 $120m^2$ 的土地，村民陆续在下村修建新房，村里的厂房如雨后春笋般拔地而起，老村的房子则出租给英泰工业区的打工者，村民靠收厂房的房租（村里的分红）和打工者的房租就可以有稳定的收入，村民的主要精力也由如何管理农田，转变到如何加建房屋。

经济快速发展的背后是对管理的松懈和对环境的不重视。到 1998 年前后，老村西侧也盖起楼房，租给外地人，村里的流动人口数量剧增。村委会对租户物业疏于管理，不及时安排清理垃圾，排屋狭小的街道和露天排水沟中的垃圾成堆，藏污纳垢，住户生活环境恶劣。对于公共财产的祠堂、水塘和女校，村委只在 2002 年重建了水塘。如果不是 2004 年基督教会和海外教徒出钱，教堂也得不到重建。而重建的内部构造是简单的板房式而非西方教堂的室内风格；女校虽经过文物专家评估具有很高的价值，村委却以“上面（文物保护部门）没有拨下来资金”为由将其继续闲置，村民的态度也是（女校）“不关自己的事”；对于水塘，只是在 2008 年修建了栏杆，并贴上“禁止钓鱼”的告示，就算完成了管理任务，其实水塘周围每天都有很多人钓鱼，水塘里的臭水随着微风时时飘起难闻的气味，水面上的垃圾、漂浮物更是脏乱不堪。

快速城镇化带来了村民物质生活的满足，却割裂了村民与村里环境相互依存的关系，这些农业时代与村民生产生活息息相关的基础设施、文化建筑，在周围城市化的环境中失去了功能，被村民忽视也是合情合理。然而这些财产是村民世世代代的遗存，是他们和祖先、和这片土地联系的纽带。城市化让土地为人产生价值，却也把人从土地上剥离。

4.6　第二轮“抢建风潮”后高楼林立的村落（2008 年）

2009 年，深圳市第四届人民代表大会常务委员会出台《关于农村城市化历史遗留违法建筑的处理决定》，深圳城中村中出现了轰轰烈烈的抢建浪潮。据村民描述和相关报道，人们为了扩大房租的利益，在这一政策生效之前，2008 年前后，再次出现了抢建浪潮，建筑由原来的四五层一跃加建到 4 层、8 层至十几层，形成了目前的高楼林立的城中村。

村里的房屋被加盖到十五六层，村庄的立面与过去有了天壤之别，只有水塘和周围的几排围屋显现着原来的面目。这种结构不仅保留不了村落系统的景观，更抵御不了洪水的威胁。1990 年代和 2008 年，村里爆发了两次大洪水，尤其是 2008 年的洪水，没到齐腰深，半天时间才退去，十分危险。村落排水系统的改变，为村民的水安全埋下了重大隐患。

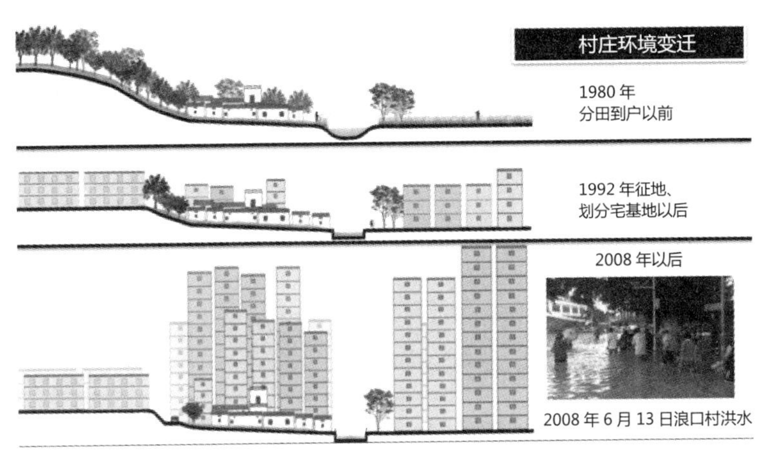

图 6-10　浪口村环境变迁示意图

5　村民生活方式变化

城市化是村民生活方式的分水岭。城市化以前，浪口村的客家村落没有发生过大的改变，排屋围着祠堂而建、村后有靠山和树林、村前河水流过、水塘前良田数顷，村民们耕种、打鱼、在山上种果树，过着自给自足、自治的农耕生活。水塘、祠堂都是村里的共同财产，有大户人家以及族长安排村民进行管理。分鱼、换水、填泥、婚宴等活动将村民们的生活联系在一起，村民们守望相助，参与到村庄的运转中。

城市化以后，良田上盖起工厂、后山上也拔起了工业园区，村民们住上了楼房，村民摇身一变变成了城市居民，每家每户都有自己的独栋房屋可以出租给外地人和自己居住，每月的房租收入加上年底村里工厂的分红，是一笔可观的数目，就业也不成问题，人们或在工厂收地租或在村委会任职，都有稳定的经济来源，还有股份合作公司为村里做决定、管理日常卫生、安全等事宜，村里人对公共财产失去了责任感。以水塘为例，1970年代水塘东侧的村民们为了堆放杂物，将水塘填了1/3建起小房；1992年分产到户以后，很少像过去那样对水塘进行清淤，也为了新建道路切断水塘与水源的联系——小河沟；而1990年代末至今，外地人对水塘周围环境不爱护，村委也只在2008年采取措施，在水塘周围建起铁栏杆并贴上“禁止钓鱼”的标签，平时则放手不管水塘的卫生、水质、环境，普通村民更是把管理水塘的责任直接推给村委，认为事不关己，不把自己当做村里公共事务的责任人。村民对水塘、女校的去留，态度也是“不归我们管”、“去问村委”。可见城市化改变的，不仅是村落的空间形态，更是村民的生活方式和村里公共财产的命运。

6 结论与讨论

一面水塘，就是一面映照人心的明镜。其跌宕起伏的变化体现出村民不同时期的故土情节、祖先情节和精神依赖，也反映出社会变迁、意识形态变化对物质环境改变的影响。研究表明:(1)乡土景观是一个整体，其各个组成部分能否有效保存，取决于该成分能否适应村民的生产方式、生活方式、防灾体系，无法适应变化的部分，价值降低，也就有着遭遇淘汰的可能；(2）村民的对村庄景观的态度，强烈受其祖先意识的影响，社会意识形态、经济发展需求也有一定作用，寄托祖先意识的村庄景观，将由多种因素的相互作用来决定其未来。

6.1 老村水塘反映的乡土景观问题

浪口村水塘作为在政策、体制和深圳城市化的影响下的缩影，其发展过程所折射出来的种种文化保护与经济发展问题、原住民自治方式转变问题等都值得我们深思，村落景观的各个组成部分，需要依托村庄整体环境，与其有机融合，才能发挥最大效用，这启示景观设计师具备的整体化的思考方式。胡兆量在《中西审美建筑比较》（2013）中提到,“红花要有绿叶配，一座建筑的美要有周边景物的衬托……同样一座建筑，处在不同的环境中，美感是完全不同的。因此，要评价建筑的单体美，更要评价建筑与环境协调美”。一座建筑单体的意义也是和周围的环境相依存的，没有和建筑协调的功能体系、使用环境，没有周围环境支撑而显得单薄，没有气势，也就没有说服人保留的力量。

中国古代有价值的建筑遗产从来都不是单独存在的。以故宫为例，它不是保和殿、太和殿这样的建筑，是一个庞大的建筑群；乌镇、周庄也不是只依靠某条巷道，是作为一个建筑－水道－巷道的完整体系而独具魅力；而土楼、客家围屋，是祠堂、月池、角楼、侧楼共同构成的内聚性防御城堡。发掘古村落的价值，不仅仅需要从古建筑本身的体量、结构、功能、装饰、审美入手，还要考察它所处的地理位置、历史背景、周围经济、文化要素等，才能更全面的评价它的历史和现实意义，为古村落的未来提供发展预测和依据。

6.2　水塘不保留的依据

城市化以后，随着村民生活环境、方式的改变，年轻村民从小不在水塘边生活，在他们观念中，水塘不过是老人口中的念想和回忆，他们眼中的水塘不但没有防洪、防火、养鱼的功能，还是一个脏乱差的所在，很难说他们未来对水塘还有血浓于水的情感，他们有理由为改善村落环境而填埋水塘。改善村落环境也是城市更新的目标之一，如果项目能统筹规划村庄的防洪系统、水利工程，填埋现在的水塘，择新址重建并非不可取。只要是能够给村民们提供亲水环境的水体，都会受到村民的欢迎和爱护，他们的理由是，不必在水塘的选址问题上太过较真。

6.3　水塘保留的依据

许多村民还是对水塘象征的祖先观念念念不忘，尽管决定村庄未来的年轻人对水塘的态度含混不清。但是从村庄的生态安全角度，水塘发挥着不可取代的防洪功能，处在全村地势最低处，如果填掉会使村庄的水安全受到极大威胁；同时，水环境是客家村的重要组成部分，水塘为居住在这里的人们，无论是外地人还是本地人，都提供了很好的居住环境，加以修缮维护，水塘还是能发挥很好的景观功能。并且，根据调研，无论是水塘的拥有者还是水塘的现在的实际使用者，都希望这个水塘水质清澈，继续养鱼，并且方便人们亲水、游憩。

此外，从生态的观点来看，客家人的居住环境正是先民们与自然和谐共处的成果。城市化以前，水塘不仅承载了村民的儿时玩耍、妇女洗菜、全村分鱼的记忆与“吴”姓说法的祖先观念，也起着防火、蓄水的防灾作用，山洪暴发，水可以存在水塘中，多余的水流到农田中，通过下渗和径流排走，保证居住不受影响。村庄依山面水，古树名木环绕四周，良田绿树相伴左右，半月塘倒映着素雅的围屋，波光水影营造出生动的画面。这种令人心旷神怡的田园美景，达到了自然环境与人文环境的和谐交融。

水塘保留的另一个理由是，填埋水塘可能引发不良后果，有反面案例为证。位于江西省抚州市乐安县牛田镇的流坑村，2007 年为重建村庄填埋了水塘。此后村里的老人人心惶惶，发生不好的事情就都归咎于水塘的填埋，于是 2010 年，村里又将加盖在水塘原址的房子拆掉，挖土注水，让水塘重见天日。可见观念对人心的影响之大。浪口村水塘与村民们对祖先的怀念密切相关，水塘的填埋具有极大的不合理性。

6.4　有待深入的问题

（1）40 ～ 55 岁的人与村主任年纪相仿，在村民人口中占的比例较大，占全村 492 人的 300 人，但是由于这部分人在改革开放过程中的经历过于复杂，根据老人提到的子女（推测应该是这一年龄层的人）在深圳或外地的说法，他们中很多人不住在村里也不在村里工作。对这部分外出的中青年人，调研过程中仅仅采集到了 3 份问卷。可信度不够，如果调研时间足够长，应该尽量扩大样本，增强说服力和调研的信度。

（2）现在的浪口村的水塘已经没有了活水输入，环境和人心都在变化，如果保留水塘，应该以一种怎样的方式让它延续，这一点具有现实意义。浪口村城市更新在大浪城市更新历程中开始较早。在大浪街道办，第一个进行老村改造的村是 2001 年的龙胜新村，第二个就是浪口。开始于 2005 年的城市更新到 2008 年仍无法与村民协调，开发商不得不退出，到 2012 年村委又请来第二家公司爱义房地产公司，目前正在与村民协调中。根据深圳市深圳市人大常委《关于农村城市化历史遗留违法建筑的处理决定》（2009）、工厂向低价便宜的郊区搬迁的趋势以及老村脏乱差环境亟须更新的现状，整个大浪地区在不久的将来都将面临城市更新的命运。浪口村的城市更新模式将对大浪其他地区起到示范的作用，上下横郎、上下岭排、罗屋围、水围、新围、同胜、高峰的城市更新，都会参考浪口村对村民的补偿金额、村民与开发商的利益分配，也包括对旧村土地利用，对老村遗物的处理方式。如果浪口村的城市更新能尊重村落系统、利用好村里的水利防灾设施、保留并发展旧村风貌，将对大浪的其他村的地方特色保留、客家文化传承起到巨大的贡献作用。

水塘的去留问题将是多因素博弈的结果，村落景观的保护研究并没有结束，将是一个不断探索、不断发问的漫长历程。

参考文献

[1] 大浪村史志 .
[2] 林晓平 . 客家祠堂与客家文化 [J]. 赣南师范学院学报，1997，04.
[3] 孙红梅 . 深圳客家民居的文化渊源探析 [J]. 古建园林技术，2006，03.

专题 7

从“垃圾桶”看人地关系

小组成员：郭 佳 张 旭

摘　要：大浪这个地方不断地经历着变迁，经受着城市化的洗礼，而城市中的垃圾桶也随着时间的推移不断变化着。通过对深圳大浪同胜地区的实地调研，了解垃圾桶在空间和时间上的变迁过程，研究垃圾桶在城市公共空间中的布置方式以及人们使用垃圾桶的行为模式，从垃圾桶这个微观的视角透视大浪这个地区城市化过程中人地关系所产生的变化。

关键词：垃圾桶；变迁；大规模建设；标准化

1　引言

垃圾桶作为一种公用卫生设施，免费为人们提供服务；在城市的尺度下，垃圾桶的体量是微不足道的，但其对保持城市的环境卫生起着重要的作用。对于垃圾桶，我们平时不会去注意，只有要使用的时候才会去寻找，直到它停止工作的时候才会抱怨。垃圾桶在城市中就是处在这样一种被人忽视的地位。尽管人们不会去关注垃圾桶，但在城市规划设计的标准规范中，“垃圾桶”占有一席之地。规范中规定着垃圾桶在城市空间中的位置：是沿道路的，是线性布置的，是密集的。而这些限定就导致了以下几种现象的产生：投资者必须对此进行资本投入，设计师机械式地布置，厂家流水线的生产，大街小巷随处可见垃圾桶。

深圳的大浪地区就遍地布置着这种经过“规划设计”的垃圾桶，而且每天有清洁工的高频率打扫，但这些却没有改善大浪地区整体的卫生状况。人们仍是把垃圾直接堆放到路边或者扔入自己制作的“垃圾桶”中；而那些经过设计，统一安置的垃圾桶，其肮脏的表面，贴满小广告的外皮以及溢出的垃圾，环绕着蝇虫的状态成为影响城市环境卫生的污点。这时我们善于把导致这个结果的原因归结于“人口素质”。我们一直处于这样的思维定式当中，并且从未反思过这种结论的牵强。从小就被教导的“不随地乱扔垃圾”以及现在反复宣传的垃圾分类，却始终没能改变城市中的垃圾问题，显然人口素质并不能很好地解释这个问题。

在《城市环境卫生设施设置标准》GJJ 27—89 中规定：（第 3.5.1 条）废物箱（垃圾桶）一般设置在道路的两旁和路口。废物箱应美观、卫生、耐用，并能防雨、阻燃。（第 3.5.2 条）废物箱的设置间隔规定如下：一、商业大街设置间隔 25 ~ 50m；二、交通干道设置间隔 50 ~ 80m；三、一般道路设置间隔 80 ~ 100m。

过多的垃圾桶没能提高环境的“卫生程度”，反而在城市中出现众多问题，那么城市中究竟有哪些因素影响着垃圾桶效用的发挥？而这种问题的背后又隐藏着怎样的内容？这是我们试图探究的方向。

2 研究内容

2.1 研究区域

2.1.1 深圳大浪同胜区基本信息

同胜地区是大浪的中心区，重要的商业中心，市民广场都分布在此区域内，也是最先迈入城市化浪潮的先行区。辖区面积 8km^2，总人口 149810 人，其中户籍人口 2024 人。

2.1.2 同胜区用地性质划分

城市规划管理部门根据城市总体规划的需要，对具体用地规定了一定的用途。根据既有的分类标准，同胜区的用地性质可以划分为以下几大类：居住用地、商业金融业用地、工业用地、广场用地、道路交通用地以及园地和村镇建设用地多种类型。对其中不同用地的建筑性质做进一步划分，包括商品房以及城中村的建筑。由于城中村的特殊情况，在住宅建筑分类中并没有符合城中村住宅的类别。为了研究需要，把城中村的几种住宅类型划分出来，分别为改建村、老村。同胜区所涵盖的用地性质多样，也是在大浪地区唯一保存着园地的区域。在这个区域中，不同的住宅类型，从老村到商品房，从旧有工厂到现今的商业店铺，大浪地区的各个阶段的发展清晰地映射在这片土地上。我们以垃圾桶作为出发点，研究不同用地性质上的垃圾桶的特点，从这个微小的卫生设施在不同区域的状态看城中村改造进程。

根据《城市用地分类与规划建设用地标准》GB 50137—2011，城市建设用地分为 8 大类、35 中类、43 小类。其中 8 大类为：居住用地 R、公共管理与公共服务设施用地 A、商业服务业设施用地 B、工业用地 M、物流仓储用地 W、道路与交通设施用地 S、公用设施用地 U、绿地与广场用地 G。

2.2 研究方法

（1）空间现场勘察：对垃圾桶摆放位置、类型、数量、建设单位以及破损情况进行实地调研。

（2）观察记录：对人们在不同区域的主要活动及行为方式进行记录。

（3）问卷调查：根据与垃圾桶使用维护关系最密切的不同群体的按比例发放，研究人们对垃圾桶的使用方式。

（4）访谈：针对不同个体，交谈，跟踪。

2.3 垃圾桶的时间发展

同胜地区有多种类型的垃圾桶，从简易的竹筐到现在满街道的分类垃圾桶。垃圾桶在大浪这个区域经历着从无到有，再到随处可见的过程，经历着从粗糙的形制到复杂的结构的过程，垃圾桶旧貌换新颜，但城市

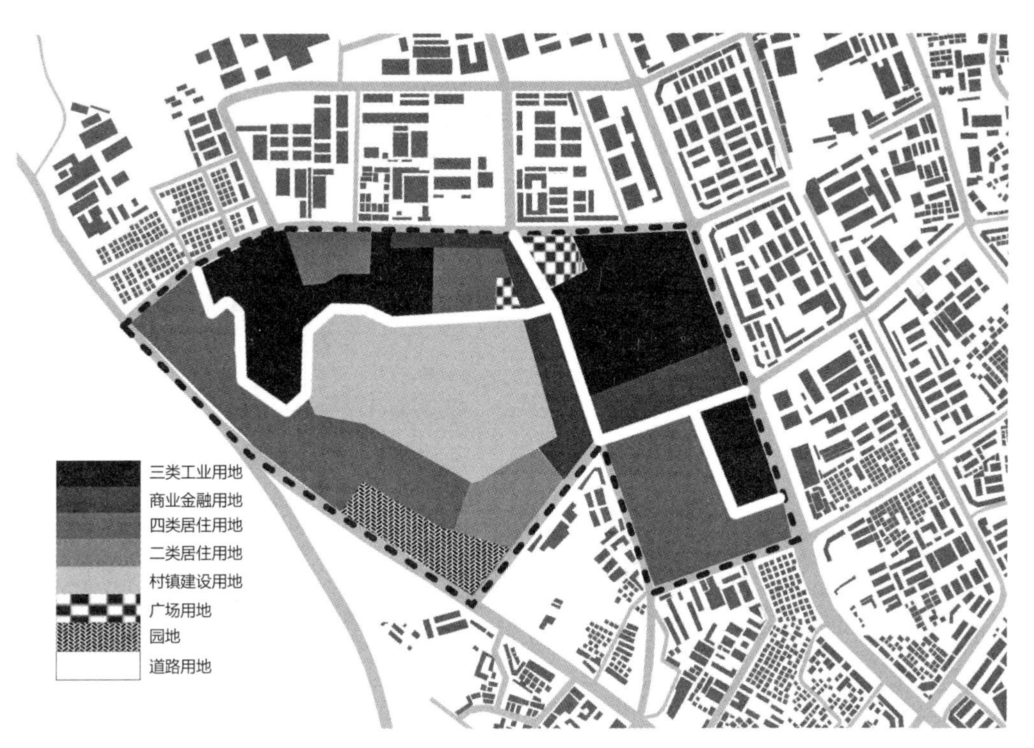

图 7-1　调研地区建筑性质分类图

图 7-2　调研地区用地性质分类图

图 7-3　调研区域用地发展变化时间轴

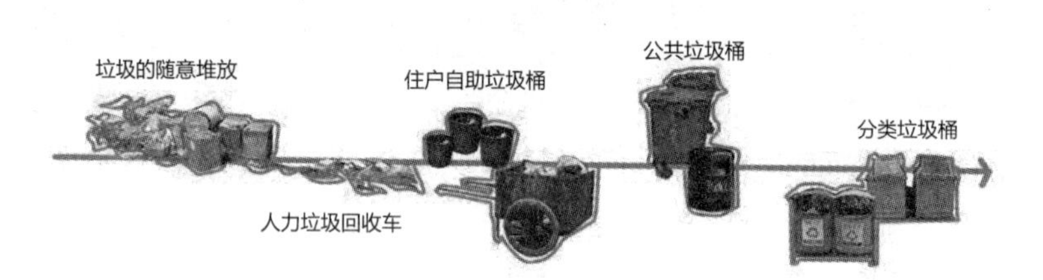

图 7-4　调研区域垃圾桶发展变化时间轴

不同研究区域垃圾桶类型　　表 7-1

工厂区	
商业区	
改建村	
新居住区	
老村	
公园，广场	

的垃圾问题却并没有得到解决。随着时间的推移，新类型出现了，但旧有的垃圾桶并没有被替代，新与旧就这样共存在这个区域中，恰恰契合了现在大浪这种城中村的状态。我们将在下文对不同用地类型上的垃圾桶进行详细地探讨，从垃圾桶在各个区域的特点看人地关系的变化。

2.4 垃圾桶的空间布置

2.4.1 居住区（1）——园地老村

原有农田在大浪依旧被保留着，只不过种植的不再是粮食作物，而是供人们采摘的水果。原有农田旁边的老村，只剩下稀稀拉拉的一排房子，主要是果园的经营者以及一些为果园提供服务的小商家，大部分村民都搬离了这个地方，有的搬到附近的新村过着出租房屋的日子，有的到了外地打工。人们不再依靠土地生活，而是被卷入城市化的浪潮之中。农田老村内并没有配置相应的卫生设施。垃圾桶在偌大的一个区域中也无迹可寻，但实际上整个区域也并没有出现想象中的“脏乱差”现象。在与村民的交谈中我们了解到，他们通常会把垃圾装入塑料袋扔到旁边的新村中，并不觉得走一段距离去倒垃圾有多麻烦。果园与城市道路有2.5m 的高差，在果园边缘的种植带中，种植土上已经被覆满了垃圾。被

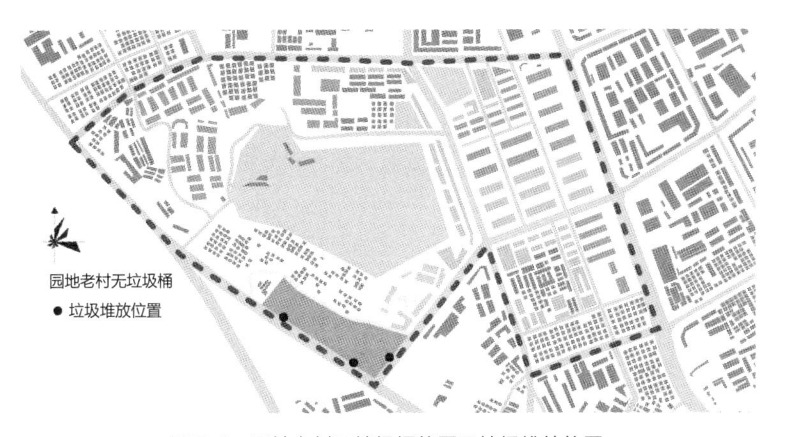

图 7-5 园地老村区垃圾桶位置及垃圾堆放位置

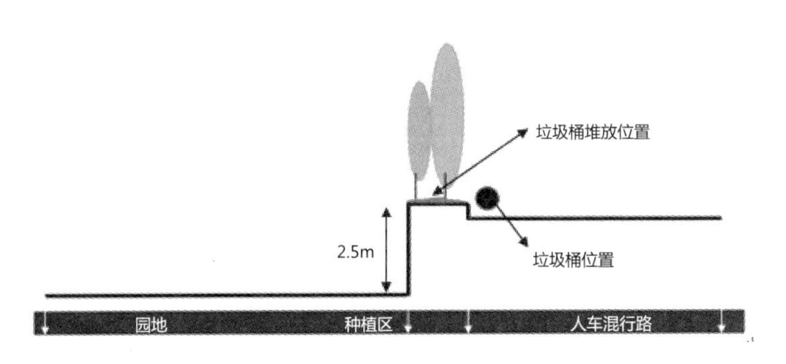

图 7-6 园地老村区垃圾桶位置断面示意图

图 7-7　垃圾桶与等车的人们

图 7-8　树坑中堆放的垃圾

采访的老村村民说：“垃圾并不是他们扔的，是路上等车的乘客弄的，因为没有人管，所以变成现在这样”。通过观察，我们还发现车站附近常有卖水果的商贩，切下的水果皮被“顺便”丢在路旁，尽管垃圾桶就在不远处。

由于老村中并没有物业管理公司的介入，所以扔垃圾的行为及垃圾桶的布置完全是出于居民的个人行为。虽然没有专人的管理与维护，但村民们自觉维护着环境的卫生，没有公用的垃圾桶，但同时也没有出现乱扔垃圾的现象。“扔垃圾”是生活中必须要做的事情，住在果园旁的居民，生活悠闲，所以没有固定的时间去扔垃圾，只是看到家里的垃圾满了，就会放下手头上的事情到新村走一趟。他们没有刻意挤出时间，而是一切顺其自然，在他们的时间环上总会有窄窄的一段留给“倒垃圾”这项家务。有时倒完垃圾会在新村逛一逛，买点东西，又或者就直接回来，继续手头上的事儿。果园周边的绿化带中被乘客、路人及小商贩扔满了垃圾，虽然垃圾桶就在不远的地方，但人们还是选择丢在树坑中。行人或者等车的人好像更重视时间，扔垃圾的工作并不在他们既定的时间中，人们匆匆走过，或匆匆坐车离开，手中若有垃圾杂物，定想快速摆脱掉，以防止垃圾造成自己的不便。这些将在道路交通用地的垃圾桶布置做进一步阐述。

2.4.2　居住区（2）——改建村

改建村是在原有老村的基础上建立起来的“新村”，老村居民只有少数还住在这样的新村中，大部分已经搬离此处，过上收租的日子，租户是来自各地的打工者。新村配有村管理处，管理村内安全，卫生等方面的事物。现有新村格局简单：横平竖直的5m宽道路贯穿其中，6层的住宅楼规则地分布，楼房模式统一、简单，是快速建设的产物。村内个别与城市道路相接的道路尽端被围墙或者栅栏封死，其余道路均延伸至城市道路，也就有多个出入口可以进出新村。村内主要道路两端的底层为商铺，为人们提供基本的生活服务。改建村中的垃圾桶的空间摆放的基本模式是外围设置。一般的规律是在改建村社区的入口放置一个垃圾桶，其他垃圾桶摆放在社区的边缘，与城市道路的交驳处，或者公共空间中。往往是三栋建筑中间会摆放一两个大型绿色垃圾桶。改建村或者说是新村中并没有见到随意堆放垃圾的地方，就算垃圾桶离居住地较远，人们还是把垃圾装入袋中扔到垃圾桶内。偶尔可以见到没有入桶的袋装垃圾堆放在楼门口。因每日都有人员进行收垃圾和清扫街道的工作，这些临时堆放点并没有成为影响村内卫生的污染点。改建村中主街道上建筑竖直维度上的业态分布是上层居住下层经商的模式，那么往往一楼的店面前会有商家自行安放的垃圾桶作为补充。因为完全是出于自发，所以垃圾桶在形制、大小、颜色、数量上都不统一，清理维护的任务也主要由商户负责。村内的商业街道可分成两种类型：静态与动态。静态的商业街主要分布村的内部，以小的餐饮，小卖部为主要业态类型，摊主或店

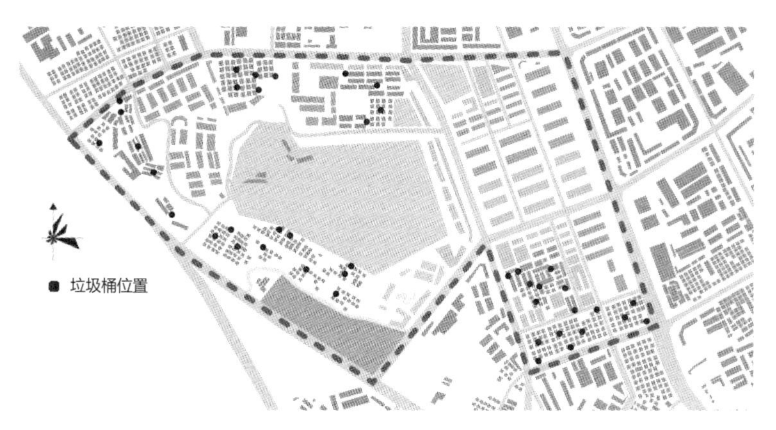

图7-9 改建村垃圾桶位置及垃圾堆放位置

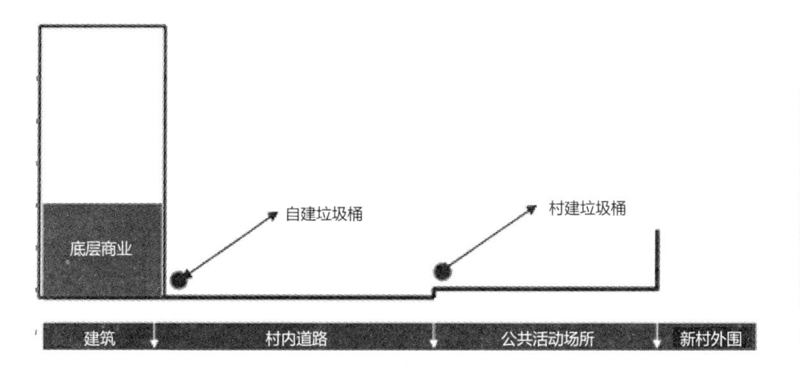

图7-10 改建村垃圾桶位置断面示意图

图7-11 公共区域的垃圾桶

主能够自觉维护周围的环境卫生（动态商业街将在下文“商业区”中做详细描述）。

“扔垃圾”在这种改建村中已经成为人们生活的一部分，扔垃圾的行为通常发生在早上上班时或者晚饭之后；也有待在家里照顾孩子的妇女，或者闲暇的老人在早上9：00～11：00这个时间段倒垃圾。倒垃圾是一种“顺便”的行为，人们总是事先要做一件事，然后顺带着倒垃圾，比如上班途中，带孩子晒太阳的途中，遛弯途中等等。不再像老村居民那么悠闲，人们每天要从其他的时间配额中挪用一点时间给倒垃圾这项家务。在实际观察中我们还发现了一个有意思的现象，在改建村中把垃圾桶布置在公共空间是个不错的选择，人们在倒垃圾后还能够与认识的人们交谈，或者参与一些活动，使这“顺便”的行为进一步转换成“促发”的行为。所以垃圾桶的布置应考虑人们的活动路线，使倒垃圾的行为简单快速易操作。

图7-12 村口布置的垃圾桶

2.4.3 居住区（3）——商品住宅区

全国各地都在“盖新房子”，大浪这个区域也不例外。我们所调研的小区是2005年建成投入使用的。小区被围墙围住，只有一个主出入口，

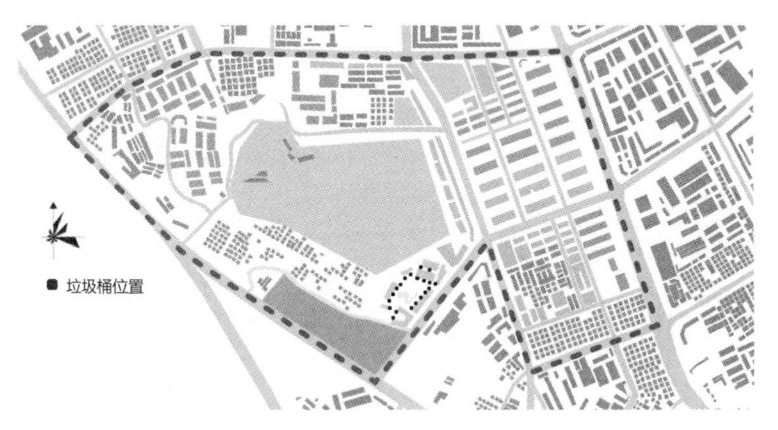

图 7-13　新建小区垃圾桶位置及垃圾堆放位置

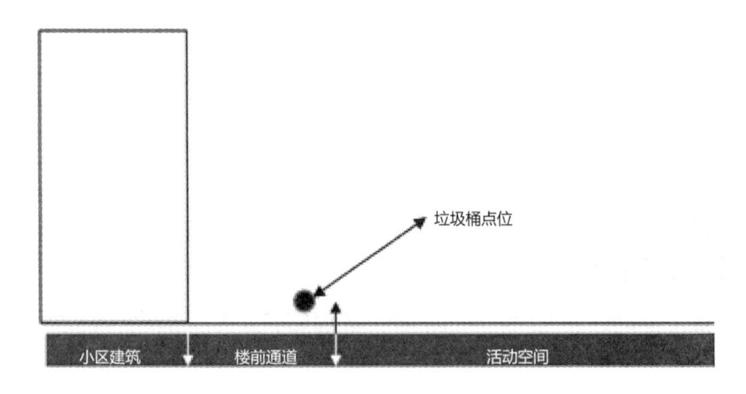

图 7-14　新建小区垃圾桶位置断面示意图

图 7-15　公共区域的垃圾桶

图 7-16　小区内部管理用房（清扫工具）

需要凭卡进出。门口就是保安亭，监督着来往的人们，这与自由进出的城中村成为鲜明对比。小区的格局很是简单，四周是连续的单元楼，中间有活动的庭园。庭园面积虽不大，但可见是经过经心布置的。与去新村调查的时间一样，但却没有新村中热闹的场景。小区内没有活动的人们，偶尔能见到在树下木椅静静坐着的纳凉者。这里的建筑为 17 层，所以高层的住户每天并不特意地下楼倒垃圾，通常先将生活垃圾放入垃圾袋中，然后放到门口，等到上班，或者需要下楼做其他事情的时候才把垃圾带下来。人们扔垃圾的行为在新建小区或是在老村中都是相似的，有些人为了节约时间，而从其他的时间内分配出倒垃圾的时间；有些人时间充裕，则把倒垃圾当作每天固定的一项家务。但不同的是新建小区多为高层建筑，而城中村的建筑虽然密集但基本高度也不会超过 7 层，而这种高层建筑增加了人们出行的时间，进一步影响到人们的行为——人们会尽量减少上下楼的次数，以节约时间，减少麻烦。经过调查住在 9 层以上的居民大部分倒垃圾的时间都是第二天早晨出门的时候。在进行问卷调查中，询问新建小区、改建村、老村居民对垃圾桶方便度进行评价时，新建小区觉得不方便的人数远远高于老村及改建村，其中一个影响因素就是楼层的高度问题（参见附录中的调查问卷结果分析）。

此新建小区中垃圾桶的空间分布规律为层级设置，建筑的每个单元门前摆放一个垃圾桶，而且垃圾桶的形制为分类垃圾桶。以 3 ～ 5 幢建筑为一组团，布置一个集中垃圾回收车，并在小区入口不远处设有独立的垃圾处理站。并且这种新居民住区都拥有固定的物业公司负责这类事物的管理。经过对小区工作人员的采访，我们得知，小区一天回收垃圾两次，清扫人员为外雇的清洁工人。小区物业也配有专人对小区的环境卫生进行监督和管理。新建小区内的垃圾管理流程清晰，但相对的投入也较大（人力，物力）。楼门口、中央庭院的周围，处处被垃圾桶包围着，唯恐一点点的碎纸屑影响到小区的环境卫生。在这里，没有考虑人们如何使用垃圾桶，只是一味地布置尽可能多的垃圾桶，看似方便了大家，实则是没有经过思考的资源浪费。垃圾桶在整个房产建设过程中所占据的分量可谓微乎其微，但如果我们能够认真对待这微乎其微的费用，除了能够使物尽其用外，也能把节省的费用用在真正需要的地方。像这种新建小区，管理完善，是实行垃圾分类的优良地点。引入的分类方法不再局限于可回收和不可回收上，应更加明确具体，方便人们操作。如电池回收、易拉罐、玻璃瓶回收、厨余垃圾回收等。像电池、易拉罐这些废弃物的回收，可在每层靠近电梯处安放小型的回收点，使人们就近实现垃圾分类，也方便清洁人员对其进行收集。而对于像厨余垃圾这类废弃物，可以 3 ～ 4 个单元楼为几大组团，在户外放置几个中型的垃圾桶，样式简单，使用方便即可，既可满足需求，也方便清洁。

大浪地区原有的服装产业逐步被电子业所替代。产业类型转变了，但是工厂的格局依旧保留着。整齐的楼房规则地布置在土地上。工人是四面八方来的打工者，他们愿意在工厂先工作个几年，尽管他们都觉得工厂里工资低，工作时间长，但是对于初来深圳的他们来说，先有一份能养活自己的工作更加重要。工业区内为工人提供宿舍，这也为打工者节省了不小的开支。像工业区中的楼群一样，工业区中的垃圾桶空间布置模式为机械均匀布置。沿工厂区内的主干道或交通路口摆放，并在工业区的不远处有相应的大型工业垃圾集中处理空间，并且配备了专业的物流来保证工业垃圾的及时输出与处理。虽能看出垃圾桶的摆放是特别规划过的，样式统一，距离均匀。但是这种规划并不能因地制宜地吻合工业区基址。随着大浪城市化的推动，越来越多的城市规划方法与实践被引入这片区域，在中观尺度上如不同功能区域的划分与组团，在微观尺度上如大浪工业区中垃圾桶统一规划空间映射。在缺乏前期调研与实地考察的前提下，所谓的规范布置就导致的实体空间所能供给的服务与基址中使用人群所需服务之间供求关系的失衡。具体引发了以下现象：

（1）工业区中的垃圾桶大多是空置的，丢如其中的垃圾很少。

（2）工业区中的垃圾桶损坏度不高但用于长期闲置不用而造成锈迹斑斑。

工厂区并不会产生很多的生活垃圾，工人生活区有专设的垃圾桶，而且会有专人进行收集和清理。工人通常 8 点上班，5 点下班，大部分时间在厂子里度过，很少在厂区内停留，也就极少会有废弃物被丢弃在这些沿道路每隔 50 ～ 100m 一个的垃圾桶中。厂区规划之初布置的这些垃圾桶无疑造成了资源浪费，时间长了，还需要维护、清理，进一步造成不必要的投入。在工厂区不需要密集的布置垃圾桶，只需要在关键点上（入口处，道路交叉口处）放置一个即可。

在同胜区，原有的一部分工厂迁出了，留下了废旧的厂房，而现在这片区域的商业区就是在厂房的基础上改造的，不可避免地留下了时代的烙印。规则的街道两边分布着各种小店，业态齐全。商业区白天比较冷清，从下午三点开始陆陆续续出现顾客。而逛街也成为这里年轻人热衷的一项活动，不为了买点什么，更主要的是一种消遣。商业区内很干净，垃圾桶按照“标准”布置，每隔一段距离就会发现一个。垃圾桶为常见的单筒，上开口类型，内置黑色垃圾袋，防止废弃物污损垃圾桶，这些垃圾袋每两周更换一次。清洁人员有时会在商业区中巡视，见哪个垃圾桶有垃圾就清扫出来，不等其满了再收拾。每天会有一位清洁人员在商

工业区

图 7-17　工厂区垃圾桶位置及垃圾堆放位置

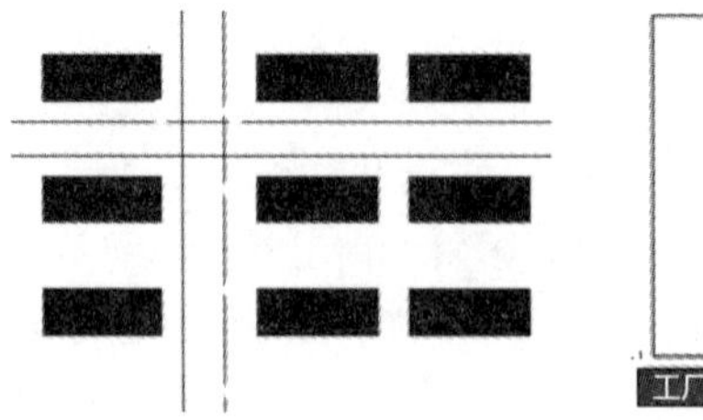

图 7-18　工厂区垃圾桶布置平面图

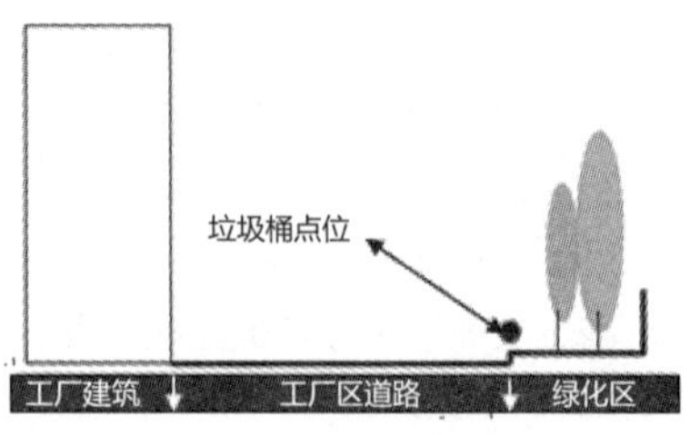

图 7-19　工厂垃圾桶位置断面示意图

业区执勤，从早上到晚上，负责这些室外垃圾桶的清理工作。清洁人员大部分时间就四处溜达，或在阴凉处乘凉，偶尔起身做清扫工作。他们说店铺的垃圾会有专人去收，路上的这些垃圾桶也没有什么垃圾，一天清扫个两三次也就足够了。而且这片商业区属于大浪地区的重要中心区，在环境维护方面也下了不少功夫。

图 7-20 工业区沿道路布置的垃圾桶

动态的商业街，位于改建村的边缘，临近城市道路，各种餐饮、理发、修理、服装店铺等充斥在其中，还有很多移动商贩推着板车，挑着竹筐在街上兜售物品。由于人员密集，业态多样，村内安置的垃圾桶和商铺人员自行设置的废物箱无法解决大量的垃圾问题。地面上常可见到各类包装袋、果皮。地面由于长时间的磨损，也已经破碎污浊不堪。这种商业街拥挤，混乱，却极力地为村中的居民提供着最大的方便，也是交易活动最为丰富的地方。由于城中村的道路狭窄，运送商品的大型货车很难进去，不少货车占据着旁边的人行道，造成交通的不便。而这些货车会把好的水果蔬菜送到市场，而烂掉果蔬则丢在村口——像其他的商户一样处理着废弃物。改建村清扫卫生的时间是固定的，一堆腐败发霉的食物并不能得到及时的清理，行人、村民匆匆从垃圾旁边经过，既习惯又不习惯。而对于动态的商业街来说，在新村住区布置垃圾桶的方式不再适用，应针对各种商户类型进行收集废物的措施。商户由于忙于经营，垃圾都先堆在自家安置的垃圾桶中，垃圾过多就直接堆在地上，然后有时间再去处理。所以如果在这种区域有能够快速处理大量垃圾的卫生设施，相同业态形式的店铺可共用一个垃圾桶，经营者参与管理与维护，且同业态也能保证垃圾分类。在“动态”商业街这种繁忙的地方，需增加清扫次数，使堆放的垃圾不至于影响到周围的人们。而在住区里面，每天可在中午和晚上分别清扫一次，不需要频繁地打扫。

在区域的几条主要道路两旁，分布着连续的商业店铺，为往来的行人提供着服务。因为沿着主要通行道路，人员流动频繁、密集。这里的热闹开始得要比商业区内的早，而且内容更加丰富。这种商业街被绿带隔离，街道的另一边就是人行道与车行主路。商业街上布满了垃圾桶，而绿化带另一侧的人行道上，在靠近路口处或在中间区域也布置了几处分类垃圾桶，数量不多，使用者也少，与商业街的垃圾桶“隔带相望”。商业街上并没有专门的清洁人员每天的“守候”，日新清洁公司的清洁人员每天会清理这条商业街上的垃圾桶两次，而且街道上每隔 50 米就有个垃圾桶，但仍不能解决垃圾满溢的现象。因为商业街人员流动数量大，而且底层商铺人员的餐饮垃圾或者其他的店内垃圾也被扔到这些垃圾桶中，而这些垃圾桶的容量远不能满足商业店铺的需求。垃圾桶布置在远离商铺的街道中央，所以商铺内人员要丢弃垃圾就需事先把垃圾装袋，而有时候由于体积过大无法装入桶中，就会放在垃圾桶周围或者沿路边放置。商业街上的店铺都各自为营，不像商业区内有人统一管理。为了减少自己的麻烦，店铺中的垃圾会直接丢到街道上，毕竟总会有人打扫。在这种类型商业街上行走的人们，并非专程的购物者，大部分是经过的

商业区

图 7-21　商业区的垃圾桶位置及垃圾堆放位置

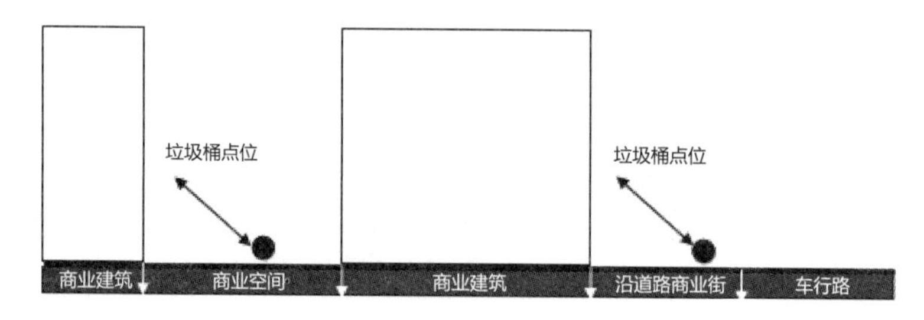

图 7-22　商业区垃圾桶位置断面示意图

人们，有时被店铺所吸引而停留，逛街并不在他们既定的行程中。许多店铺仅仅是门面店，顾客通常带走饮食，这也就潜在的形成了废弃物。而形成垃圾之后，并不能保证周围有垃圾桶容纳这些垃圾，而人们一定是快速地想摆脱手中的垃圾，所以就在其他的一些区域形成垃圾堆放点。而清扫人员只负责清理垃圾桶及其周边，对于这些“堆放点”，则任其自生自灭了。对于这种商业街，店铺的垃圾还应统一清理，这样就能减轻街道上垃圾桶的承载负担。对于外带的餐饮店铺，可扩展一定的外部空间为人们提供服务，减少在行走中产生垃圾的可能性。在已有的垃圾点处增设垃圾桶。

图 7-23　商业街近距离布置的垃圾桶

图 7-24　动态商业街的垃圾

广场旁有管理用房，进去采访时，一位清洁工正与广场的管理人员闲聊。清洁人员每天的任务就是清洁劳动者广场的垃圾：包括垃圾桶内的及广场上的。她说工作不算辛苦，广场上的垃圾不算多，每天清一次垃圾桶，扫两次广场，一天的工作基本就完成了。剩余的时间，她就在广场上跟别人聊天，或者看表演，在广场上四处转悠，看哪有垃圾，就扫起来。有时就到这里（管理处）坐坐。广场的垃圾桶环状布置在广场周围，桶内没有什么垃圾，外形也保护得较好。因为广场这种空间的特殊属性，而且劳动者广场又作为大浪的标志性景观，管理维护投入较大，环卫人

道路交通

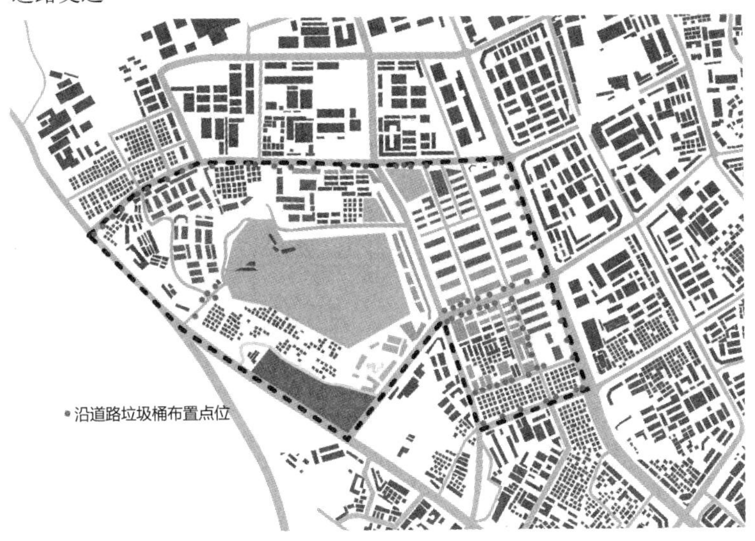

图 7-25　沿道路垃圾桶位置图

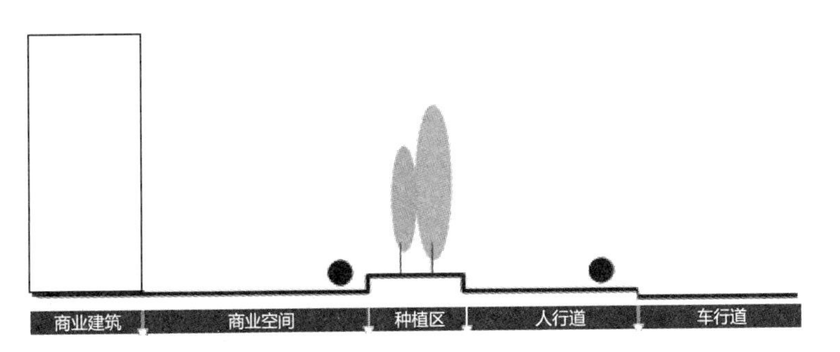

图 7-26　沿道路垃圾桶位置断面示意图

员在这些区域内活动频繁，即使有丢弃的垃圾，也会在短时间内被清理干净。因垃圾桶布置很多，人们很容易就能找到一个，所以广场上乱丢垃圾的现象并不多。大浪的小草义工队经常在广场上做保护环境的宣传，并组织志愿者动手捡广场的垃圾，这些活动对广场卫生的保持都有着积极的作用。

图 7-27　人行道路口布置的垃圾桶

2.5　从垃圾桶看人地关系

老村、新村、新建小区共同存在于大浪同胜区，农业、工业、商业三种产业模式也在这个地区共同发展着。大浪的同胜区俨然成为一个“完美”的教学式的城市化案例。我们在这里可以看到时间留下的痕迹。从每个区域的垃圾桶布置及使用方式，可以看出人与土地关系的微妙变化。

图 7-28　商业街上贴着广告垃圾桶

广场

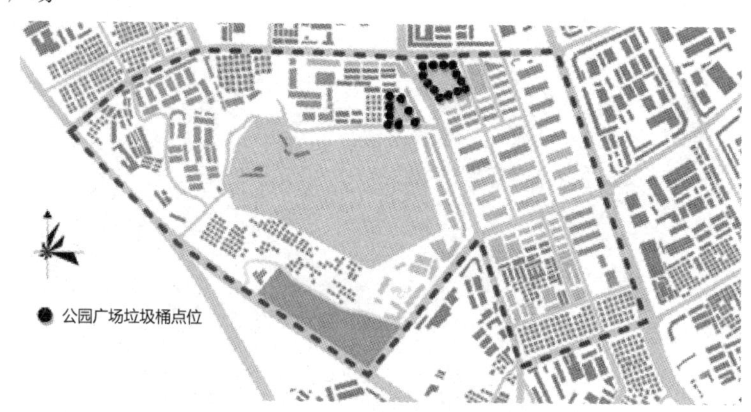

图 7-29　广场垃圾桶位置及垃圾堆放位置

图 7-30　公园广场垃圾桶位置断面示意图

不同研究区域垃圾源比较　　表 7-2

位置	垃圾源
园地老村	内部无垃圾堆放点。园地边缘有商贩及候车乘客扔的垃圾
改建村	居民的生活废物，底层商业产生的垃圾
新建小区	室外活动的居民丢弃的垃圾及居民生活垃圾
工业区	工厂内部工作人员丢弃的生活垃圾
商业区	附近底商人员产生的餐饮类垃圾；逛街（经过）的人们产生的餐饮类垃圾；其他废物
改建村商业街	居民的生活废物，底层商业产生的垃圾
商业街	附近底商人员产生的餐饮类垃圾；逛街（经过）的人们产生的餐饮类垃圾；其他废物
广场	广场活动者或者路过者产生的餐饮类垃圾

不同研究区垃圾桶点位及清扫者、管理者比较　　表 7-3

位置	垃圾桶布置位置	清扫者	管理者
园地老村	内部无垃圾桶	无专人清扫	村民
改建村	分布在村口，路口或者公共活动区	村物业统一清扫	村物业
新建小区	布置在各个楼入口处	小区物业，雇清洁人员每天定时清理	小区物业
工业区	沿主要道路均匀布置	工厂雇清洁人员清扫	工厂

续表

位置	垃圾桶布置位置	清扫者	管理者
商业区	沿街每隔 100m 一个	日新清洁公司	日新清洁公司
改建村商业街	道路的交叉点上	村物业	村物业
商业街	沿商业街布满着垃圾桶，通常在 50m 左右就可见到一个	日新清洁公司	环境部门
广场	以环状方式布置在广场周围	日新清洁公司	政府部门

不同研究区垃圾桶使用情况比较 表 7-4

位置	垃圾桶使用情况
园地老村	这里没有垃圾桶，也没有管理与维护者，园地老村的环境由村民们共同维持的
改建村	使用者、清理者、管理者三方关系比较简单清晰，直接的管理人负责区域的垃圾问题。新村内部垃圾桶数量并不多，足够维持着新村的整洁。村内部的商业店铺都自备垃圾桶，为环境卫生的维持做着自己的努力
新建小区	“就怕不够”的想法，使新建小区内到处可见垃圾桶的身影。不可否认，小区内环境整洁，但这是巨大的人力、物力、财力投入的结果
工业区	按照标准设置的垃圾桶孤独地矗立在空间中，虽对城市环境没有损害，但也没有益处。它占据着城市空间，分享着城市资源，或许这些微不足道，但“无用”的东西积累的多了，也会对城市造成不可忽视的负担
商业区	使用者为购物者及底商工作人员，使用频率不高，清洁频率高。商业区由于频繁的管理与维护，无论从环境卫生还是垃圾桶本身状态来看，都保持较好
改建村商业街	“动态”商业街会在街口或者道路交叉点上设置大型垃圾桶，商家也自行在门口放置垃圾桶，环境卫生问题突出
商业街	使用者:底商工作人员、购物者、通勤者。使用频率极高,清洁频率高,污损后无人管理
广场	使用者：广场活动者、通勤者。使用频率中等，清洁频率高，污损后无人管理

不同研究区垃圾问题，垃圾桶数量及投入比例比较 表 7-5

	垃圾问题	垃圾桶污损	清理投入	垃圾桶数量
商业街	✦✦✦✦	✦✦✦✦	✦✦✦✦	✦✦✦✦
广场	✦✦✦	✦✦	✦✦✦✦	✦✦✦
改建村	✦✦✦	✦✦	✦✦✦	✦✦
工厂	✦✦	✦✦	✦✦	✦✦✦
农田老村	✦✦			
新建居住区	✦	✦	✦✦✦✦	✦✦✦✦

注:“✦”数量由多到少表示程度由高到低。

2.5.1 随着城市化的进程，人们对土地的依存感逐渐减弱

老村没有垃圾桶，没有完备的卫生设施，没有人管理维护，但垃圾在这里并没有成为严重的问题。村民们自发地保护着自己的居住环境，因为他们居住，工作（果园）的地方都在这里，他们依靠这片土地生存。而这种依存关系，唤起了村民们保护的意识。而在改建村中，与土地的关系逐渐减弱，但由于房基地还是归村民所有，原有对土地的依存变为占有。村民尽可能地使用自己剩的不多的土地，建造房屋出租，以获取利益。原有的依靠土地生存的状态，演变成一种经济关系——人们利用土地挣钱。改建村引入了垃圾桶，并由村委会统一管理，原有村民自发维护环境的行为在这里已经变得微弱了，所以只能通过外部机制，管理手段来实现同等的效果。改建村中垃圾桶数量不多，但足以维持居住区的环境。住在新建小区的人们跟他们所居住的那片土地没有丝毫的联系。小区的人们只关心着他们自己的住房以及住区内有没有良好的环境。而实现这个目标最简单的方法就是增加投入：小区内基本是一栋楼对应一处垃圾桶，除此之外，每 3 ～ 5 栋之间还会放置大型垃圾桶。小区的环境卫生良好，但这背后是巨大的投入。

2.5.2 随着城市化的进程，人们对土地的责任感逐渐消失

土地逐渐由私有变成公有，人们对土地的责任感也逐渐减弱，直至消失。在园地老村和改建村，当土地还是村民财产的一部分的时候，人们（村委会）努力地维护着土地的一草一木，觉得自己有责任这样做，因为这样才能保证自己的收益。而在新建小区、工业区、商业街、广场上、土地不再是人们的财产，它具有公共的属性。每个人都应该有义务有责任维护它，但这就隐含着实际上谁都没有被分配到具体责任，大家都持着“事不关己，高高挂起”的态度。每个人都把自己当作使用者，而不是维护者，都等待其他人的服务。所以就导致了这种公共环境的垃圾桶出现了两种情况：高投入——找专人来维护，投入不足——环境出现问题。在公共空间中，其中的设施不应建立绝对的公共性，只有明确责任，明确权利关系的公共性才有意义。如在商业街这样的公共空间，可以通过潜在管理人的设置：店铺的工作人员可以直接成为公共设施的监督者和管理者。又或者我们应思索其他的公共空间形式，增强人们在空间中的责任感。

2.6 结语

2.6.1 城中村建设过程，更重视速度，而非生活在内部的人

城市快速建设，像垃圾桶这样的公用设施未经考虑被加到城市空间当中。垃圾桶在大浪从无到有，再到现在的随处可见，城市建设的影子

投射到垃圾桶之上。

垃圾桶在城市空间的布置并没有考虑到使用者。没有认真回答谁在使用，为什么使用，什么时间使用，怎么使用这些问题。而仅仅按照某种“标准”，按照一定的规范，一定的样式进行布置，又或者干脆随意地在街道上堆放。当城市只为了追求效率与速度，而并没有考虑到为谁而设计的时候，整个城市空间会逐渐显现“速度”带来的问题。垃圾桶就是这种问题的承载体。垃圾桶被大量沿道路规则地布置，没有考虑到使用者与设施之间的联系：人们在各种活动中产生垃圾，想到的是快点处理掉垃圾，而不是专门走一段区域扔掉垃圾。也没有考虑到垃圾源的位置。这样布置的垃圾桶只会占用空间，占用资金。投入远远大于产出，换来的却仍然是无处安置的垃圾。

2.6.2　资金的多少成为城中村改造优劣的评判标准

居住区的整洁环境，广场商业街的干净卫生，所有这一切背后是巨大的资金投入。优质的环境是通过大量的设施投放，高额的管理维护费用的支持而实现的。建设者不再关心环境本真的状态，而不断地往环境中添加人工设施，使原有简单的环境变得复杂起来，而这种复杂性被人们认为是优质环境的表现。

2.6.3　规范化，标准化设计的城市环境

从用地性质的划分开始，设计师们就用自己的一套规则规划城市。原有混合的功能被单一的功能所取代，单一的功能格局成为现在发展的趋势：单一的商业区、被围墙圈起的住宅区、规整的工业区……原有自由的老村肌理被方格网的格局替代，或者其他几何图形所替代。原有街巷间丰富的生活情景已不再，取而代之的是匆匆而过的行人。经过改造的城中村没有了往日的生活，人们只是城市的过客，没有机会，现在的城市也不给人们机会融到其中来。为何使用规范化的设计？一种解释是方便城市管理。但如果一个优秀的城市规划，一个以环境和人为出发点考虑的城市规划，能否形成一种自管理系统，像老村的居民共同管理村内卫生一样？那么这些外加的城市管理系统是否还是在那么重要地位上？

除了没有垃圾桶的园地老村，其他公共区域的垃圾桶主要是厂家成品建设的产物，这些垃圾桶的样式在其他地方也可见到——垃圾分类式的垃圾桶，大容量桶状垃圾桶。但现在的问题是：这种标准化的厂家流水线制作，一方面当然是节省了成本，但另一方面也使得这样的产品并不适合场地需求。不光是在大浪，包括其他地区，垃圾分类的桶实际上并没有起到垃圾分类的作用，所谓的分类回收也只不过是垃圾桶上的图画而已。一些大容量的桶并不能在场地发挥出功效，而且增加了清洁人员的清扫困难。除了标准化的“设计”，还有标准化的布置，没有与实际人们的需求相结合，而只是遵循标准机械化的安放，按照规范布置。看似方便了大家，实则是没有经过思索的资源浪费。如果把这些多余的资

源节省下来，我们不知又能解决多少实质性的问题。从城市到微小的垃圾桶，都进入到模式化设计中，没有针对具体的环境做出合理的解释。

城市的更新需要时间与空间。没有一天形成的城市，若给城市发展时间，它会找到适合自身更新方式。

参考文献

[1] 《城市环境卫生设施设置标准》GJJ 27—89
[2] 《城市用地分类与规划建设用地标准》GB 50137—2011

“摩的”司机的城市意象——以深圳大浪地区为例

小组成员：杨娅琳　马军鸽
指导老师：李迪华　于长江　张西利

摘　要：改革开放三十年来，生产、经济和生活条件不断改善，人们对代步工具多样化需求增加，其中产生了摩托车这一方便快捷、价格相对低廉的交通工具，随之出现了摩托车客运这种非正规就业形式。本文试图通过调研深圳大浪地区的摩的司机，了解他们对大浪的整体印象和认知，还原他们眼中的城市意象，从而感受外来务工人员在快速城市化过程中面对城市生存空间被挤压时的职业选择和命运。

关键词：“摩的”司机；感知；城市意象；大浪

1　引言

钱伯斯说“研究城市就是一种考察世界和我们生存之谜的方式。”每个城市都有它的“城市意象”，人们透过不同的城市元素，在视觉、听觉、嗅觉和触觉等方面体验着城市。不同的空间塑造与不同的体验角度形成了不同的城市空间意象；不同的城市空间意象又反映出人们对城市的态度、观念，二者相互作用，共同影响着城市的形象和发展。

城市化过程是城市空间不断完善和发展的过程，是多种群体共同作用的结果。大浪恰恰正经历着这样一场城市化运动，大批外来务工群体涌入现象此消彼长，使其成为中国城市化过程中城市空间发展的典型研究案例。“人们是以他们获得的环境的意义来对环境做出反应的”，评判城市空间的重要标准是使用者态度而不是规划师或评论家的观点。这些外来务工人员虽然是大浪城市发展中底层群体，但他们却为这个城市发光发热，成为大浪发展中不可忽视和磨灭的一个重要群体，研究他们眼中的城市意象，对于探讨城市发展过程中底层群体的城市融入程度、生产和生活质量以及如何完善城市空间去提高他们的认同感和归属感具有重要意义。

本文以大浪地区的载客摩托车、电动车司机（后文简称摩的司机）为调研对象，客观地呈现他们对大浪的城市意象。一方面他们的家庭背景、教育程度及经济状况等与其他外来务工人员具有相似性；另一方面他们又具有特殊性。“摩的”是一种非正规行业，屡屡被禁，一直以来争议不断。正是由于这种特殊的行业，空间上，他们穿梭于大浪的大街小巷，对这个城市的发展有着相对其他务工群体更为深刻的见解和认知；时间上，他们的发生发展与大浪的城市化进程高度相关。基于他们视点的研究，可更好的探讨这个群体与城市和城市化的关系。

2 相关概念界定

2.1 城市意象

城市意象是由20世纪城市设计领域杰出人物凯文·林奇（Kevin Lynch）提出的，是指由于环境对居民的影响而使居民产生对周围环境直接或间接的经验认识空间，是人的大脑通过想象可以回忆出来的城市印象，也是居民头脑中的主观环境空间。林奇将物质形式的城市意象内容归纳为五种元素——道路、边界、区域、节点和标志物，他认为城市不仅仅是自身存在的事物，而应理解为市民感受到的城市，即通过认知城市的街区、标志物、节点等各个部分，形成一个凝聚形态的特征，是市民通过视觉而感知到的城市“印象”。

本文所指的城市意象既包括摩的司机对城市的物质空间感知也包括他们对城市政策等方面的感受，是物质空间意象与非物质空间意象的综合。

2.2 认知地图

认知地图是反映人类对客观世界认知的地图。它指人们大脑对感知过的事物在记忆中重现的特定形象，是具体空间环境的意向图。它反映的是人脑中的环境，具有主观性色彩；认知地图是对空间环境进行抽象思维的结果，个人会略去那些对自己无关紧要的一些信息，表现出概括性；个人的视觉空间和活动空间都极其有限，因此认知地图具有一定的局限性；人对环境的感知受当时心理和生理的影响，因此不可能与实际情况完全相符合，由此而形成的认知地图带有变形性与模糊性；个体本身的因素差别如性别、年龄、社会阶层、经济状况等使认知地图表现出

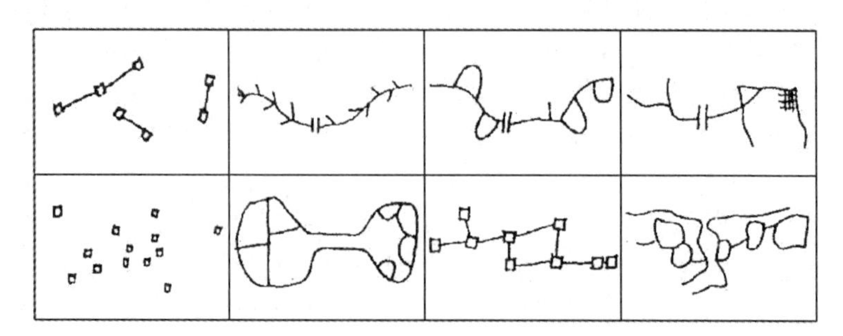

图 8-1　Appleyard.D 对于意象地图的分类：上为序列型，下为空间型

资料来源：李道增《环境行为学概论》（1999）

差异性。虽然认知地图具有以上特性，但当把不同的人对同一环境的认知地图叠合起来而形成的交集则反映出一群人对环境的“集体记忆”，即公共意象，可以在一定程度上反映环境本身的属性，对环境设计具有重要的参考价值。

在凯文·林奇之后，Appleyard.D 对城市意象地图的实证研究最为著名，他将认知地图分为序列型和空间型两类，序列型强调路径的连续性，可以细分为段、链、支/环和网 4 种类型；空间型强调空间元素的相互关系，可细分为散点、马赛克、连接和格局 4 种子类型。

3 “摩的”行业的兴起和发展

改革开放三十年来，生产、经济和生活条件不断改善，人们对代步工具多样化需求增加，产生了摩托车这种价格低廉且灵活便捷的交通工具。据国家公安部交通管理局不完全统计，2002 ～ 2006 年我国摩托车保有量呈逐步上升趋势，截至 2012 年 6 月底，全国摩托车保有量达 1.03 亿辆。伴随摩托车的普及和出行需求出现了摩托车客运这种非正规就业形式。该行业最先在改革开放的前沿阵地广东、福建等省（区）兴起，后逐渐向全国各地扩散。随后，部分省市出台了相关管理办法对“摩的”行业加以规范，并为“摩的”经营者颁发营业证照。但由于摩托车本身在安全方面的性能较其他车辆要差，发生交通事故的概率较大且各地发生多起摩托车抢劫案例，从 2003 年《道路交通安全法》颁布实施始，北京、上海、广东等大城市制定了严禁摩托车在城市中“非法”载客的规定，各地纷纷效仿。目前几乎全国各地公安、交通、城管部门都将摩托车客运界定为“非法”载客，列为整顿城市交通环境、净化运输市场秩序、惩治“非法经营”、开展扫“黑”打“非”和文明城市创建活动的打击范围进行严厉打击。

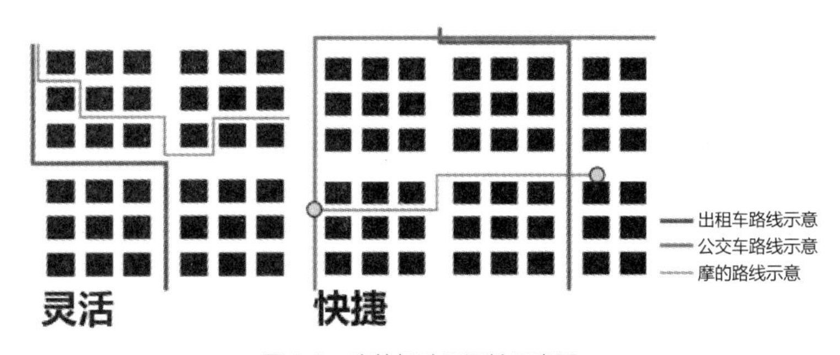

图 8-2 摩的机动灵活性示意图

近几年，城镇下岗职工增多、农村剩余劳动力向城市大量转移，从事摩托车客运经营的人员越来越多。根据互联网调查和全国包括 22 个省、5 个自治区、4 个直辖市（未包括中国台湾省、中国香港和澳门特别行政

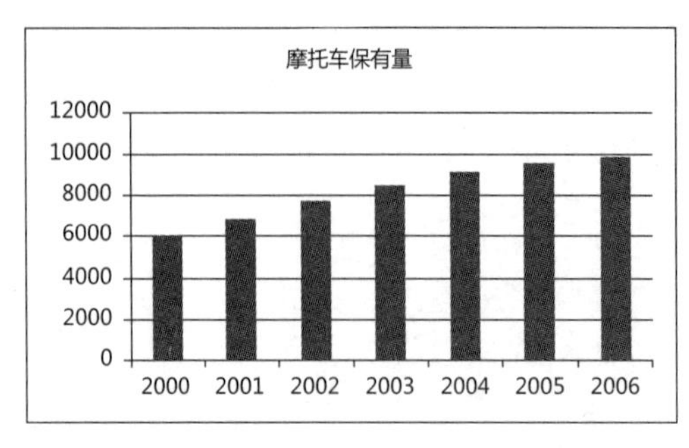

图 8-3　2000 ~ 2006 年全国摩托车保有量

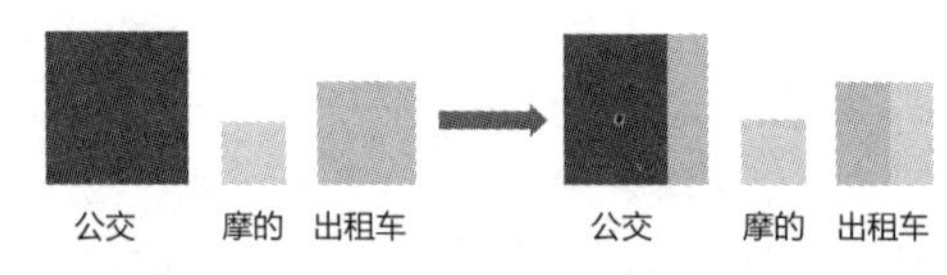

图 8-4　摩的分流部分公交出租车客源示意图

区）在内的不完全统计，全国各地现有专门或兼职从事摩的经营的人员达 800 ～ 1000 万人之众，多为下岗职工和农村剩余劳动力等弱势群体。目前，摩托车“非法”客运的势头不但没得到有效控制，相反迅猛发展，分流了一部分客流。该行业成为一个令各地管理层都头疼的普遍的社会现象，陷入屡“打”不绝、屡“禁”不止的怪圈和不打也不是、打也不是的两难境地。

2013 年始，深圳如火如荼地开展“禁摩限电”百日整治专项活动，但仍有大量外来务工人员冒险从事该行业。在大浪，摩的有其独特的优势，既解决了部分人的出行难问题又解决了部分人就业难困境，发挥着一定的社会功能。但摩的危险系数大且对其他行人及交通工具影响大，具有一系列负外部性。摩的司机一方面进行着空间生产，另一方面受到禁行管制，这种情形下，他们对大浪的感知和感受如何？这群城市特殊群体及其视角下的城市值得我们关注。

4　“摩的”群体特征分析

4.1　“摩的”司机人口及就业特征

本次研究的地点是深圳大浪地区，该区域内工业区和城中村密集，商贸及日常活动频繁，交通运输需求巨大。但此地暂无地铁站，区域公交车班次相对较少，每一班次间隔时间较长，同时该地区的出租车不打表，上车前商定好价钱，价格相对较高。公交车的不便利和出租车的不便宜给摩的带来了生机。为了更好地理解摩的司机群体的真实感知，我们在前期对他们的基本情况做了相应的调研分析，发现大浪摩的司机群体逐渐呈现出一系列就业特征，与姚华松关于广州四社区摩的司机的研究结果有相似性。

4.1.1　以中青年男性为主，年轻人日渐增加，女性就业者少，残疾人占极少数

从年龄构成看，从事摩的行业的人群中，30 ～ 50 岁之间的中年人居多，占总人数的 76%，访谈得知：该年龄段的司机既要供养老人又要

抚养子女，家庭压力相对较大，他们大多欠缺过硬的手艺，于是选择这一行业。由于大浪地区为服装产业基地，工厂大多招收女工，因此一部分年轻男性在没找到合适的工作前只好加入摩的司机行列。整个调研过程中发现女性摩的司机非常少，我们一共只看到两位，且为夫妻搭档型，这可能与该行业的风险性相关。在调研过程中发现从事这行的残疾人并不多，大约只占4%。

4.1.2　豫粤湘川籍较多，文化水平普遍偏低

调研结果显示，上百万位受访者中，几乎都是农村户籍。河南作为全国人口大省，在广东的传统行业主要集中于拾荒，由于存在利润差异，一些人从拾荒转向开摩的。湖南和潮汕等地因为与深圳距离较近，因此来自两地的摩的司机也占较大比例。川渝外出务工的人员多集中在餐饮、建筑等行业，但由于人口多，仍有较大一批人员从事摩的行业。

文化程度方面，以小学初中居多。摩的司机文化程度普遍较低，他们很难进入正规的工厂企业，只能从事类似的非正规行业。访谈中，有年长者说：“我们年龄大，文化水平又低，学得慢做得慢，不会技术性工作，只有开摩的嘍。”

4.1.3　收入高、自由、年龄限制是主要就业动因，兼业特征显现

促使外来务工人员选择摩的这一非正规行业的原因很多，经济收入差异是主要原因。在笔者调研对象中，摩的司机最多可以赚到300元/天（禁摩期间最高也可达200元），最少每天也有40～50元。一个中年司机表示之前在工厂上班每月工资1800元，扣除各种保险费后到手的钱还不到1000元。他说对他们来说，只有拿到手里的现金才是实在的，而缴纳的保险又不能取出来，没有意义，不能解当前燃眉之急。

此外“自由”也是摩的司机重要的就业动机。很多人此前在工厂上班，时间固定，还经常加班，他们觉得不自在。从统计看，30岁以下的受访者几乎都选择此项，并且他们表示开摩的“好玩”，这种轻松、自由的职业更受年轻人喜爱。有少部分人将开摩的作为副业。这部分人白天或工作日在工厂上班，晚上或周末出来跑车，以赚取额外的收入补贴家用。

大浪的摩的大致有3种类型：两轮电动车、摩托车、三轮电动车，它们成本不一。大多数受访者购买的是二手车，成本较低，加上每天的载客量较大，他们的收入相对可观。但由于“禁摩限电”政策，他们经常被抓车，所以常常不敢在某些地段运营或不敢在某些时段运营，收入不够稳定。

4.1.4　亲缘、乡缘关系明显

在访谈过程中我们发现聚集在同一候客点的摩的司机大多数都是老乡，他们涉足这一行业也大多数是经老乡或者亲戚介绍。在“禁摩限电”期间，他们还会通过交谈或者电话告知同行哪些路段有交警在查车、哪些时刻会查车等信息。

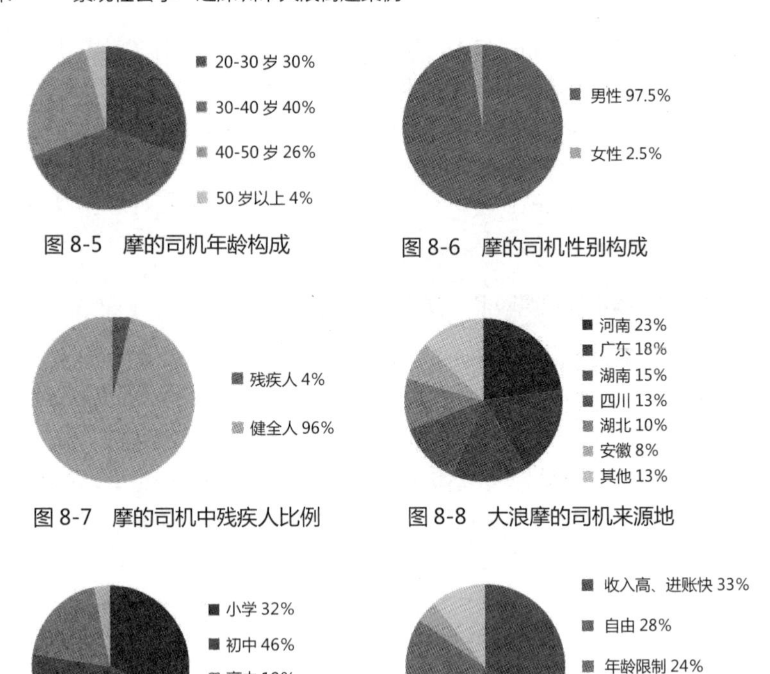

图 8-5　摩的司机年龄构成

图 8-6　摩的司机性别构成

图 8-7　摩的司机中残疾人比例

图 8-8　大浪摩的司机来源地

图 8-9　大浪摩的司机文化水平分布

图 8-10　大浪摩的司机择业原因

普工与摩的司机工作时长及工资对比　　表 8-1

类别	工作时长 / 天（小时）	收入 / 月（元）
工厂普工	12	1500 ～ 4000
摩的司机	7 ～ 16（具灵活性）	3000 ～ 6000（全职）
		1000 ～ 3000（兼职）

4.2 “摩的”司机居住地分布

调研中我们对摩的司机的居住地分布进行了统计，发现他们的住所与他们的候客点没有特别明显的规律，但来自于一个省份的司机的居住相对集中。

聚集在大浪商业中心的司机的居住地有：石凹村、黄麻埔新村、上横朗新村、联恒街、金盈新村、三合华侨新村、福轩新村等。聚集在老万盛百货的司机主要居住在：黄麻埔新村、罗屋围村、浪口新村、墩背新村、水围新村、大浪八村、联恒街等。

4.3 “摩的”空间分布特征及空间适应

摩的司机的候客点是相对固定的，同一个候客点的摩的司机群体相对固定。在大浪，主要的候客点类型有：公交站台、地铁站附近、商业区、主要干道路口以及小区附近路口。其中最大的几个聚集地为：大浪商业中心、大浪路口、老万盛百货及龙胜地铁站。这与人们的出行及休闲娱乐密切相关[①]。而每个据点的摩的司机相对固定，说明摩的群体形成了经济利益的自我保护机制。

摩的司机对城市空间的利用就是他们体验感知这个城市的过程。从摩的的生产、购买，到载客运营，到被抓，再到处理，都在不同空间中完成，摩的随时都在发生着空间转移，在此过程中，摩的司机也表现出空间适应。面对城市管理者实行的“禁摩限电”百日整治大行动，摩的司机形成了一系列“反管制”措施，反映出他们在城市中的空间适应。具体体现在：摩的司机能够通过调节自己的工作时间或者工作方式来避免与执法人员产生正面冲突；通过换车型来适应当前境况[②]；与抓车“便衣组”达成某些约定；通过朋友或者老乡关系建立起“反管制联盟”等。

摩的司机通过空间适应性调整，不断发展和演化着自己与城市之间的关系。摩的司机整体处于城市边缘和弱势地位，为了在城市中谋求自身生存空间，面对外界的压力，他们不断调整自己的行为，不断再造出新的摩的空间，与上层相周旋。通过变通工作种类、建立新的工作空间、保留原有职业但进行基于工作时间不变的压缩通勤空间和基于工作空间不变的缩减工作时间是摩的群体面对“禁摩运动”的适应性调整。

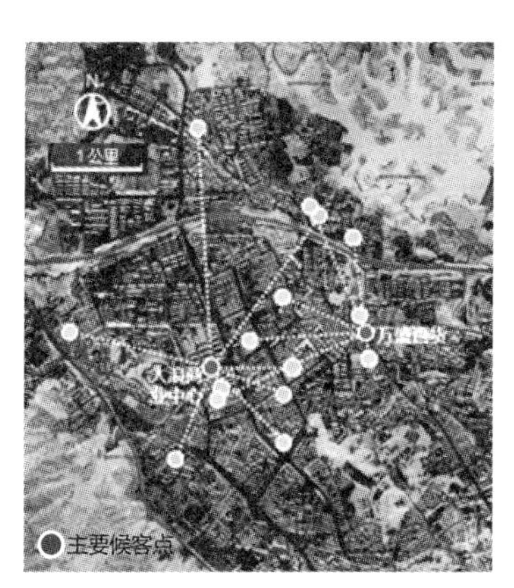

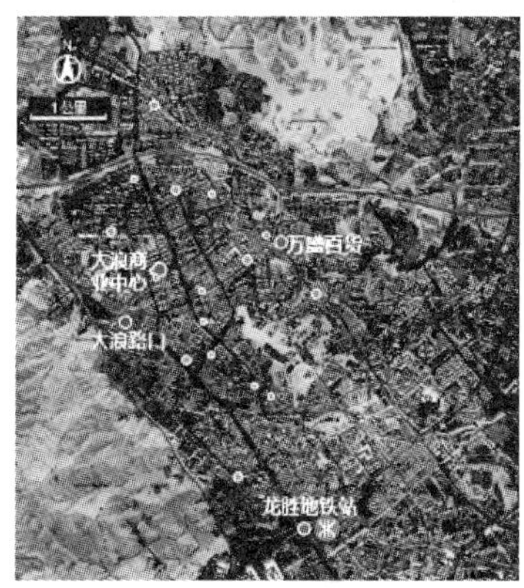

图 8-11 摩的司机居住地与主要候客点 图 8-12 摩的司机的候客点分布图

4.4 “摩的”乘客特征

带着“摩的”是利大于弊还是弊大于利等一系列问题，我们随机对150 多位市民进行了访谈。他们中少部分人表示没有或极少乘坐过摩的且今后也不会选择摩的出行，原因有“不安全，司机不遵守交通规则”，“闯

① 大浪路口是去往旅游地羊台山的必经之路，在此处聚集的大量摩的可以满足游客从羊台山到地铁站或者到商业中心的需求。摩的司机聚集在这些地方能获得较大的经济收益。

② 摩托车换两轮电动车以降低车速尽可能符合相关规定或者二轮换三轮，以获得单次载客收入提高。

红灯”、“速度太快了”、“有不好的经历”等，而大多数人表示有过乘坐摩的的经历，其中一部分人表示经常乘坐，原因包括：“摩的方便快捷”、“价格比出租车便宜”、“公交车很长时间不来”、“赶时间”等等。乘坐摩的的乘客多数是 20 ～ 40 岁的中青年，他们的文化水平大多数是初高中学历，职业大多是工厂普工，属于中低收入者。在问及市民对于是否应该取缔摩的的态度时，超过半数的人表示希望能保留摩的，但同时希望能够将摩的规范化。

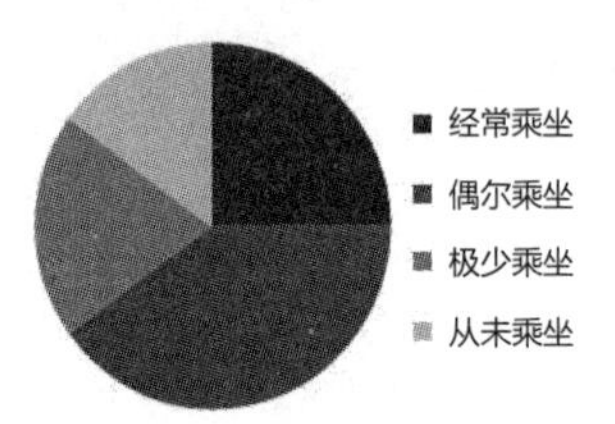

图 8-13　乘坐摩的频率分布

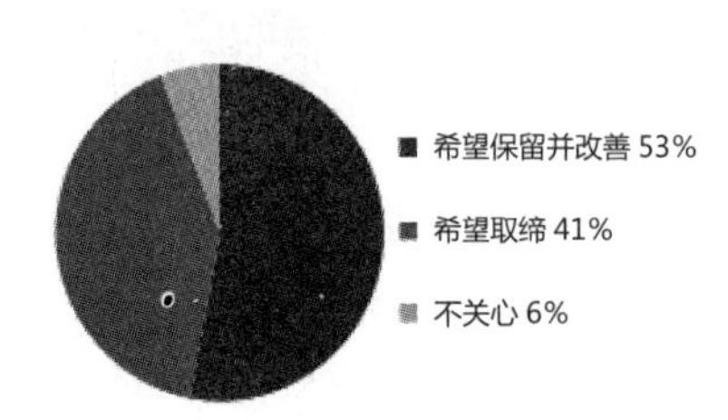

图 8-14　市民对于是否取替摩的态度

5　“摩的”司机的城市意象

5.1　物质空间感知

一直以来，我们依靠自身的经验去体验并经历一座城市，更在空间的时间进程中逐渐形成对城市的认知，其中视觉的因素占据了相当大的比重。摩的司机游走在城市的街头巷尾，他们利用城市空间的同时，有更多的时间直接观察着城市、感受着城市，他们自身不仅成为大浪一道特殊的风景，同时也形成了对城市的独特的城市意象。

调查中我们采用了问卷调查和深度访谈认知地图两种方法，从专业人员的角度出发，结合凯文·林奇城市意象五要素（道路、边界、标志、节点、区域）的方法，对摩的司机的城市意象进行调研。

图 8-15　摩的司机在路上

5.1.1　城市意象因子整体感知

在实际调研过程中，我们在城市空间中选取 7 个意向元素并分别对应确定 2 ～ 4 个意向元素，然后让摩的司机对这些意象因子进行排序。结果显示：摩的司机认为对他们来说最重要的是道路和交通节点，其次是居住区，再次是公园广场、工业区和商业区，对他们来说最不重要的是文化遗产。

图 8-16　在商业中心候客的摩的司机

5.1.2　点要素

我们将林奇五要素中的节点、标志等具有点状特征的元素归结为点要素，选取了 20 张具有代表性的照片让摩的司机辨认。他们能准确辨认出大浪的各个商业、工业及医疗教育等场所，个别场所（如教堂）经提示能想起大致位置，但几乎所有人对于历史建筑或文化遗产都没有印象。

在调查过程中，我们就“大浪的中心”、“会推荐游客去玩的地方”、“平时休闲的场所”、“最能代表大浪的地方”等一系列问题与摩的司机进行了交流，得到统计结果。

根据摩的司机对于大浪点状景观元素的看法和感受，我们可以得出以下结论：摩的司机对大浪各地熟悉度较高，大浪商业中心在他们心目中的位置最重要。但他们对历史建筑的印象不深，生活单调，休闲时间少且项目单一（以购物为主），显然大浪在他们眼中没有鲜明特色。

选定的大浪意象因子及意象元素　　表 8-2

意象因子	意象元素
道路	大浪路、布龙路、华荣路
公园广场	羊台山森林公园、劳动者广场、大浪体育公园
商业街区	商业中心、老万盛
交通节点	龙胜地铁站、龙华地铁站、大浪路口
文化遗产	浪口炮楼、虔贞女校、浪口福音堂
居住区	摩的司机各自居住的区域
工业区	英泰工业区、同富裕工业区

1　大浪服装基地
2　万盛百货大楼
3　英泰工业区
4　大浪会堂
5　爱义学校
6　社区健康服务中心
7　欧兰斯酒店
8　新城市花园
9　大浪基督教堂
10　浪口炮楼
11　浪口福音堂
12　虔贞女校

图 8-17　选取的点要素意象元素及辨认结果

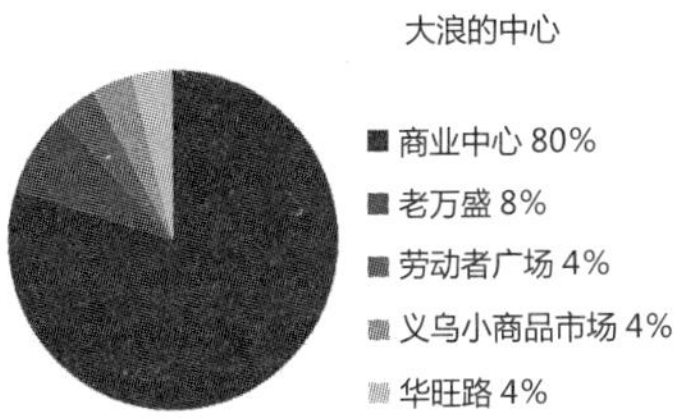

大浪的中心

- 商业中心 80%
- 老万盛 8%
- 劳动者广场 4%
- 义乌小商品市场 4%
- 华旺路 4%

图 8-18　摩的司机认为的大浪中心分布

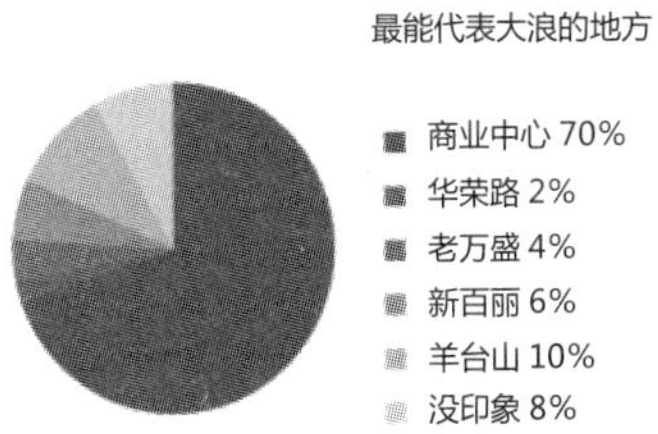

最能代表大浪的地方

- 商业中心 70%
- 华荣路 2%
- 老万盛 4%
- 新百丽 6%
- 羊台山 10%
- 没印象 8%

图 8-19　摩的司机选定的大浪标志性地点比例

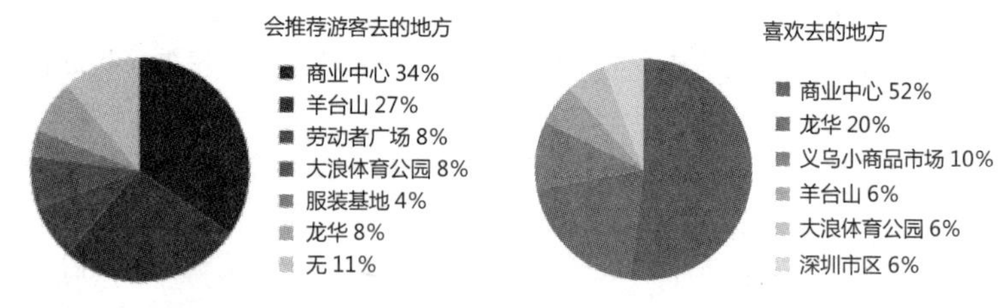

图 8-20　摩的司机认为值得推荐的地点　图 8-21　摩的司机喜欢去的场所分布

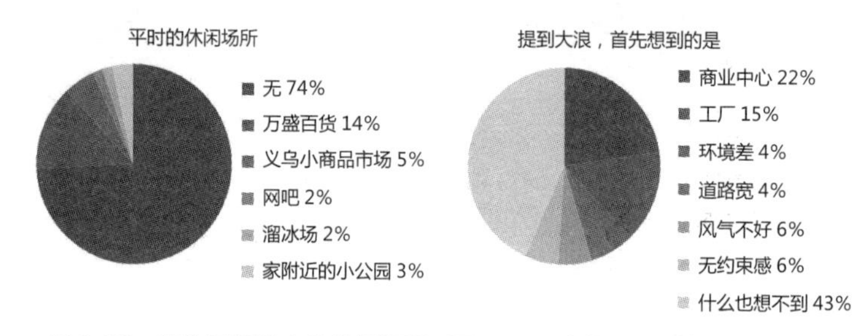

图 8-22　摩的司机常去的休闲场所　图 8-23　摩的司机对大浪的最深印象

5.1.3　线要素

线要素包括道路、河流和山体等，其中某些特殊线性要素构成了城市的边界。由于大浪地区没有主要河流，考虑到摩的司机的工作特点，本次调研主要针对道路进行。我们通过让摩的司机回忆道路说出路名，得知摩的司机意象中的大浪地区的主要道路有大浪北路、大浪南路、布龙路、华荣路、华昌路等，这些道路构成了他们意象中大浪的主体骨架；乘客们通过这几条道路前往商业中心、地铁站、公园等日常生活中最经常去的地方，因此摩的司机非常熟悉。但当我们选取道路照片让司机辨认时，除有明显标志物（如广告牌、公交站牌）的道路外，大多数照片司机没法准确辨认。分析可能原因如下：一是道路本身没有什么特点，二是道路两旁的建筑物及景观千篇一律，可识别性差。

道路铺装与材质变化作为路面的表皮，使用者通过它的颜色和平整度等获得最基本的感知。同时道路两边的建筑和绿化是使用者感知道路空间最直接的视觉要素来源，常常会影响人在行进中的心情和状态。调研中发现：司机最常走的道路是华荣路，其次是大浪南路和华旺路以及布龙路。而司机最喜欢走的、认为与自己最有感情的道路依次是华荣路、华旺路、布龙路、大浪北路，最不喜欢一条路却是他们常走的大浪南路。问及原因，则是在他们的感知中，这条路路况最差：路面不平整，维修工程一拖再拖，且由于此路是龙华与大浪之间较为快捷的一条路，所以车多人多，常常拥堵。

在问及摩的司机心中的大浪四至边界时，他们都描述得非常模糊，从点状地点到线状道路再到面状区域都有出现。大多数人心中的大浪边界要素是道路，东为大浪路、西为布龙路；西面的羊台山也形成特殊的一道边界；而南北两个方向则没有明确的边界。可以看出在他们心中大浪较为开放，无明显的边界。

总的来说，摩的司机对于随机选取的无明显标识的道路无法识别，大浪城市道路可意向性较差。他们认为有感情的道路基本上时常走的建设状况较好的几条路。他们心中的大浪无清晰边界，几乎是以乘客的目的地来判别，大多数人对东西南北无概念，方位感较差。

5.1.4 面要素

我们将区域以及对城市的整体感知归结为面要素。区域是城市内中等以上的分区，是二维平面，观察者从心理上有“进入”其中的感觉，因为其具有某些共同的能够被识别的特征，是城市意象的基本元素。城

图 8-24 选取的线要素及摩的司机的辨认结果

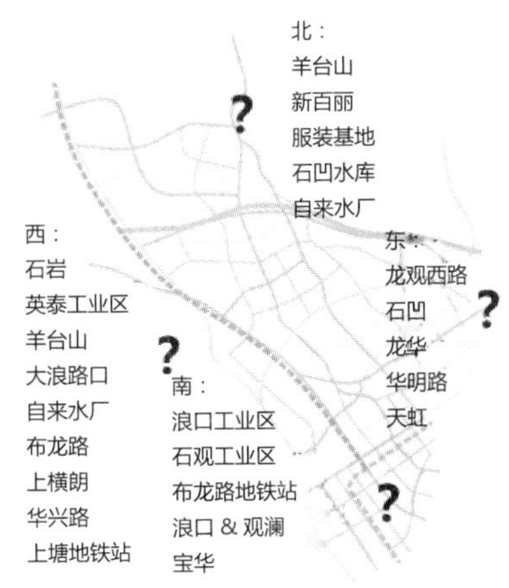

图 8-25 摩的司机对大浪城市边界的辨认结果

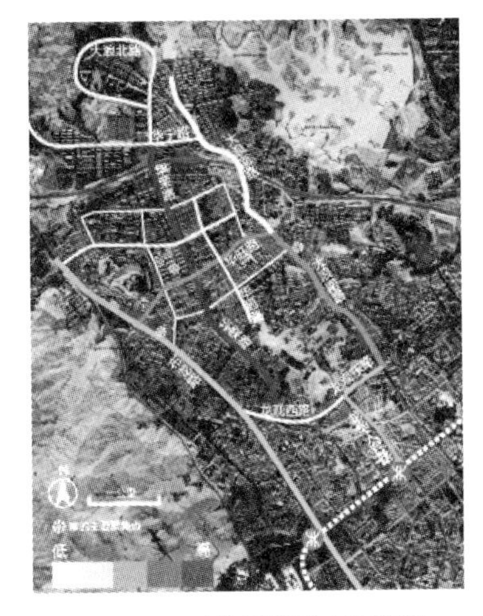

图 8-26 摩的司机常走的道路

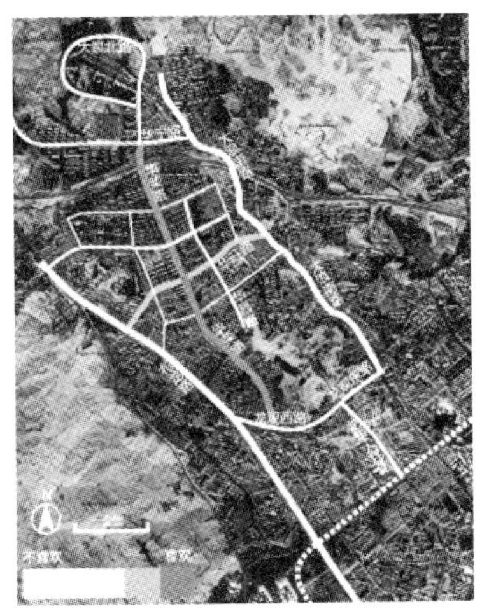

图 8-27 摩的司机认为有感情的道路

市中不同的功能是人们对城市进行感知的源泉，不同的功能形成城市内有差异的区域结构，建构出不相同的结构空间区域，而这种区域就会形成特殊意义的环境关系，进而形成差异化的城市意象。任何城市都可以分为不同的功能区，如商业区、工业区、文教区、居住区、行政办公区等，这些区域因其特定的形态和文化内涵而给人以鲜明的印象，构成区域性的整体特征。

调查中采取认知地图的方式，试图总结出摩的司机对城市的整体感知。调研共得到 21 份有效的认知地图中，主要元素包括道路、节点、标志物和区域，其中道路和标志物出现的频率最大，包含的种类较多，边界这一要素不太明显。

大浪摩的司机所画的感知地图几乎都属序列型（即路径主导型地图）。其中线型感知地图占总样本数的 9.5%。这类地图中，摩的司机只简单勾绘出一条交通线，通常是他们常走的交通干线，如华荣路。段型感知地图占总样本数的 38.1%。摩的司机勾绘出其最熟悉的一个城市地域片段，一般是沿着交通线展开。链型感知地图则是居民通过几条依托交通干线发展的链条式片段，组合成印象中的一个感知空间，19.0% 的样本属于这一类型。支型 / 网型占总样本数的 33.4%。在此类型的感知地图中，摩的司机通过交通线、交通线分支的发展情况以及形成的网状交通系统来描绘其印象中的城市空间。综合来看，段型和网型地图所占比例较大。

根据他们所画的大浪地图可以得出：城市在其脑海中是由线性要素构成的；他们对道路上的红绿灯很敏感，记忆清晰；对商业中心一带印象最为深刻；他们方向感不强，以“左右”认识和描述方位；他们对未来的期望大多反映在道路上，希望道路能建设得更好，比如更多的绿化以及为他们开设专门的车道；大多数摩的司机认为大浪热闹、绿化好、工厂多；大部分摩的司机认为大浪是灰色调的，也有部分人将其色彩描述为混乱。

几乎所有的意象地图中都出现的区域是大浪商业区。一方面这个区域中的劳动者广场处在重要的道路交叉口，位置很突出；另一方面，劳

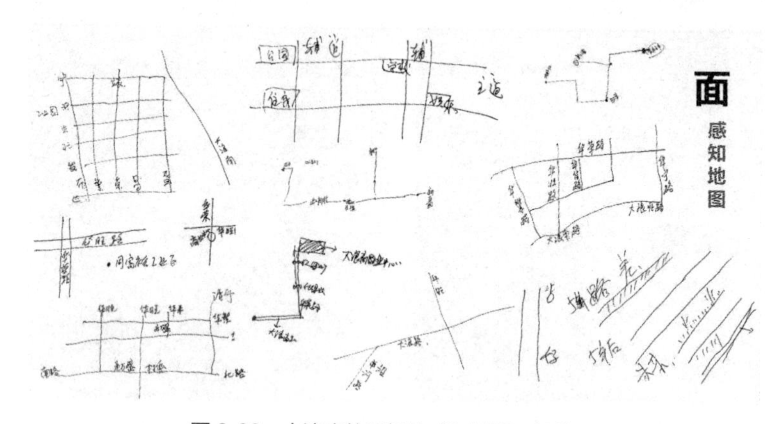

图 8-28　大浪摩的司机的感知地图（部分）

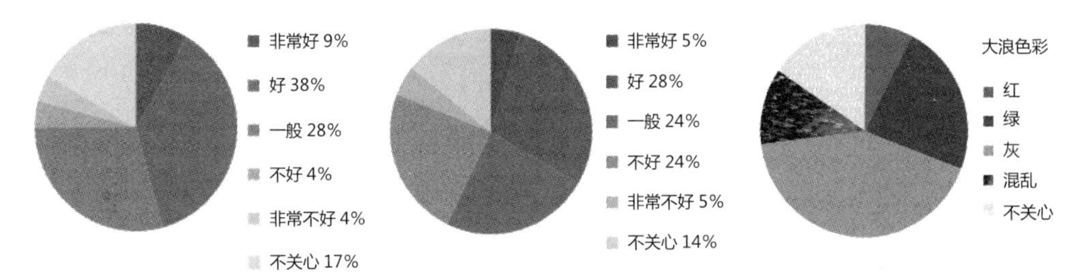

图 8-29 对城中村的整体印象　　图 8-30 对工业区的整体印象　　图 8-31 摩的司机眼中的大浪色彩

动者广场作为一个步行的商业空间，是人们日常生活中经常会光顾的一个地方，发挥着重要作用。另外，他们对城中村的环境满意或者非常满意，表明他们对居住环境条件要求较低；他们对工业区的评价也较高，这跟他们的客源有较大关系。

5.1.5 时间要素

随着城市化进程，大浪从农村转变成一座工业新城，发生了翻天覆地的变化。摩的司机中有的在大浪已经待了近十年甚至更久，他们回忆大浪时表示从最初来到这个地方到现在，变化太大了！从没有几条道路到现在棋盘式道路四通八达；从农田菜地到现在高楼工厂林立；从最初零星的外来者到现在数以十万计的进城大军……城市在发展，他们的城市意象也发生着变化。随着城市的发展，城市空间格局在演变，从事摩的行业的人员数目在变动，群体构成在变化，他们的聚居点分布也越来越广。在画认知地图时，其中一位摩的司机在画对未来城市时，希望是宽阔平直的道路，有人行道，有电动车、摩托车专用道，有绿化。借助简单的表现方式，这个群体同样表达了他们对未来城市意象的期盼。

5.1.6 小结

大浪摩的司机的整体城市意象呈现“棋盘”状，由道路构成基本的城市骨骼，上面像关键性的棋子一样分布着重要的节点（图 8-32）。

对于点要素，结构清晰、具较高标识性的，摩的司机对其辨识程度就高，喜好程度就高。他们最关注的且认为能代表大浪的是大浪商业中心、老万盛百货和羊台山这 3 个地方。从他们的感知地图上可以看到，这些关注度高的场所不仅是标志性场所，更关键的是，它们都是城市中最有活力、氛围好、最有生活气息的地方。

线要素核心就是道路，线要素的连续性、方向性、可度量性直接影响摩的司机对城市空间的喜好程度。以路径为主导的感知地图占绝对优势的原因，在于摩的司机职业直接相关。他们对道路非常熟悉，能清楚地将棋盘式道路网勾画出来，并且将华繁路、华荣路、华昌路、华盛路、华兴路等道路名字能够联系起来，表述出其象征意义——繁荣昌盛、兴旺发达。在他们的意象中，大浪的边界是模糊的。这也许与其工作性质相关，在他们的运营中并没有将大浪作为限定的范围，而是扩展到了龙胜、龙华等地；也可能是随着城市的扩张，城市的边界日渐模糊。总之，从他们的城市意象中，我们可以看出最有吸引力的道路是华荣路和华旺路。

对于城中村他们并不觉得环境恶劣，相反他们对住在里面很满意，认为比农村的环境好。他们对于工业区也是满意的，认为是工业区给他们带来了客源。此外，在大浪生活了5年甚至10年以上的摩的司机说，从当初的农田菜地到如今的车水马龙，大浪的变化是翻天覆地的。他们对生活环境的要求较低，对居住的城中村较为满意。但当提及大浪第一反应什么都想不到，也说明他们在大浪的归属感较弱。

5.2 非物质空间感知

认知绝不局限于感知空间环境，更包含着对信息的理解、组织和保留，包含着环境的意义和联想，包含着价值的判断和偏爱。由此，每个城市才会因为各种形式、层次的差异体现出彼此之间的不同，构成不同的空间意象，这种差异反过来又加深了人们对于城市的认可和归属感，城市的识别性在多个层面得以强化。

城市意象的非物质元素包括城市活动、地方传统产业、民俗风情、重

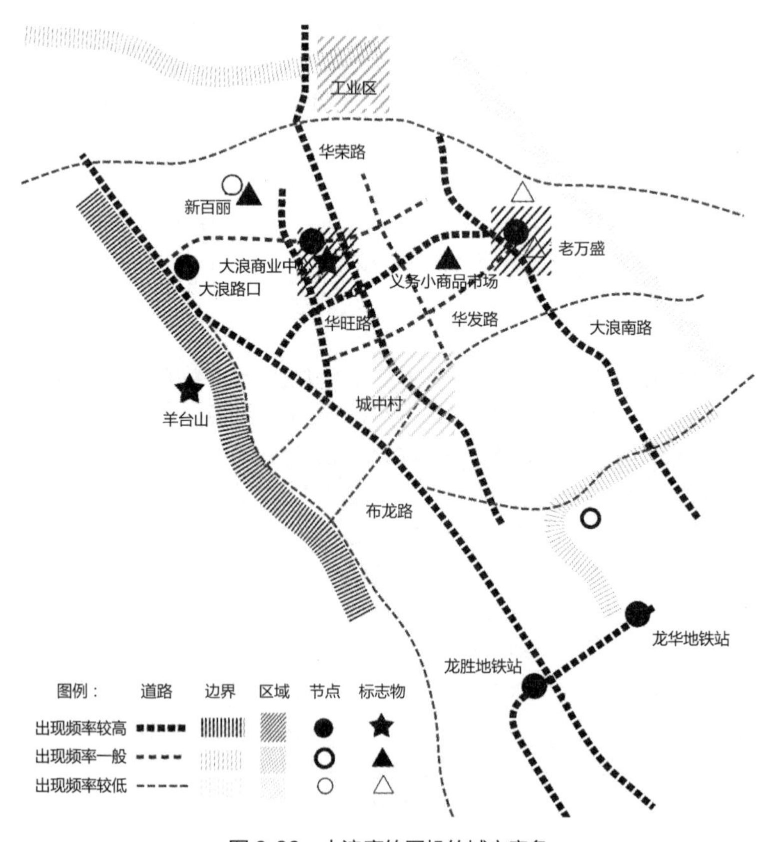

图8-32 大浪摩的司机的城市意象

要历史事件和历史人物以及城市各种政策等。本文通过观察和访谈，从摩的司机对本地人的印象及对禁摩政策的看法来初步了解他们对城市非物质空间的一些感受。

5.2.1 “摩的”司机对城市交往的感知印象

大浪地区外来务工者有50万，而本地人不足1万。在调研中发现摩的司机与本地人交往甚少。在他们眼中，本地人不用做什么就能有很大一笔收入。他们认为自己很难融入其中。摩的司机一般与同乡或者亲戚住的较近，交往较多，彼此照应。中老年的摩的司机并不参加城市中的活动，但个别年轻的摩的司机加入了轮滑协会、义工等组织。整体来说，他们对大浪的生活和人际交往较为满意，他们更愿意继续留在城市而不是回到农村。

5.2.2 “摩的”司机对禁摩政策的感知印象

深圳“禁摩限电”中的抓车组构成较为复杂。派出所、交警队以及一些临时招聘的便衣组都在进行“禁摩”运动。而在调研中，当提到“禁摩”话题时，摩的司机们都表现得非常激动。他们认为这一政策不合理，会与之周旋。他们表示，在抓车的过程中他们常常财物损失的同时身体受伤，而且还认为便衣抓车的方式使得一些不法分子有机可乘，冒充执法人员，强行抢走他们的车。在问及“如果像出租车那样正规化，但需要缴纳相应费用、考取相应执照等，你愿意吗”，几乎所有摩的司机都表示愿意。所以通过与他们的深度访谈，我们能感受到他们对于城市“禁摩限电”这一政策的不认同，尤其表现出对管理人员执法方式的反感。他们有一定的权利意识与权利诉求，同时他们又对城市充满期待。

5.2.3 小结

摩的司机认为城市中他们能结识更多的朋友，各种机会也比农村多。医疗、教育、购物都比老家方便，挣钱也比老家容易。因此，他们对城市生活的满意度较高。而对城市的不满意则源自于禁摩政策对其营生带来了威胁，他们希望城市政策能够更加包容，希望城市的优势能够更多地惠及他们。

6 结论与讨论

大城市日新月异的变化，为个体的生存和发展提供了在乡村、城镇以及中小城市不可能有广阔空间。从外来务工人员的角度看，城市已成为一个有着无穷吸引力的符号，原来的家和农村则成为竭力想要逃离的地方。从事摩的运营的这群打工者，他们没有文凭、没有技能，他们走出农村、走向城市，在城市中以自己的方式占有一席之地，体验自己的城市生活、感受这个城市的点点滴滴，融入城市街道空间成为城市的一部分。面对农民和城市人的双重身份，他们有自己的城市感受和城市意象。

6.1 “摩的”司机城市空间感知间接反映出外来务工群体的城市意象

场所通常是由许多相关联的物体确定的，这些关联的物体又组成城市的第一符号。而辨认这些符号的观察者本身的特性对他们的空间感知具有直接影响。一方面，由于摩的司机与其他外来务工人体具有相似的农村生活经历、相似的文化程度、相似的生活追求；另一方面，摩的司机在生活环境方面与其他外来务工人群具有较高的契合度。例如，各城中村是摩的司机和其他外来务工人群主要居住地，劳动者广场是他们主要的活动休闲空间，大浪商业中心是他们主要的商业购物空间，这些空间存在极高的重合度。摩的司机常走的路线实际上取决于乘客常去的地点，前者认为是标志物的场所实际是乘客常常光顾的地点。因此摩的司机的城市空间意象从某个角度来说间接反映出了底层外来务工群体的城市印象。

6.2 城市空间意象感知影响要素总结分析

6.2.1 生活工作经历与外来务工群体城市空间意象感知密切相关

真实的物体很少是有序或显眼的，但经过长期的接触熟悉之后，心中会形成有个性和组织的意象。这些具有个性和组织的意象便是观察者本身的城市空间色彩，它所反应的是观察者心中的城市空间意象和满意程度。经过现场走访和问卷调研，我们发现，摩的司机对于华荣路、华旺路、劳动者广场、同富裕工业区具有较高的认同感。总结下来，这些空间是与他们生活、工作最为密切相关的要素。比如华荣路是他们工作主要线路，是他们认为路况和景观最好的道路。劳动者广场是他们及其他外来务工人员工作之余休闲的场所，他们聚集在广场上滑旱冰、跳街舞以及看电影。他们认为这是最有生活气息的场所。而工作时，大多数人聚集在同富裕工业区（即大浪商业中心）路口候客，这里商业活动繁荣并且有很大一个工业园，有较大的人流量，可以给他们带来较多的客源。所以在他们塑造自我城市空间色彩时，这些要素成为核心组成部分。

6.2.2 城市空间表面特征的清晰度、标识性以及活力程度直接影响外来务工人群对城市空间的辨识和满意程度

城市意象是观察者与所处环境双向作用的结果，因此空间环境表面特征塑造对于观察者城市意象感知具有直接影响。虽然大浪南路、虔贞女校、大浪基督教堂等具有较高的文化、精神内涵，蕴藏着深层的城市历史文化，但是经过对摩的群体城市意象感知调研，我们发现，摩的群

体对于华荣路、老万盛百货点、同富裕工业区明显比前面几个对象更为熟悉，更有认同感。究其原因，华荣路具有清晰的边界和秩序，道路两旁绿化更好；老万盛百货有较高的清晰度、标识性；同富裕工业区具有生活的气息、愉快的氛围等等。而这些特征是城市空间最直接的表面特征，这也说明这些外来务工群体对城市空间的感知更多方面集中于表面而非更为深层次的文化和历史。这也可能与观察者的文化程度和自身特性有关，另一方面也有空间的特性有关。空间的第一特性就是表面视觉特征，能让观察者第一时间感受到的事物。这些直接被感受到事物反过来又影响观察者对它的态度和喜好程度。

6.2.3 “摩的”司机城市空间感知总体满意度较低，但忍耐性较高

城市意象好坏直接影响人们对城市的情感，好的意象由空间安排与市民身体体验两者良性互动而形成，共同成为这个城市重要部分。如何改变城市空间品质对于增强观察者的认同和喜好程度具有重要意义。通过调研，我们发现不管是问及城市中心还是城市标志物或喜欢去的地方，摩的司机选择的都是大浪商业中心。这说明大浪城市中有活力的空间不多，城市缺乏特色。摩的司机对历史建筑的印象不深，他们的工作生活单调，休闲项目单一（以购物为主），同时，他们还面临着禁摩政策的制约。所以总体说来，摩的司机对大浪城市空间感知总体满意度较低，他们与城市之间的感知关系是松散的，是薄弱的。

但是，人们总能接受一个城市，不管它的意象性如何不好（就像凯文·林奇分析的泽西城，尽管意象性很差，人们还是可以适应）。摩的司机也是如此。他们对于城市的要求非常简单，提到最多的是希望道路能更加平坦、希望道路能更加顺畅。尽管他们面临打击，但是他们有一定权利意识与权利诉求，能通过灵活的方式适应城市生活。

6.2.4 展望

亚里士多德说过，“人们来城市是为了生活，他们定居在那里是为了更好的生活”。

中国的城市化还在如火如荼地进行着，外来务工者从普工到摩的司机或者从摩的司机到餐馆服务员，在他们进行着空间生产和空间转移的时候，他们其实也在以自己的独特方式介入到这个城市化进程中去。当他们通过语言、图画表达自己的感受时，也就是在表达在这个城市化过程中，他们对大浪的城市意象。

城市化促使城市空间形态发生演变，催生了摩的行业，使其壮大与迅速发展。随着城市化进程的加快，摩的最终可能会消失或者被更加优越的运营方式所取代，摩的司机可能不再是摩的司机，或者他们不用再躲躲藏藏的运营，他们心目中大浪城市意向也会随之转变。总之，他们是以他们独特的方式介入到城市的发展中。

城市规划设计者也应该尊重和考虑这些底层务工人员的身心需求。

合理安排像劳动者广场这样的休闲娱乐、情感交流场所以及像大浪商业中心这样的工作—商业一体的综合区域。同时，提升城市空间视觉品质，使城市具有可读性。

参考文献

[1] (美)阿摩斯·拉普卜特．建成环境的意义——非言语表达方式[M]．黄兰谷译．北京：中国建筑工业出版社，1992，1-25.

[2] （美）凯文·林奇．城市意象[M]．方益萍，何晓军译．北京：华夏出版社，2001：7-143.

[3] 朱国新．对摩托车“非法”载客“问题”的辩证思考[EB/OL]．http：//www.jttv.net/Article/ShowArticle.asp?ArticleID=1991.

[4] 姚华松．空间生产、管制与反管制——基于广州四社区“摩的”司机的实证分析[J]．开放时代，2012（08）：119-121.

[5] 史明,周洁丽．城市街道空间“可意向性”认知介质单元的研究[J]．创意与设计，2013（04）：51-55.

[6] 冯健．北京城市居民的空间感知与意向空间结构[J]．地理科学，2005，25（02）：143-153.

[7] 李晓东，张烨．透视城市空间——从卡尔维诺和《看不见的城市》说起[J]．世界建筑，2009（03）：89-93.

[8] 谢燃岸．遭遇城市：青年农民工的都市体验[D]．南京：南京大学，2013.

[9] 何俊花,曹伟．可意象的城市——解读《城市意象》[J]．中外建筑，2009（07）：48-50.

专题 9

24 小时便利店对城中村不同人群的意义探究——以深圳市南山区平山村为例

成员：王胤瑜　韩文娟　徐秋阳

摘　要：24 小时便利店作为一种社区尺度的零售业态，随着城市化的兴起得到快速发展，并能根据所服务的社区及其周边环境特征，发展出售卖商品之外的其他功能。本专题选取深圳市南山区平山村的 24 小时便利店进行研究，基于多次实地观察和对各类相关人群进行访谈，探究了 24 小时便利店与村内不同人群的联系（尤其是夜间）及其在社区零售商业体系中的地位，以期较全面地认识这一新兴的社区级零售业态对城中村社区的意义。

关键词：城中村；24 小时便利店；夜间；人群；需求

1　引言

24 小时便利店作为一种社区级零售业态，起源于超级市场的大型化与郊区化，于 20 世纪 90 年代末进入中国，一直处于快速发展中，如今在经济较为发达的沿海大城市发展情况较好，深圳市也不例外。深圳市属于亚热带气候，气温较高，夜晚的户外环境比北方更适合进行活动，人们普遍就寝较晚，这种生活习惯也是促使 24 小时便利店快速发展的原因之一。

平山村[①]位于深圳市南山区，地处平山一路、丽山路与留仙大道三条城市干道交汇地带，是一座典型的城中村，周边产业原以劳动密集型制造业为主。2005 年前后，平山村工业的发展正逢兴旺期，24 小时便利店也随之兴起，初期主要服务于工厂职工。近年来，由于产业转型，工厂陆续迁出，高新技术、文化创意等第三产业逐渐兴起，平山村辖区内的工人数量大幅减少，白领员工数量增加，逐渐成为 24 小时便利店的消费主力。

① 平山村的实际管辖范围为此处的城中村社区与周边红花岭、大园等工业区的总和。

2 平山村 24 小时便利店的发展、现状及经营状况

2.1 平山村 24 小时便利店的发展历程

平山村有近 500 年历史，1979 年改革开放后开始快速发展[①]。20 世纪 90 年代，村周边建起了多家工厂，本村农民开始放弃农耕生活，进入工厂工作；外来务工人员也逐渐迁入，平山村地区人口数量持续膨胀，并拉动了对住房的需求。于是，有积蓄的村民铲掉周边荔枝林，将土地用于修建房屋并出租给外来工人居住，自己转为以收租为生。2004 年，深圳大学城在原平山村鱼塘基地上建成，村民们认为未来的大学城学生会成为另一拨租房主力群体，又掀起一股建房热潮。这一时期兴建起来的房屋，最后主要被在附近工厂租用，改造为职工宿舍。2011 年 6 月，大学城地铁站建成开通，平山村地区的交通更加便利，加上房租依然相对低廉，又吸引了许多在较远处工作的人前来居住。2013 年左右，平山村辖区内总人口达到了近 3 万的高峰。

居住人口的持续增加，带动了平山村地区服务业的繁荣；加上许多居民由于工作、生活的需要养成了晚睡习惯，应此趋势，24 小时便利店于 2005 年左右开始在平山村兴起。

最初，村内商铺房租低廉，顾客也多，24 小时便利店生意较好，主要服务于工厂职工。自 2013 年起，平山村进入产业转型期，周边工业陆续迁出，逐渐被高新技术、文化创意等第三产业取代，目前仅剩红花岭南区、红花岭北区、大园 3 个主要工业区，工人数量减少，白领阶层人数增加。到 2015 年，平山村辖区总居住人口已降至 2 万余人。常住人口的减少使村内 24 小时便利店的客流量大幅下降，生意不如以往。另一方面，商铺租金和转让费持续上涨，店主想将经营状况不佳的店铺转手也越发困难，但居民们的晚睡习惯并未改变，村里的 24 小时便利店在夜晚仍有较稳定的顾客群，但主要消费者群体已由工厂职工转变为白领员工。

2.2 平山村 24 小时便利店的发展现状

目前，平山村辖区内共有 275 家企业、564 家商铺，其中有 216 家店铺分布在社区内的主街两侧。按业态分类，有普通便利店 31 家，餐饮型店铺 66 家，其他服务业 39 家。

本文将“24 小时便利店”定义为：“位于平山村社区内，以经营即时性商品为主，以满足便利性需求为第一宗旨，采取自选式购物方式，至

---

① 与平山村发展历史相关的资料，主要来自平山村工作站站长方先生的介绍及他提供的《平山村村志》。

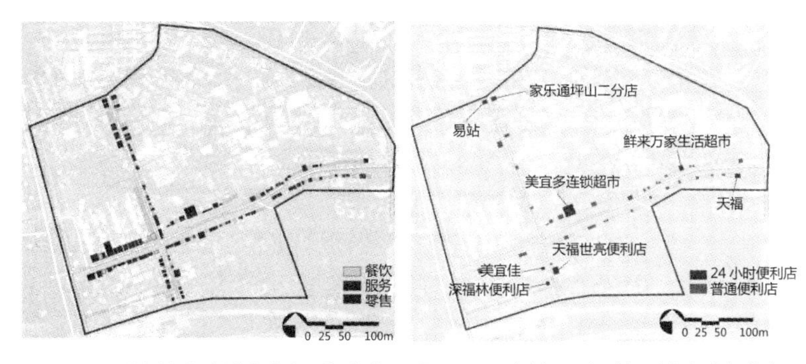

图 9-1　平山村主街店铺业态类型与分布　图 9-2　平山村 24 小时便利店名称与分布

图 9-3　平山村内的 8 家 24 小时便利店

少营业到凌晨 3 点的实体零售店”①。村中符合此定义的 24 小时便利店共有 8 家。除此之外，其他便利店都是在 12 点之前打烊。

2.3　平山村 24 小时便利店的基本经营情况

上述 8 家符合标准的“24 小时便利店”的共性特征总结见表 9-1（室内外布局、便民服务资料主要来源于实地观察，其余主要来源于店主、店员口述）。

平山村 24 小时便利店的基本经营情况　表 9-1

经营模式	一般通过加盟品牌得到经营权；经营方式：半自营（从货物配送到价格制定皆由上级企业负责，店主及店员只需负责基本的日常经营管理，如易站便利店）、自营（店主将品牌经营权购下，上级企业仅负责货物配送，其他事务由店主全权决定，如家乐通便利店）
营业时间	美宜佳、美宜多连锁超市、鲜来万家生活超市：24 小时营业；家乐通、易站、天福、天福世亮、深福林：实际营业到凌晨 3 ～ 4 点
店铺选址	位于社区主出入口附近或主干道旁
顾客类型	以平山村居民与周边工厂工人为主；凌晨后，消费者以年轻人居多

① 实际走访后发现，平山村内真正能做到 24 小时的便利店极少，故对营业时间标准做了调整。

续表

商品配置	种类多样，可满足多种顾客群体的喜好； 价格适中，与大型超市和街边小摊无明显差别； 档次中上，吸引白领族群，注重品牌与品质
室内外布局	室内：店面装修、货架排列、商品摆放、店外招牌均由上级企业指导，统一布置； 室外：门前设置休息用的桌椅、娱乐用的台球桌或小吃摊、大排档（由店主视情况自行决定）
便民服务	代收发快递、缴水电费、手机充值、代售飞机火车票、深圳通充值等
其他	不定期与村内其他店铺合作进行促销

3　平山村 24 小时便利店对不同人群的意义

人是城市生活的主体。在平山村，店主、店员、居民是与 24 小时便利店最相关的三类人群，便利店对于他们的“意义”必须区别解读。对平山村居民来说，24 小时便利店的“意义”在于能满足他们的多种需求；对店主、店员来说，经营便利店是谋生创业、积累社会经验的手段，他们对 24 小时便利店的关注点与普通居民有所不同。

3.1　对居民的意义：满足多种生活需求

在上述三类人群中，居民群体最为庞大。大部分平山村居民通过“消费”这一活动，与 24 小时便利店建立直接的联系。

3.1.1　居民作为消费者对 24 小时便利店意义的认识

平山村 8 家 24 小时便利店中，美宜多连锁超市、鲜来万家生活超市位于主干道旁，其余 6 家分布于社区的主要出入口附近，均位于绝大部分居民出入平山村的必经之路上，因此能获得相对稳定的客源。

平山村居民每日的出入规律具有显著的分时段特征：由于在村内工作者相对较少，大部分居民在附近工厂或更远处上班，因此每天早上 7～9 点、晚上 6～8 点分别是人们离开、返回平山村的高峰期（不考虑少数上中班、晚班的和需要加班的居民）。绝大部分居民对村内 24 小时便利店功能的认识，也是基于自己的日常作息、出入习惯建立起来的。

1. 夜班工作者：满足夜间特殊时段的消费需求

在平山村，非全天性的便利店、餐馆及其他服务业店铺通常于夜晚 11～12 点开始打烊，24 小时便利店在半夜 12 点之后才成为夜间营业的主力。从半夜到次日早上 7 点这段时间内，与 24 小时便利店关系最密切的主要是夜班工作者，其中又以附近工业区的夜班工人群体最为典型。

平山村周边工业区约有占总人数 10% 的夜班工人，工作时间一般为晚上 7 点至第二天早上 7 点，在凌晨 3 点左右可以短暂休息。3～4 点也是夜班工人最容易感到饥饿和疲倦的时间，就像午餐一样，他们需要食物（尤其是热食）来补充体力，男性还需要吸烟提神。有的工厂不设员工食堂，不提供微波炉等加热设备，上班时自带食物也不方便，这时村内的饭店、普通便利店等又已经打烊，夜班工人只有在 24 小时便利店能买到必需的方便食品、水、香烟等；位于南端出入口附近的深福林便利店，不仅每天至少营业到凌晨 3 点，店主还在门口支起小吃摊售卖烧烤，工人们还可以在这里买到难得的热食。

夜班工作者也会在上下班路上顺便购买香烟、水或零食、夜宵等。他们通常在早上 7 点左右下班，这时村内开始营业的店铺依然较少，24 小时便利店仍然是他们顺路购物的首选去处。

居住在平山村的夜班工作者数量不多，在半夜到清晨时段前往购物的夜班工人，也并非 24 小时便利店的主力顾客群体，但平山村周边的工厂多属于加工制造业，为保证流水线运转正常、产品订单能够按期完成，目前仍必须设置一定数量的夜班岗。村内的 24 小时便利店虽不起眼，却能满足工人们在夜班期间的迫切消费需求，更是夜间进行必要性消费时的唯一选择。因此，平山村内的 24 小时便利店是夜班工作者们日常工作、生活中不可或缺的存在。

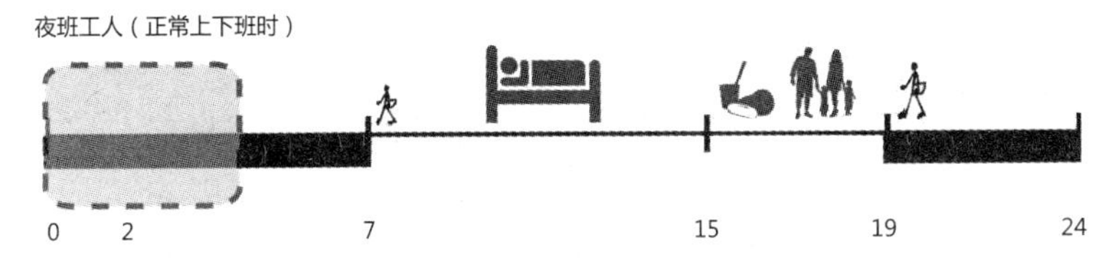

图 9-4　夜班工作者的典型作息时间轴与 24 小时便利店夜间营业时段对比图
（灰色虚线框所示部分为 24 小时便利店成为村内营业主力的时间段，下同）

2. 早、中班工作者：提供日常购物的便利

早班工作者是组成平山村早晚出入高峰的主要人群，为村里的 24 小时便利店带来了一天中相对最繁忙的两个时段（即每天早上 7 ～ 9 点左右、晚上 6 ～ 8 点左右）；中午 11 点到下午 2 点之间还有一个出入次高峰，主要由在附近工业区上班的工人组成。人们通常在上下班途中顺便光顾便利店，购买水、零食等小件商品；在附近工厂上班的男性工人大多还会去便利店买香烟，因为车间工作相当枯燥，间休时间也短，抽烟是许多工人上班期间唯一的调剂。

早班工作者下班后，在晚上 6 点到半夜 12 点之间通常有 4 ～ 6 小时的业余休闲时间。吃过晚饭后，不喜外出的人会待在室内上网或看电视；喜欢外出的人会到村里的主街、社区公园等场所散步、购物，或到楼下的棋牌室打牌。期间若感到无聊或需要休息、提神时，他们也会光顾沿途或住处附近的便利店，主要购买饮料、零食和香烟。这些业余休闲活动多发生在夜晚 11 点以前，此时平山村内的商店都还在营业，人们不必专程到 24 小时便利店进行消费，所以 24 小时便利店的存在对于这部分居民来说没有特别显著的意义。此外，由于早班工作者第二天必须起早上班（除非第二天休假或临时需要加夜班），通常在半夜 12 点之前都已经洗漱完毕并就寝，因此，在24小时便利店成为夜间营业主力的时间段（24点至凌晨3～4点）内，他们一般没有消费或外出进行其他活动的动机，对于24小时便利店功能的认识多集中于“提供日常购物便利、满足基本消费需求”的层面。

平山村周边的工业区里还有一部分中班工人，他们一般从下午2点开始工作到晚上10点或11点，需要加班时，下班时间会延迟到次日凌晨1点或2点。此时，“尽早回到住处洗漱并休息”成为更加迫切的需求，“便利购物”的需求退居相对次要的地位。因此，24小时便利店也并未在中班工作者的日常生活、工作中占据无可替代的地位，他们对于24小时便利店功能的认识也主要是“提供日常购物便利”。

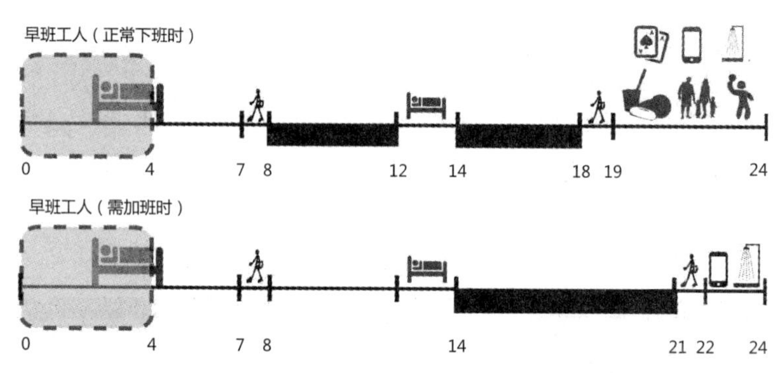

图9-5 早班工作者的典型作息时间轴与24小时便利店夜间营业时段对比图

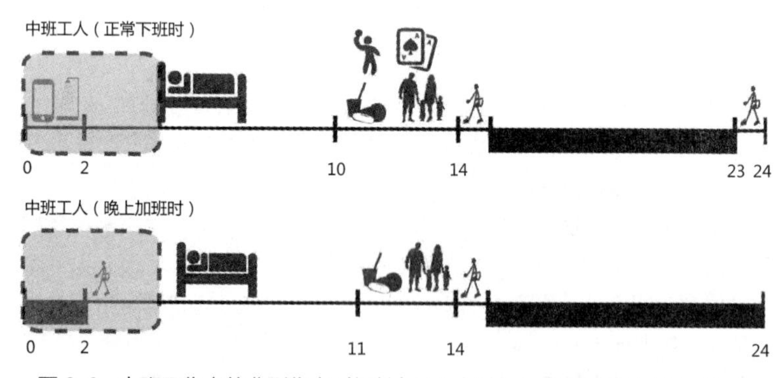

图9-6 中班工作者的典型作息时间轴与24小时便利店夜间营业时段对比图

以上从不同班次的上班族在工作日的作息规律入手，对平山村24小时便利店与消费者群体之间的联系进行了总结。但是，节假日期间和周末时的情况又有所不同。

3. 年轻居民群体：作为晚归保障，间接满足休闲娱乐需求

喜爱外出游玩是年轻人的普遍特点，平山村的年轻居民也不例外，但他们中的多数人或在周边工业区做车间工、管理人员，或在更远的地方当一名普通白领，少数人在村内从事各种服务业，平时工作相当繁忙，

除了上早班者每晚能有较长的业余休闲活动时间（理论上最多为 6 小时）之外，中班、晚班工作者的业余休闲时间都较少（每天约 4 小时）；加上平山村内及周边休闲娱乐资源相对短缺（只有一家 KTV 和一家美康百货），他们对休闲娱乐的需求在工作日难以得到满足。

因此，时间相对宽裕的节假日与周末是年轻人重要的休闲娱乐机会。他们会约上关系较好的朋友或同乡，于午后至傍晚时外出，或在村子附近聚餐之后再到 KTV 唱歌至凌晨，或去平山村之外的地方（近可至 1km 外的西丽镇，远可至位于华侨城附近的欢乐谷）游玩，直到凌晨一两点左右才返回村里，出游频率则在每周 1 次到每月 1 次之间不等。回到村里时，24 小时便利店仍在营业，他们可以去购买零食、水、饮料、烟酒等，或去由深福林便利店门口的小吃摊吃夜宵，缓解一下路上的疲惫和饥饿，再从容地回到住处洗漱休息。曾有受访者[①]表示：“如果村里的 24 小时便利店都不开了，那么凌晨从外面回来时在购物、安全上都会有较多不便，我就不会和朋友去那么远的地方玩了吧。”

由此可见，对喜爱外出游玩的年轻人而言，平山村内的 24 小时便利店无形中为他们提供了外出远游的保障，使他们在节假日或周末可以放心地晚归，以满足对业余休闲娱乐活动的需求，间接地弥补了平山村周边休闲娱乐资源相对短缺的不足。

在工作日，极少有时间到村外游玩：

节假日时，才有时间去村外游玩：

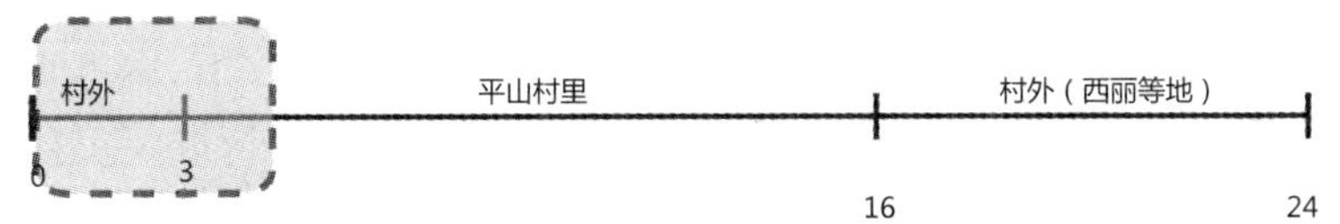

图 9-7　工作日、节假日居民的村内外活动时间分配情况

4. 住集体宿舍的工人：弥补宿舍储物不便的缺陷

前文表明，具有不同作息时间安排的居民，由于消费需求各异，对于 24 小时便利店与自己生活关系的认识也不尽相同。另一方面，平山村的 24 小时便利店对于村内的工人群体还有一项普遍意义：在一定程度上，它能弥补集体工人宿舍难以储存食物的缺陷。

平山村的职工集体宿舍，或由普通民房改建，或是位于工业区内的配套宿舍，一间屋内居住五六人至二十几人不等，平均每人只有 4 ~ 5m^2 的居住空间，除去床铺以外，并没有多余的私人空间储物；再者，集体宿舍居住人员混杂，放在公共处的物品也有丢失的风险。一位 25 岁的男工人曾表示，如果买一整条香烟放在宿舍就可能被偷，所以他习惯每次去便利

① 该受访者为红花岭工业南区的车间工人，男性，22 岁。

店只买一包香烟，“想抽了就随时去买”。此外，多数宿舍没有厨房、空调和冰箱，无法储存蔬菜、水果等，在炎热的夏季也无法存放冷饮。在这种情况下，24 小时便利店就可以满足工人们即时产生的消费需求，成为购物的首选去处。

其实，不仅是工人集体宿舍，平山村内及周边的许多普通出租房也没有空调、冰箱等家用电器，租住这些民房的居民也面临着无法储藏易腐败食品的问题，24 小时便利店同样是他们家庭之外的“临时储藏室”。

3.1.2 居民作为非消费者对 24 小时便利店意义的认识

平山村里还有一小部分居民，去便利店进行日常消费的习惯与上述大部分居民无异；同时，他们的某些非消费性需求也能被 24 小时便利店间接地满足。在他们眼中，24 小时便利店不再仅仅是一个方便日常购物的场所。

1. 深夜回家的年轻女性：增强安全感

平山村内的多数店铺于夜晚 11 ～ 12 点之间打烊，之后店员还需整理货物、清算账务、打扫店面等，真正可以回家时往往已是半夜 12 点之后；一些在村外较远处工作的白领由于工作繁忙，下班回到村里的时间也较晚。此时，村内主街两侧的店铺大多数已经关闭，大部分居民都已就寝，街上行人逐渐稀少；凌晨 1 点以后，街上只能偶尔见到三五结伴、外出游玩归来的人，或一些路过的村外人，这些都是给走夜路的居民带来不安全感的潜在因素，对独行者和年轻女性居民的影响尤其明显；即使村内有保安队 24 小时进行巡逻，也难以同时顾及所有路段。此时，24 小时便利店透出的灯光及店内值班的员工能进一步消除过路人的不安全感，遇到突发情况时，甚至能为他们更及时地提供帮助。有女性受访者[①]表示：“有一次我和我朋友（女性）夜里下班了出去吃饭，有点喝多了，在回家的路上遇到几个男人过来骚扰，当时正好附近有家便利店还在营业，我大叫了一声引得店员出来看了一眼，那几个男人就走了。”

2. 夜晚户外活动者：丰富街道生活，提升街道活力

在平山村，“深漂”老人是一个不可忽视的群体：他们多数来自其他省份的农村，跟随来深圳打工的儿女定居在平山村，帮助他们照看孙辈、打理家务等。白天，他们要外出买菜、做饭、打扫卫生、在家照顾孙辈或接送他们上放学，自由休息时间较少；晚上，儿女们下班回家后，他们才有时间到户外放松一下。一些上了年纪的老人不喜欢跳集体舞、打牌等活动，偏爱坐在路边观看街景和与人闲聊，以此消磨夜晚的户外休闲时间；此时，街道两侧各式店铺营业所创造出的热闹祥和的气氛，正为这些老年人所喜爱。

24 小时便利店由于营业时间长，拥有较稳定、持续的客流，店前往往还会设置若干桌椅，吸引来往行人短暂休息、互相交谈等，不仅成

① 该受访者在平山村“啊呀呀”饰品店工作，女性，22 岁。

为平山村夜晚街道活力的重要来源之一，也无形中延长了居民的夜间户外活动时间。受此影响，来自外地的“深漂”老人们也愿意调整原先的生活习惯，适当推迟就寝时间，在户外度过更多的夜晚时光。有受访者[①]表示：“这些店铺如果都早早关门了，那街上就不热闹啦！出来也没意思。”

以 24 小时便利店为代表、营业至深夜的店铺为平山村街道所带来的活力氛围，不仅能影响村内居民的生活习惯，对村外人也具有一定吸引力。例如，在距离平山村约 1.3km 的西丽地铁站附近，由于沿街店铺在晚间普遍收市较早，一些在白天无暇享受休闲活动的居民便会选择在夜间前来平山村周边游玩。有受访者[②]表示，平山村“夜间营业的商铺比西丽那儿多，开的时间也长”、“村内外安保措施比较到位”，因而成为自己夜晚下班后进行休闲活动的去处之一。

3.1.3　小结

平山村居民对村内 24 小时便利店的意义有多个方面的认识，这说明 24 小时便利店能满足不同人群提出的多种需求。

24 小时便利店本质上仍是售卖商品的场所，因此，大部分居民平山村社区的 24 小时便利店意义的认识建立在基础的“消费”需求上。即便对于夜班工作者、住在简陋集体宿舍的工人等群体，24 小时便利店满足了他们在较特殊时段产生的迫切消费需求，使他们比早、中班工作者和居住条件较好的村民更加认同 24 小时便利店在自己生活中所占的地位，但这种联系的本质仍然建立在便利店的基本属性——“提供购物便利”上。

此外，24 小时便利店还在小部分平山村居民的生活中具有特殊意义：对平时缺少闲暇时间进行娱乐的年轻人而言，因为有 24 小时便利店存在，他们在周末和节假日就能从容外出游玩，享受难得的休闲时光；对不得不常走夜路的女性居民而言，它们是除监控系统、路灯照明、巡逻保安之外的第 4 种安全保障；24 小时便利店还是夜间社区街道活力的来源之一，是吸引居民夜晚到户外进行活动的重要因素。上述居民群体表达了对“休闲娱乐活动”、“安全感”、“丰富而有活力的街道生活”等的需求，相对于“便利购物”，这些需求是隐性的、少数的，因此，仅有少数人表示，24 小时便利店还具有“间接支持村民外出休闲娱乐”、“增强安全感”、“提升社区活力”等意义。但是，在平山村这类人口特征多样化的社区，这些意义同样是不可忽视的。

3.2　对店主、店员的意义：谋生之道，积极以待

店主、店员是 24 小时便利店的经营者，他们的视角对研究了解平山

① 该受访者来自湖南农村，女性，60 岁，是典型的“深漂”老人。

② 该受访者为在西丽工作的保安，男性，约 40 岁，平时多上早班，白天几乎没有休闲时间。

村24小时便利店的日常经营细节及意义具有补充作用。

3.2.1 “通宵营业”的利弊权衡

“为什么要开一家全天营业的便利店，这样不是很辛苦吗？”对此，美宜佳24小时便利店的老板娘表示：高强度的工作总是可以适应的。她今年28岁，从14岁就开始跟着父母在全国四处打工，摘过棉花，在食品厂、制鞋厂、服装厂等做过工人，最终于2011年随着丈夫在平山村扎根，经营这家自从开张以来未曾关门的24小时便利店。由于请不起店员，夫妇两人必须亲自看店，每天轮流工作12小时。相对于之前四处奔波、食宿条件较差的女工生活，现在这种生活方式已经安定了许多，因此老板娘认为这算不上辛苦。虽然他们完全可以选择每天歇业几个小时，让自己休息一下，但由于开、关店门比较费力，而且除了少量的照明电费以外并不会节约其他成本，因此他们宁可牺牲这点休息时间，“能多挣一点是一点。”

虽然没有节假日，但老板娘会利用店里客人较少、相对空闲的时间看电视或读书，了解资讯、学习知识，最近正在自学英语。经营便利店的重担并未妨碍她对待这份工作的热情，每次踏入美宜佳便利店拜访她时，都能看到她微笑着接待来往顾客，态度和蔼可亲。

深福林便利店的老板娘年近50岁，同样已经习惯了独自同时看店和经营小吃摊的忙碌。她的便利店室内面积较小，商品种类不如易站、家乐通、美宜佳等连锁型便利店齐全，但在门前的空地上支有小吃摊售卖烧烤，每天从中午开始，营业到第二天凌晨3～4点，“累是累点，不过也没什么。”

3.2.2 便利店员工的工作体会

位于平山村西北主出入口附近的易站便利店，平时仅由3位店员轮番照看，他们的平均年龄只有20岁。看顾便利店的工作内容看似简单，实则相当枯燥和辛苦：每天的工作时长一般超过8小时，大部分时间里都必须站着；月工资只有3000元，在深圳的物价水平下，收入相当微薄。不过，这是3位同乡小伙子在深圳找到的最初的工作，虽然工资微薄，却是他们职业生涯的起步与迈向社会的跳板。

生意较清闲时，他们会暂时离开柜台，与店外执勤的保安或隔壁美发店的同龄人交谈几句；凌晨时分，顾客更加稀少，周边其他店铺也都已经歇业，与值班保安聊天也成了夜班岗店员最主要的工作调剂。在这间位于街角的便利店的屋檐下，来自五湖四海、各为生活打拼的人们之间也渐渐建立了同为异乡客的友谊。

“反正老板就是把这店交给我们3个人管，我们仨轮流看店。老板1个月左右才来1次的。”

——易站便利店店员

4　24小时便利店的地位与现状

4.1　24小时便利店在平山村社区零售体系中的地位与现状

张先生30岁出头，经营便利店至今已有7年多，对平山村24小时便利店经营状况的变化有切身体会。他表示：大型超市、百货商店对小规模、社区级的便利店冲击很大，让他们的生意越来越不好做。希望国家能出台相关政策，适当控制大型百货商店和超级市场的扩张，对小型便利店的发展给予更多扶持。他的理由如下：

> "国家没有政策保护我们这种小店，一家美康百货每天营业到11点，抢走了我们一大批顾客。"
>
> ——家乐通便利店店主张先生

从商品、服务的种类看，平山村现有的个体商户几乎能满足居民全方位的日常生活需求，其种类、质量与附近的百货商场等相比，实际差距也不大[①]。但大型百货商店、连锁超市具有品牌效应，仍然分流了大量原本属于各类小型店铺的客源，加上营业时间也较长（如美康百货平山村店，从早上7点半营业至晚上10点半），对附近的社区级小型商店冲击更加明显。

另一方面，从促进就业的角度看，小型商店也比百货商店、超级市场更有优势：后两者虽然平均规模大，日常管理所需的人手其实不多；便利店则不同，日常的经营管理主要都依赖人工，其实际拉动就业的能力更强。但是，以平山村为例，自从美康百货平山村店开业后，附近许多像家乐通这样的便利店利润都有所下滑，一方面人手紧张，另一方面更加雇不起店员，这是一种恶性循环。"我觉得就应该学习一下德国的做法，让国家对大商场的营业时间进行限制，保护我们这种小商店的经营。这样小商店发展起来了，还能促进社区的就业。"

4.2　24小时便利店在城中村社区中的地位

平山村作为典型的城中村，是深圳市南山区在城市化进程中的阶段性产物，其周边出现大型商场或购物中心是不可避免的趋势。但是，对于以少量、小件、低数额为特征的日常消费来说，大型综合性购物中心在距离、时间上仍然不够便利。营业时间超长、服务于社区尺度的24小时便利店能很好地弥补这些不足。

此外，24小时便利店作为一种自发性零售业态，联系着普通消费者、

---

① 平山村所在地比较偏远，类似于城乡接合部，此处美康百货分店的商品质量相对较差，定价却较高；同时，24小时便利店近几年来也越发注重把控商品品质。因此两者商品性价比之间的差距并没有某些消费者所想的那么大。

店主、店员等多类人群。它不仅能满足居民们生活中的多样化需求，也是促进社区就业、完善区域零售商业体系的潜在力量。在城市规划与设计中，应当认识到社区级便利店与大型购物中心、百货商场各有其存在价值，并合理配置各种零售业态，使居民们从区域、街道、社区等多个尺度上都能感受到城市生活的便利。

参考文献

[1] 平山村方氏后裔 . 平山村村志 [Z]. 深圳：平山村方氏后裔，2005.

专题 10

华强北空间紧缺情况下物流运作的自我调整

小组成员：姚柠炎　金　悦　宗颖俏

摘　要：华强北是中国乃至亚洲最大的电子产品交易中心，巨大的交易量背后是频繁的物流在支撑其运作。然而，华强北在发展过程中却面临着紧缺的空间与活跃的市场间的矛盾，这也是大多数城市在更新过程中所面临的难题。在华强北，市场往往走在规划与制度之前，具有极大的灵活性与能动性。本文从市场的自发调节入手，研究了华强北的物流从业者，包括货运公司和个体运输户，在时间、空间、运行机制等方面应对空间紧缺的策略，以期为规划者提供深入理解空间紧缺问题的新视角，挖掘场地最大潜力。

关键词：华强北；空间；自发；物流

1　华强北电子产业集聚区物流现状

1.1　华强北电子产品交易模式

深圳华强北电子市场是中国乃至亚洲最大的硬件、电子产品交易和技术集散地，被誉为“中国电子第一街”。

华强北电子产品的交易模式决定了其物流运作形式。华强北电子与数码商家以小户和散户居多，经营模式存在很大的灵活性和自主性，店面是商家物流运转的核心，很多店铺都要将货物从仓库拉到柜台再发货，对于他们而言这种方式更加方便和即时，但对有着几万家电子交易店铺

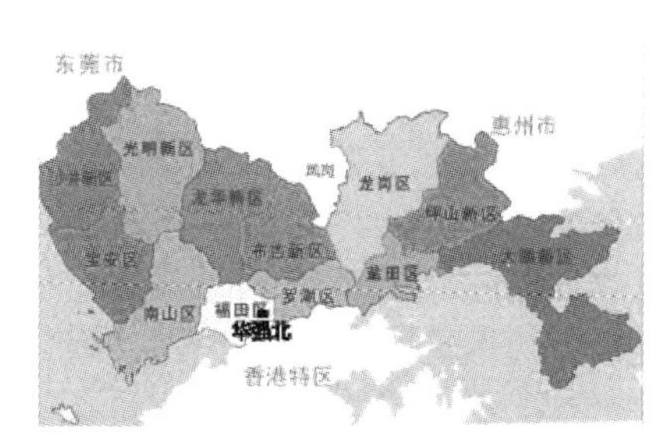

图 10-1　华强北区位——深圳市

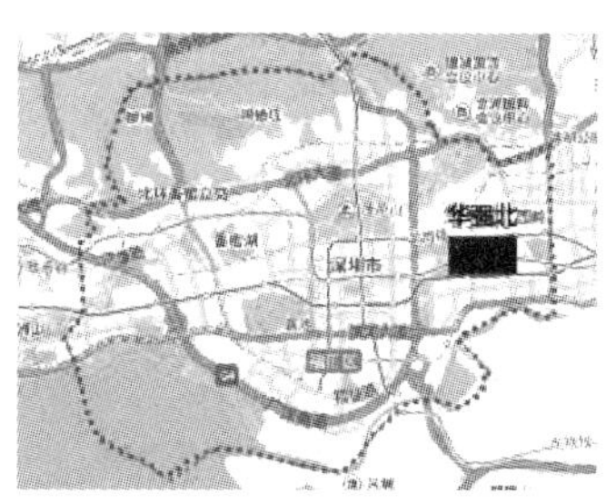

图 10-2　华强北区位——福田市

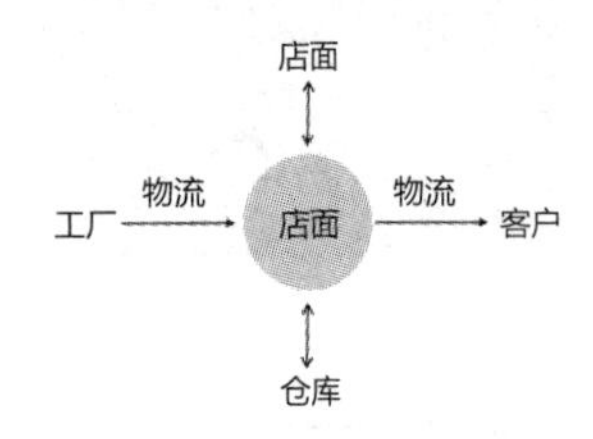

图 10-3　华强北电子行业交易模式示意图

的华强北而言却意味着巨大的物流总量和相对零散的物流形式。针对不同主体的发货特点，物流需要满足区域内包括不同的发货时间、地点、方式等多种发货需求。

1.2　物流流量现状

鼎盛时期，华强北有电子专业市场 36 家，经营商户 26252 户，年销售额约 3000 亿元，是全国经营商户最多、产品最全、销售额最高的电子商业街区。随着市场竞争的不断加剧，电子产业已步入了微利时代，华强北电子产业规模增长放缓，但伴随着华强北城市更新和转型升级，物流业单位货运量货值呈现持续上涨态势，物流尤其快递业务的总需求仍十分巨大。由于华强北电子产业具有种类繁多、时效性强等特点，与之配套的物流业也呈现出“小、散、全”的特点。根据客户的不同要求，不同形式的物流逐渐形成各具特点的核心业务，以增强在物流市场上的竞争能力。在华强北电子市场发展过程中，物流业正处于从少品种、大批量的传统物流形式转向多品种、小批量的快递形式转变的过渡时期。

1.3　物流形式与比较

在华强北片区，物流存在 3 种主要形式，分别为：传统物流、快递和个体运输。其中传统物流专指大批量的专线物流，一般不上门收货与送货；快递则可以发往全国乃至国外，收费高于传统物流；个体运输是此处的特殊物流形式，由私人接单，根据客户的不同需求运送货物，时效性高。三者特点如表 10-1 所示，它们在一定程度上满足了华强北电子市场内不同商家的物流需求。

3 类物流形式特点对比　　表 10-1

主体	货物主要类型	运货量	速度	路线	运费
传统物流公司	电子元器件、硬件	批量	☆☆	本市或省外专线	☆☆
快递公司	电子产品、安防产品	单件为主、批量较少	☆☆☆	全国	☆☆☆
个体运输户	大型电子产品、电子元器件	批量	☆☆☆☆☆	本市	☆☆☆☆☆

1.4　物流所需空间类型

物流业包括运输、仓储、搬运装卸、包装配送服务等，需要较为开敞的空间场地进行运转，如分布在停车场周边、有停车位或宽人行道的道路两侧等，一般情况下需要一个围合有遮蔽的店面作为办公场地，进行信息的汇总调配等。另一方面，物流点的分布还会受到租金、空间现状、周边环境等诸多因素的影响，不会分布在租金昂贵、装修精致的临街商铺，或步行街或交通主干道的两侧。在华强北的电子交易核心区，由于空间不足，物流无法占有店面，转而分布在后巷、建筑围合的内院和地面停车场等较为隐蔽、半开放的空间，以满足频繁装卸货的需求。如图10-4所示。

图10-4 华强北物流聚集区空间类型

2 紧缺的空间和活跃的市场矛盾

2.1 华强北的历史发展与现状问题

1986年，深圳市政府在特区内确定了15个标准工业加工区，上步工业区就是其中之一，当时主要以生产和加工电子、通信、电器以及相关配套产品为主，在工业区内设立了大量标准厂房。随后上步片区在市场自发引导下，由下而上逐步进行区域内的土地功能置换，原有工业区内的工业迁出，基于原有电子行业加工优势形成的电子市场迅速在片区内蓬勃发展，其他商业业态也逐渐进驻华强北片区。早期旧工业区厂房的空间系统格局已无法适应电子销售与商品流通急剧发展的使用需求，大多数的厂房虽然实现了功能的置换，部分遗留厂房也经过了历次的翻新与改造，但是其本身的空间容量无法实现质的飞越，不能满足更多的需求和发展。现有建筑空间不足导致单位经营成本不断增长，威胁到中低端业态功能在片区的生存发展，在赛格广场和华强电子世界周边空间资源供给尤为紧张，店铺租金高昂。数据表明，物流业建筑容量在华强

华强北行业类型与建筑容量（2010年） 表10-2

大类行业	种类行业	建筑容量（m²）	比例（%）	总比例（%）
生产服务业	电子专业市场	1006564	22.3	62.3
	电子研发	434953	9.6	
	物流	43495	1.0	
	其他	1322126	29.4	
生活服务业	百货商业	334453	7.4	37.7
	餐饮业	154735	3.4	
	其他	1211952	26.9	

北总建筑容量中只占 1%，其所服务的电子专业市场则占 22.3%。市场扩容需求是华强北片区目前面临的主要压力之一，而由伴随地价升值的逐利开发，造成片区既有配套供给严重滞后、公共空间缺失，典型表现即为区域内道路与停车场容量严重不足。

2.2 物流空间资源不足

2.2.1 空间扩张

华强北片区的总建筑面积从 1996 年的 380 万 m^2 至 2010 年达到 430 万 m^2，建设状态已逼近原片区发展规划预计的 450 万 m^2 总量上限。在市场需求不断增长的现实情况下，华强北大多数业主选择直接拆旧建新的方式争取更大发展空间（典型案例如茂业百货、华强广场等），由此造成片区肌理结构的改变，原有的后巷、内院空间面临“消失”的境况，而这些空间正是物流行业生长的土壤。在建筑空间扩张的过程中，一方面内部功能的升级使大部分物流公司无法在沿街店铺中占有一席之地，另一方面街区肌理的改变将物流车辆挤向仅有的几个后巷与内院空间。

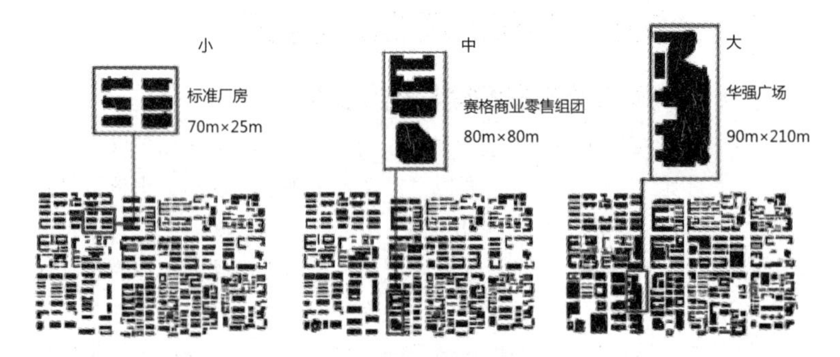

图 10-5　城市空间尺度变化

2.2.2 停车配套设施欠缺

华强北现有停车位 11138 个，如果全部车位被有效利用，仍存在 3000 个以上的停车位缺口，缺口比例达 30%①；另一方面存在停车场所分布不均的问题，特别是在流量较大的电子专业市场周边缺口较大，而这些市场又是物流的核心需求区，如赛格电子市场、赛格康乐大厦、都会 100 大厦、新亚洲电子商城周边等（图 10-6、图 10-7）。在电子交易核心区承担主要停车功能的是地下停车场，这类停车场大多有停放限制，如赛格广场（图 10-6 中 A 点）与新亚洲国利大厦（图 10-6 中 B 点）的地下停车场，规定在周一到周五 12：00 ～ 16：00 停车高峰期间优先让月卡车辆进入，而面积较大的中电大厦地面停车场（图 10-6 中 C、D 两点）也未设置明显的标识系统引导外界车辆进入。

① 数据来源于深规院 2011 年华强北城市设计及二层连廊交通改善规划。

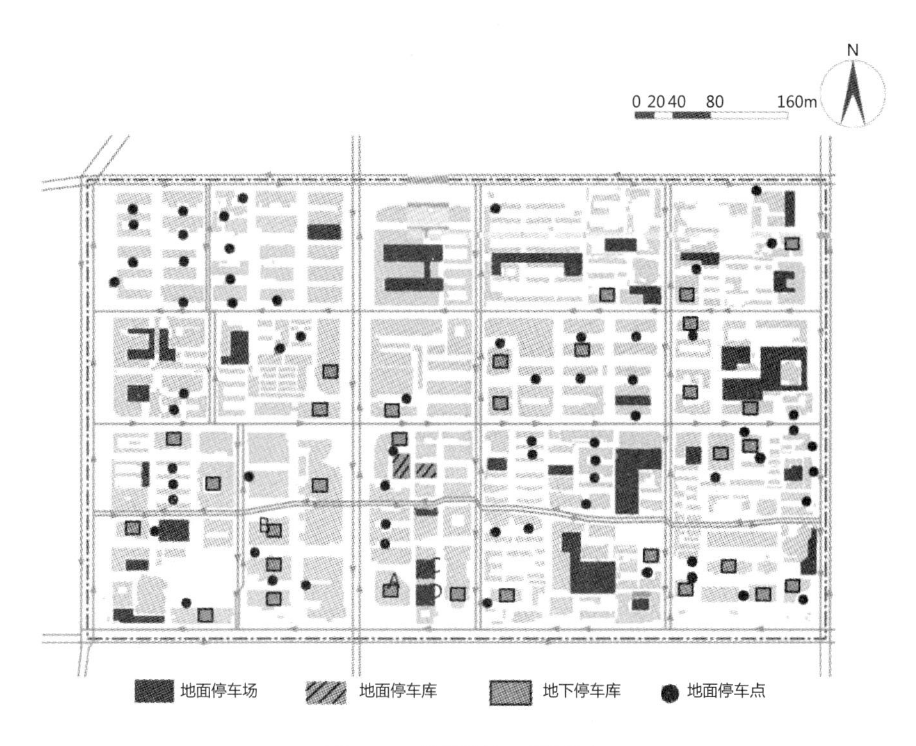

图 10-6　华强北地区现状停车

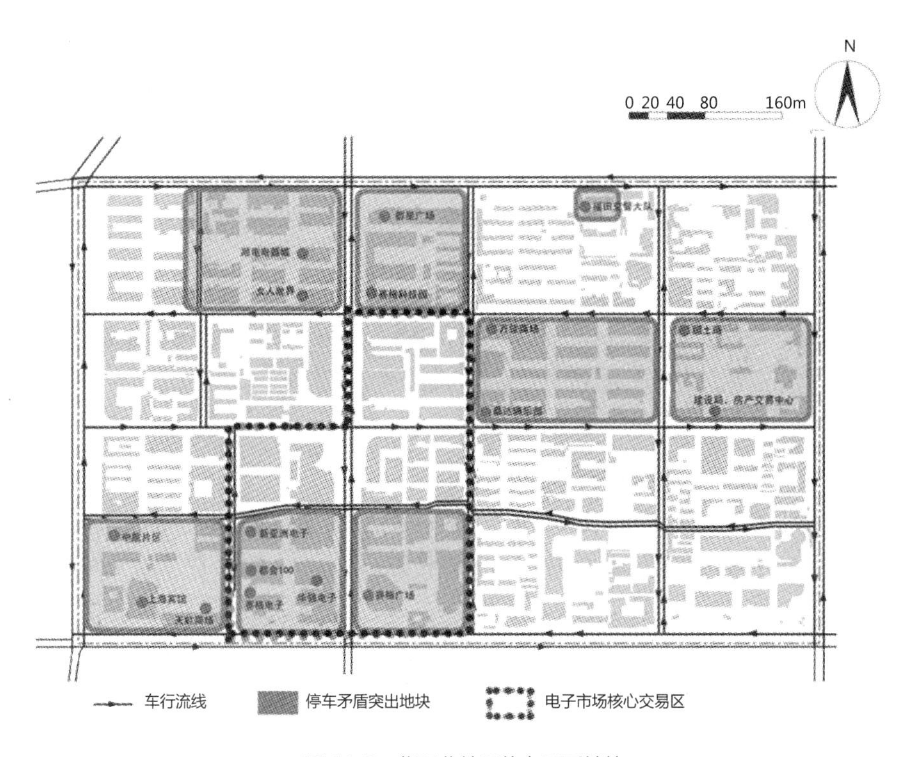

图 10-7　华强北片区停车矛盾地块

对于货运公司来说，可供选择的停车场更为有限，大部分地下停车场与地面停车场的 2 层及以上都有限高，大多数物流车辆无法进入，且物流车辆频繁流动的特点使货运公司更倾向于选择出入方便的露天地面停车场，这类停车场更为紧缺，在停车矛盾突出的电子核心片区只有 4 处，平均每个停车场车位数量为 30 ～ 40 个，目前物流车辆占用的车位在 50% 左右，物流配套停车空间十分紧缺。

3 物流运作自我调整

3.1 物流运作的整体调整

3.1.1 历史演进

华强北物流网点呈现出电子核心交易区外围比其内部密集的特点。华强北特有的后巷以及内部院落往往成为物流点聚集的空间，然而随着华强电子世界与赛格集团的逐步圈地扩张，导致地价上升以及后巷内部空间的流失，使得许多物流公司选择相对偏远的振华路以北地区，这无疑降低了物流效率。因此，在振华路以南，作为华强北电子交易量最大的地方，出现了一些自发应对空间资源紧缺的“非正规”的物流运作现象。这也是我们在此次研究中重点探讨的地方。

华强北物流行业的发展与华强北电子行业的发展休戚相关。随着 2005 年、2006 年前后明通数码城、高科德数码广场、太平洋安防通信市场等大批电子市场的建立，华强北达到了电子行业的巅峰时期，货运公司也从当时的零星十几家发展到现在三百多家，且以小微物流企业为主。与日益庞大的物流需求相矛盾的是电子核心交易区空间的日益萎缩。商业的扩张、地价的飞涨使大量物流小企业难以立足，纷纷向外扩散，以求在成本与效率间寻求平衡。

个体运输户更是随着市场亦步亦趋。从最初在华强与赛格提供私人运货的服务，到后来随着明通、高科德等电子市场的发展，越来越多的个体运输户出现在这些市场周边的华发北路、振华路等，形成不同老乡集体割据地盘的形式。

3.1.2 布局调整

与其他经济活动一样，获得经济利益、寻求最大利润空间是形成不同物流区位的根本原因。市场、成本、社会经济环境以及物流企业内部因素构成了物流区位选择的主要依据。城市物流的区位择优和空间不平衡发展过程是一种比较典型的自组织现象。根据一般规律，物流分布由内部中心圈层向外部圈层呈现高密到低密的特征，然而华强北的物流分布特征却与之相反。

华强北电子核心交易区外围的物流分布比内部更为密集。随着华强北产业布局和空间结构的调整，以华强和赛格为核心的电子市场在完成建筑的扩张和业态的转型以后，核心区的物流功能逐渐弱化，一方面由于华强集团、赛格集团向消费类商业转型导致地价的飙升，使得小微物流公司无法再承担核心区店面的租金，从而转向集中于后巷以及内部院落的停车场或者北部租金较低的区域。另一方面由于赛格、华强等大型企业进行建筑改造，将多个街区合并，形成大型的商业建筑，建筑空间的扩张导致内院空间以及后巷空间大量减少。所以，除了与核心区物业已经建立长期合作关系的物流公司还尚有一定空间进行物流运作外，大部分公司被迫转向振华路以北的区域，但这无疑降低了物流效率。

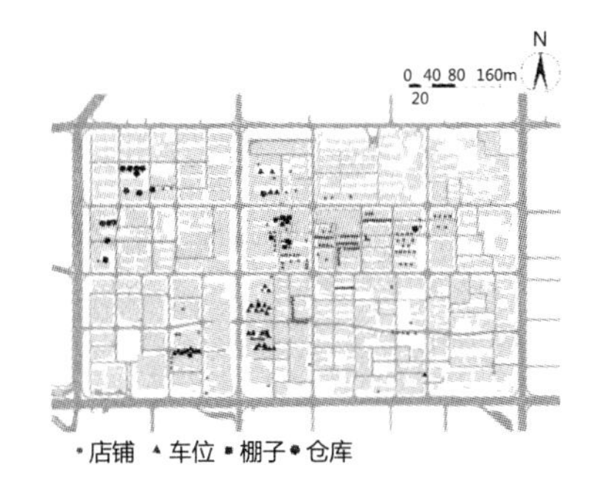

图 10-8　华强北不同物流形式分布图

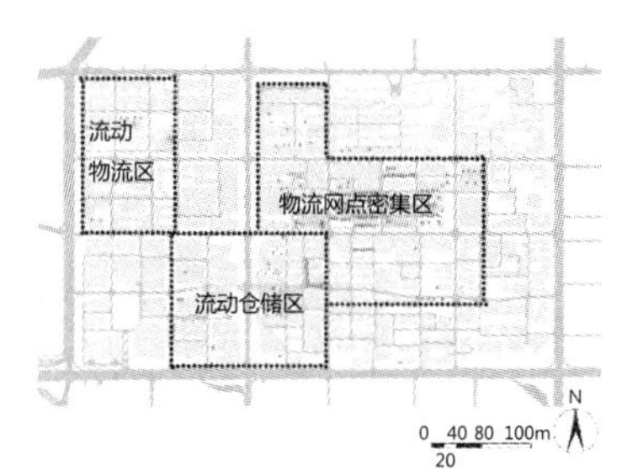

图 10-9　华强北物流分区图

根据“就近原则”，为了实现效益最优，在以赛格广场、华强电子世界为中心的电子交易核心区形成了一些自发应对的物流形式，货运公司和个体运输户这两个不同主体在华强北核心区域的夹缝中寻求生存空间，分别根据自身特点，采取高效的物流运作形式，平衡了物流空间布局的差异，确保华强北的物流正常运转。

3.1.3　结构调整

小型货运公司和个体运输户相较于大型的物流快递公司，受市场环境影响较大，也更容易做出应对市场的自发调整，具体表现为对于资源的高效利用。

1. 货运公司——固定车位，流动作业

如前所述，华强北的电子交易核心区并没有足够的空间来满足物流运作的需求，而货运公司的客户群体相对不固定，且大多不提供上门收货和送货服务，所以需要相对固定的位置便于交易。因此，在没有固定的店面和仓库的情况下，货运公司利用停车场车位作为办公和临时仓库用地，主要分布在都会 100 大厦和三号路附近的后巷与内院，呈现两种情况：（1）长期租用车位：利用车位作为一个长期的物流运作点，有固定的营业时间，一般是早上九点到晚上七点，采取车位上停放货车作为临时仓库进行收货，或利用车位堆放货物，定时班车前往收货的方式。（2）临时租用车位：在固定时间段利用车位进行收发货，一般停放 2 个小时左右，每天1趟或多趟，长久发展以后，各公司运作时间形成一定规律，货运公司内部形成默契，以确保空间使用无缝衔接，避免产生冲突。

货运公司利用停车场资源和时间差，将固定的车位流动利用，在有限的车位上进行不间断的物流运作，使车位在流动中实现资源共享，缓解了空间紧张的压力，在一定程度上也满足了中心区物流的需求。

2. 个体运输——内部资源整合，人车分离

个体运输是最为传统的一种货运形态，也是华强北物流运作的灰色地带，它的存在弥补了华强北的其他物流服务的缺口，为商家提供更加快速和特殊运送地址的物流服务。一方面由于华强北停车位紧张，另一方面为了节省成本，他们多选择路边停车，无偿占用道路资源，利用交通规则的漏洞，避开交警管制。他们一般以夫妻合作以及老乡集结的社会形态出现，形成自发的货运市场。群体内部以相互合作的形式，及时整合货物资源，达到高效快速运送货物的目的。

和货运公司不同的是，他们的临时顾客相对较少，多是依靠与客户建立的长期合作关系维持日常运营，所以他们不需要固定的位置进行交易，流动性更大。随着华强北道路资源愈发紧张，区内已无法满足停车需求，后来者转而利用华强北外部即华强南的道路资源停放车辆，合作者（一般是妻子）在华强北用小推车揽客收货，通过人车分离运作的方式，实现正常的运转。从原始的“车等货”转变到现在的“人等货”，个体运输户借用华强北以外相对宽松的资源，既不妨碍自身物流的运作，又缓解了华强北道路资源的紧张。

3.1.4 市场契约

市场契约主要是指市场参与者和监管者之间在博弈过程中所达成的制度安排和非制度惯例形成的约束，以此得到各自所需的利益。华强北地区频繁的商贸往来和货物流通导致其对空间的庞大需求，紧缺的空间资源使得物流运作只能在充分利用公共资源的情况下进行，然而这种自发的物流形式得到了市场的认可。货运公司与个体运输户是华强北物流运输不可或缺的载体，市场的运行依赖它们存在。除了现在越发重要的快递行业之外，传统物流和个体户在华强北目前依然扮演着不可或缺的角色。例如传统物流公司设置的华强北到宝安数码城、沙井电子城等市内专线，2小时可完成运输任务，效率更高。个体运输户运费偏高，但能够满足客户紧急出货以及运送到物流不能到达地点的需求。两者存在的必要性导致了市场更大的宽容度。

规则或约束的建立依赖于参与者与监管者达成的共识。从市场参与者的角度来看，商家与物流服务方基于各自利益的交易行为是形成市场契约的基础，并以一种非制度的惯例形式存在。以个体运输户为例，他们与商家的关系建立在传统信任的基础上。在建立合作关系初期，运输户通过提供身份证、驾驶证等作为安全保障，商家一般会跟车监督，在多次交易以后，信任关系初步形成，商家交由个体运输户独立作业。为

确保货物的安全性，双方达成默契，运送方对于货物内容不询问，成为一定的行业规矩。从监管者的角度来看，从既有的管理规则上对物流运作进行管理，涉及交警、交委、城管、物业等多方主体。由于了解华强北空间紧缺的现实情况，管理者往往不对物流运作占用公共资源的情况过多干涉，管理也相对宽松。以交警部门为例，交警按照普通的交通管理条例对占用道路车辆进行疏导和劝阻，在非交通高峰期适当放宽监管。

3.2　货运公司的自发调整

货运公司作为合规的公司法人，其应对空间紧缺的自发调整行为受市场规律和管理条例的双重约束，电子商家利益、货运公司利益、公共利益等各方面相互牵制，不断调整，形成相对高效的“合规而非正规”物流形式，即利用地面停车场的空间，长期租用车位作为物流收货点以及进入停车场短时停靠进行收货。

3.2.1　基本属性

货运公司占用的停车场主要集中在核心电子市场周边，包括赛格经济大厦北侧、赛格康乐大厦北侧、宝华大厦北侧、都会大厦北侧等。其中一部分采取长期租赁形式，物流车辆长期停在车位上，按月收费；另一部分是短时停留，每辆物流车停在车位上约 1 ～ 2 小时，按小时收费。采取长期租赁车位的公司多集中在赛格经济大厦北侧停车场（图 10-11 中 A 点）；短时停留的车辆主要集中在宝华大厦北侧（图 10-11 中 B 点）与都会大厦北侧停车场（图 10-11 中 D 点），且后者的物流车辆流动性更大。

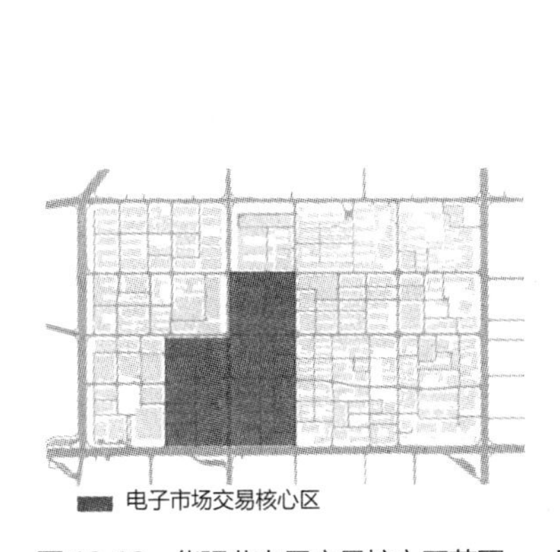

图 10-10　华强北电子交易核心区范围

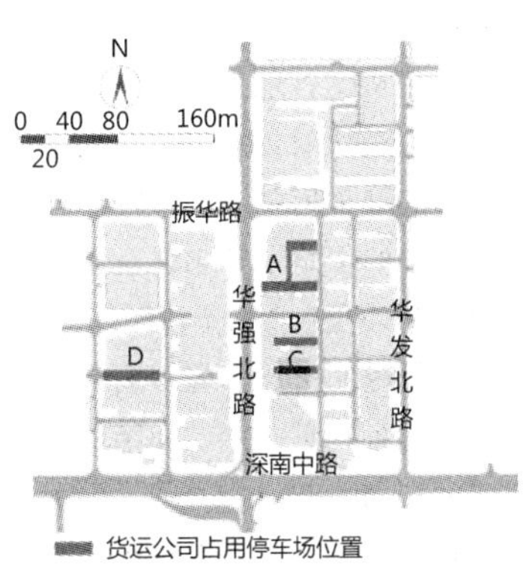

图 10-11　货运公司占用停车场位置分布

长期租用与临时停车数量　　表 10-3

位置	长期租用车位数量	临时停车车辆数量
赛格经济大厦北侧停车场（图 10-11 中 A 点，后巷）	5	4
赛格康乐大厦北侧停车场（图 10-11 中 B 点，内院）	6	2
宝华大厦北侧停车场（图 10-11 中 C 点，内院）	6	17
都会大厦北侧道路（图 10-11 中 D 点）	5	12

3.2.2 演变过程

货运公司在停车场内租用车位作为物流节点的形式，最初由市场催生，在物流需求量巨大而空间资源不足、店面租金高昂的情况下，逐渐转向对公共空间资源的利用，以降低自身运营成本，同时尽可能保证货运效率。在利益驱使之下产生这一形式后，又受到市场规律的调节和各管理部门的约束，在各方牵制与协调下保持自身高效运转，同时尽量减少对外界其他系统的干扰。

作为服务于电子市场的行业，物流业总体上随着华强北电子产业的兴衰而浮沉，而中小型的货运公司能对市场的变化做出更及时的应对，因此最先选择租用车位的多为走专线的小型物流企业。自 1988 年赛格电子配套市场成立以来，电子产业在区域内迅速发展，在 1990 年代初就已经成了华南地区最大的电子产品交易的集散地，经过十多年的发展，在 2005 ～ 2008 年达到辉煌时期。与此同时，租用车位的货运公司也从 2000 年初的三十多家发展到后来的一百多家，使停车空间达到超饱和利用状态。在 2008 年以后，随着电子行业经济环境不景气以及地铁修建封路、山寨风波等的影响，华强北电子市场有所萎缩，因而近 3 年来货运公司业绩也随之下滑，特别是单一的专线物流企业逐渐被快递企业所挤压，但由于停车位不足，停车场仍处于过饱和状态，货运车辆被迫从停车场转移到临近路面停靠收货。

管理部门主要包括街道办、派出所、市场监管、交通、城管以及物业等，其中物业与货运公司的发展关系最为密切[①]。十多年前，这些物业公司出于满足周边电子大厦内商家需求、促进电子商品交易流动的目的，在各自管辖的停车场区域内开放少数停车位长期租赁给物流企业，这是物业公司对市场一定程度的顺应；但近几年来，考虑到区域内越来越紧张的停车场资源，各物业公司已经停止对外出租长期车位，现存长期租车位的都是十几年前就来此的货运公司，且这类形式有逐渐减少的趋势。此外在整个过程中，物业的管理也时时制约着货运公司，成为空间安排利用的引导力量，例如限制大货车停放的位置与方向、控制停车场内物流车数量以保证商家的停车需求等。交警部门与货运公司的关系也较为密切。2013 年地铁七号线开始修建，3 号路路段周边停车场车位难以负荷、物流车辆停留在 3 号路上的现象增多。很多物流车辆在 3 号路上排队等候进入停车场，并在路上装卸货，占用了原本两车道路面的一半位置。交警部门理解此处物流基础设施不足、物流需求巨大的现状，对路面车辆停靠放宽要求，但也会在高峰期进行管制，要求占道车辆驶离。

---

① 以上 4 个停车场的物业分别是零七物业公司（隶属广博现代之窗大厦）、赛格康乐大厦物业公司、宝华大厦物业公司和中昊源物业公司。

3.2.3 空间特征

1. 都会 100 大厦北侧停车场

都会 100 大厦北侧道路为 2 车道，现大部分被物流车辆占用。其中长期租用车位的有 4 家公司（分别走市内宝安数码城线、省内中山线、全国线以及港澳线），都集中停靠在路东侧的南半边，并垂直于道路停靠，堵住了这一侧出口；而路西侧入口处的物流车辆多为停靠 2 ～ 3 小时的车辆，平行于道路停靠，留出容一辆车通过的空间。在北半边车道上，车辆流动性更大，靠近新亚洲电子商城大门处形成宽于路面的小型广场，物流车辆在此装卸货，一般停留 0.5 ～ 1 小时。都会大厦前也有两个较大的广场，成为物流车辆临时装卸货的区域。

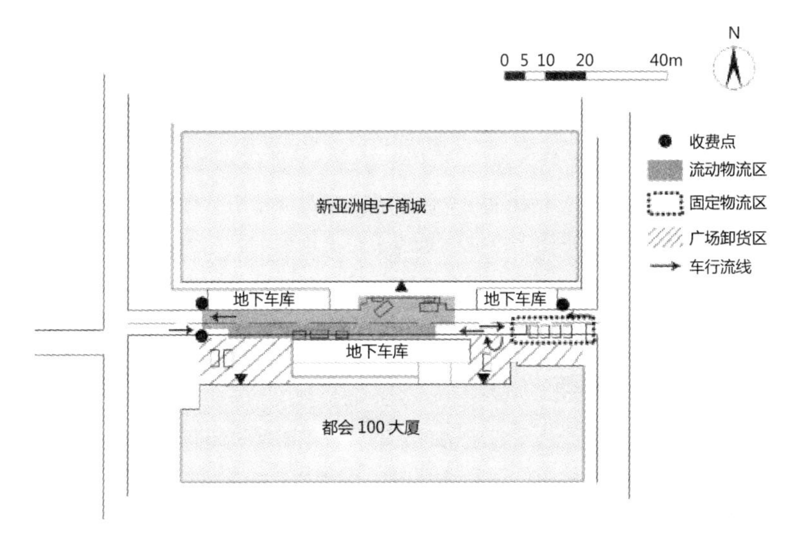

图 10-12 都会大厦北侧停车场物流分区图

总体上来说，不同的物流形式适应了不同的场地空间特征，以达到空间利用的最大化，同时保证整体通行的有效运转。道路北半边保持通畅，以流动性较大的物流车辆为主；南半边长期停靠的车辆位于末端出口处，减少对其他车辆的阻碍，同时垂直于道路停放以节约空间；临时停靠但流动性相对较小的物流车辆位于南半边入口处，平行于道路停靠留出通行宽度，离开时直接从入口处开出。

2. 3 号路周边停车场

赛格经济大厦北侧停车场为后巷空间，共 4 车道，其中 1 个车道大部分被物流、快递车辆占用，车辆多东西方向停靠，东侧出口连接正在修建地铁七号线的华发北路，机动车无法通行，西侧路口为出入口，连接 3 号路。

赛格康乐大厦北侧停车场和宝华大厦北侧停车场为内院空间，西侧为出入口。赛格康乐大厦北侧面还有立体车库，停车场内车辆多垂直于通道（即南北方向）停靠。宝华大厦北侧停车场靠近内部南侧有两家长期租赁的物流点，其货车体量较大，车辆平行于通道（即东西方向）停靠，以避免阻塞场内车辆流通，其余车辆南北方向停靠。

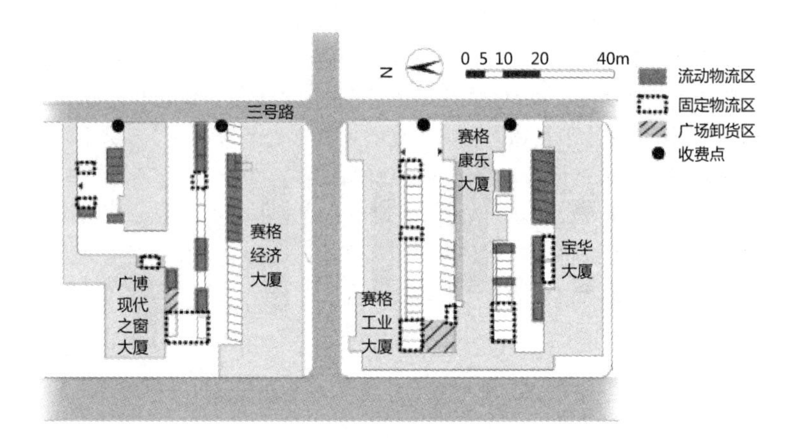

图 10-13　3 号路周边停车场物流分区图

总体上，停车场尽端的停车位多提供于长期租用且体量较大的物流货车，而出口处的车位多停放体量较小、流动性大的车辆，以确保场地内部通行。停车位划定朝向也是以高效节省空间资源、保证通行宽度为原则，整体适应场地的空间特征。

3.2.4　应对策略

车位长租是货运公司对店铺租金高、空间不足、市场功能调整等所采取的策略，临时停车的形式则是在此基础上的进一步发展，在长租者受到管理方的约束后，临时停车更灵活地利用了空间，并且允许更多数量的物流公司进入。各货运公司为应对市场需求与现状条件，不断进行调整适应，形成了一定的业内秩序，在运作方式、空间调配、时间错位等方面都有效提高了利用效率。

1. 临时使用

对于长期租赁的车位，租赁公司若在当天到达该停车位时间过晚，其他车辆可以先使用该车位停车，长期租赁的快递、物流公司车辆也需等待车位，当其他车离开停车场后才可以到该车位上停放。这种方式有效避免了空间资源的空置浪费。

2. 两端分布

长期租用车位的车辆由于一天只进出一次，且需要长期堆放货物，多分布于道路末端远离入口处，以减小对交通的干扰。例如都会大厦北侧长期租用车位的 4 家公司将破旧面包车作为固定的收货点，停放于道路末端，虽堵住了南半边道路的出口但其他车辆仍可通过入口进出；赛格康乐大厦北侧停车场和宝华大厦北侧停车场长期租用车位的几家公司车辆属于大型货车，为避免堵塞交通，也分布在了靠近场地内部尽端。

相对应地，临时停靠的物流车辆基本朝外分布，例如宝华大厦停车场场地入口处南侧车位被数家流动的物流、快递车辆所使用，因其具有停留时间短、流动性大的特点，在此处停车出入便捷，具有更高的效率，较好地保持了停车场内交通通畅。

3. 时间错位

因宝华大厦北侧停车场场地空间尺度稍大，临时停放收货卸货的物流车辆多在此聚集，逐渐形成了有序的时间错位。在宝华大厦北侧和赛格经济大厦北侧停车场内，短时停留的快递和物流车辆每天出入停车场 1 次或 2 ～ 5 次，分别为 15 家和 6 家，并且分为多批车辆，多集中于 12：00 ～ 14：00 点和 14：00 ～ 16：00 两个时间段，各有 7 家和 10 家。在此时间段内停车场车位基本全满，多出现车辆在 3 号路上临时占道停车等待车位的现象。物流车辆结合自身运营时间，利用时间错位，使停车场空间得到充分使用，避免在停车高峰期造成过度拥堵，如图 10-14 所示。

都会大厦北侧的道路由于靠近两座大厦的大门，存在较开敞的、相对外向型的广场空间，且道路上没有直接划定的车位，因而此处临时停靠的车辆相对 3 号路院落内的流动性更大，即车辆平均停留时间更短，多为 0.5 ～ 1 小时。大部分车辆也有着基本固定的进入停车场的时间，形成了较为均匀的分配。在物流车辆到来之前，物流人员提前把部分货物堆放在开敞的广场、走廊上，以节约装货时间。

4. 控制物流车数量

为防止停车场上车位被物流车长时间停靠与装卸货而造成交通堵塞，在一定数量的物流车已经占据部分停车位后，停车场工作人员通过控制停车场内物流车数量的方式来保证物流车的良好运转，同时兼顾私家车的停放。下午 14：00 后到达并停留至晚上 19：00 左右的物流车因为停留持续时间较长，而被安排在停车场外的 3 号路上，而停车场出口处的停车位优先给停留时间较短、体量较小的私家车使用，以确保停车场内的车辆出入和通行顺畅。

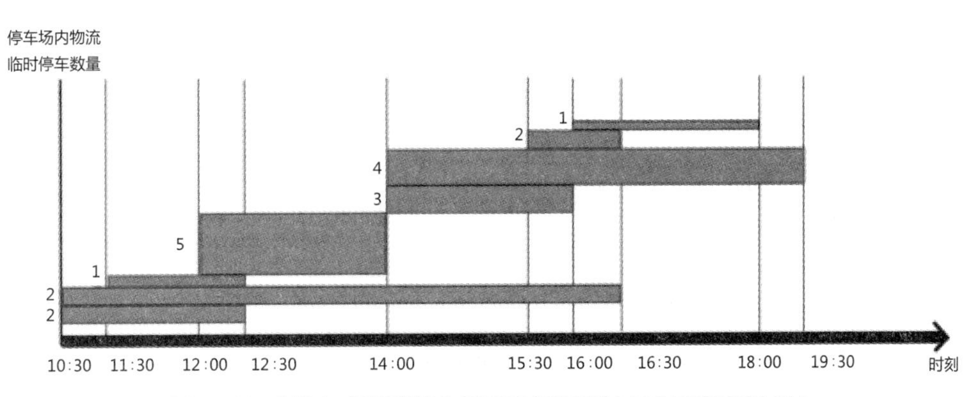

图 10-14　物流车“时间错位”示意图（以宝华大厦北侧停车场为例）

5. 车厢相接

除了通过车辆的合理停放来达到节省空间的目的，在停车位上人们也采取一些小策略来最大限度地节约空间。停靠在相邻车位时，同一家物流公司的两辆货车通常采取车厢相接的方式，节省了装卸货的空间，也方便两车之间货物的相互调配。不同物流公司的货车则车头相对，各自作业，尽量避免装卸货时产生干扰。

3.3 个体运输户的自发调整

个体运输户也是华强北物流运作中不可缺少的一部分，与货运公司相比，他们的社会属性更强，使得他们在空间选择和应对策略上体现出与货运公司不同的特点。

3.3.1 基本属性

个体运输户的存在弥补了物流以及快递服务的不足，其优势主要有以下几个方面：（1）速度快，适合需要紧急出货的商家；（2）能够到达物流专线到不了的地方；（3）送货上门服务，建立起长期合作关系让商家更为省心。

作为传统的货物运输团体，华强北的拉货人依靠乡缘与亲缘关系联系，在一定领域内聚集，占领一定的空间，形成排外型的联盟网络，合作与竞争同时存在，合作关系包括以家庭或亲戚为单位的小推车拉货、面包车送货以及以亲戚或老乡关系为基础的货物资源调配。同时，因为同一区域客户资源有限，为拥有更多的客户，竞争关系也同样存在于老乡之间。

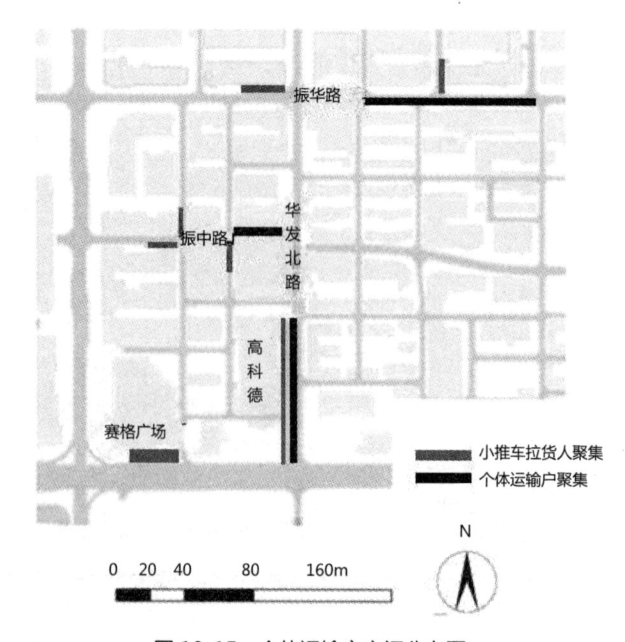

图 10-15 个体运输户空间分布图

在空间位置上，个体运输户主要选择沿道路停放车辆，分为区内停靠和区外停靠两种形式。区内停靠的车辆主要分布在华发北路、振中路以及振华路上。在华发北路上聚集的多为面包车与拉货人共同合作的形式，拉货人多为车主的亲戚或妻子，在拉货人拉到货物以后，将货物交给车主一起拉走，为节省运费，往往等待货物集满一车之后再运走。在振华路、振中路上聚集的多为只开车不拉货的形式，需要商家将货物自行运下楼，之后车主前去接货。区外车辆主要停靠在华强南区域的福虹路、南园路、爱华路上，以夫妻分工拉货送货的形式存在。

个体运输户的基本情况　　　　表 10-4

分布道路	数量	出现时间	地域	运营形式
华发北路	20	2005 ～ 2006 年	四川	夫妻档集结拉货送货
振中路	7	2012 ～ 2013 年	各地	个体单干为主
振华路	12	2005 ～ 2006 年	广东、四川	夫妻档集结拉货送货，个体单干兼有
华强南	15	约 2013 年	河南，四川	夫妻档分开拉货送货

3.3.2　演变过程

1. 空间分布的演变

个体运输户的空间分布是紧随市场而变化的。2000 年以前，他们率先出现在华强、赛格电子市场周边，为商户提供运输服务。随着 2003 年以后包括太平洋安防市场、明通数码商城、桑达电子市场等陆续开业，不同地域运输群体先后出现在附近的振华路、华发北路上，占据各自地

华强北各电子市场开业时间　　　　表 10-5

电子商城	开始营业时间
赛格电子市场	1988 年
深圳国际电子城	1995 年 4 月
华强电子世界	1998 年 7 月
赛博数码商城	2001 年 6 月
远望数码商城	2001 年 9 月
太平洋安防市场	2003 年 3 月
都会电子城	2003 年 3 月
明通数码商城	2005 年 9 月
桑达电子市场	2006 年 10 月
高科德数码通讯市场	2006 年 12 月

盘，形成类似“割据”的局面。由于华强北的道路资源有限，当现有可以长期停放车辆的道路被各群体瓜分后，2013年左右新出现的运输群体便选择在道路资源尚为宽松的华强南停放车辆，主要分布在福虹路、南园路上。为弥补不能在区内停放车辆带来的利益损失，他们的妻子便聚集在华强北赛格广场附近，为丈夫揽客拉货。

群体聚集往往需要占据大量的空间来满足停车需求，个体的进入则相对容易得多，他们在被占据的几条道路剩下的空间中见缝插入，融入现有群体并借用其资源，与其他群体形成竞争的局面。

2. 行业演变

在华强北电子市场起步之初，进入华强北的运输户一般是独立个体，个人便可以承担华强北的运输任务。随着市场的发展，运输需求越来越大，他们的妻子也加入进来共同合作，提供从楼到车的拉货服务，大大提高了交易的效率。与此同时，通过老乡介绍的方式，越来越多的同乡逐渐加入进来，形成了以老乡关系为特点的空间“割据”形式。这种以亲缘和乡缘为基础的运输团队，是一种类似“货运市场”的模式，在小范围内快速实现资源的高度集中。为实现货运市场内资源的高效利用，老乡之间结合形成战略联盟，对外排斥，对内资源共享。如图10-16所示。

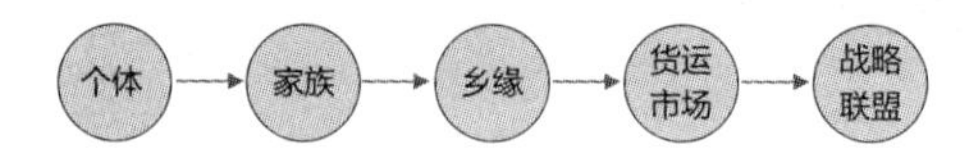

图10-16　个体运输户内部关系发展示意图

3.3.3　空间特征

与货运公司选择内部院落或后巷不同的是，个体运输户的车辆多停靠在市场附近的二级道路，基本为三车道。较宽的路面有利于车辆的长期停放，并易于在道路上进行临时的装卸货，同时显眼的位置也有利于发展临时业务。为将对道路的影响降到最小，他们的车辆往往分布在道路的末端，单行道的终点处，与拉货人聚集。

3.3.4　应对策略

1. 法规变通

个体运输户长期无偿占用道路资源，是交通法规所不允许的，他们的存在利用了交通法规的漏洞。根据《中华人民共和国道路安全交通法实施条例》第63条第5款规定：“临时停车，机动车驾驶人不得离车”。第93条第2款规定“机动车驾驶人不在现场或者虽在现场但拒绝立即驶离、妨碍其他车辆、行人通行的，处二十元以上二百元以下罚款……”为避免交警罚款，他们长期待在车里，不离开车辆，以此达到长期占据道路的目的。当交警出现维护道路秩序时，他们及时将车驶离，等交警走后将车开回来，继续占有道路。这一群体的流动往往具有集体性，即在一条道路上被赶走后，往往一起转移到另一条道路上。

2. 空间借用

随着华强北道路资源越发紧张，个体运输户车辆停放逐渐远离电子交易核心区，从华发北路到振华路再到华强南的道路，从区内停靠演变到区外停靠，他们逐步外借非核心区的资源来满足自己货运操作的需求。约在2005年、2006年开始出现夫妻合作的模式，妻子用小推车拉货，丈夫开车，两者共同占用了华强北大量的车行道以及人行道的资源，到了2013年前后，华强北新出现的“夫妻档”运输户（主要集中在赛格靠近深南大道一侧）只能选择将车停放在华强北以外的区域，而妻子则留在华强北拉货揽客。这虽是迫于空间紧张的无奈之举，但是不失为充分利用空间的一种形式，从原来的“车等货”演变到现在的“人等货”，空间的利用越发高效。

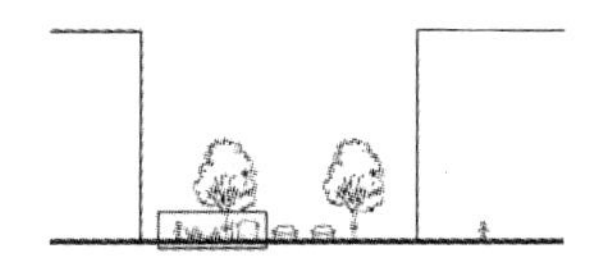

图10-17 “车等货”示意图

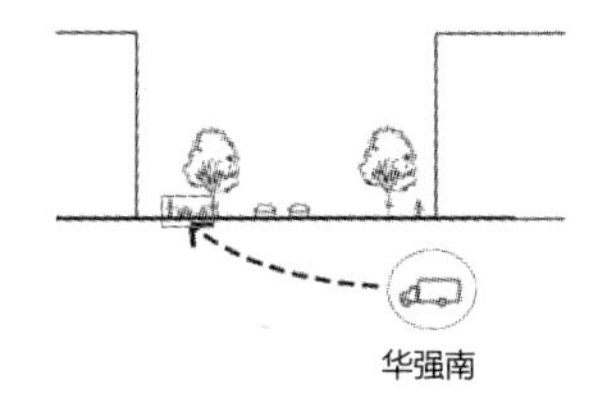

图10-18 “人等货”示意图

3. 内部交易

以乡缘关系集结形成的货运市场，由于彼此间有相对良好的信任基础常会形成战略联盟。战略联盟是对各种资源的整合，是建立在互惠互利的原则上，各联盟成员根据自身资源的同一性，通过优势资源的互补来追求共同利益的合作行为。很多个体运输户在华强北的时间较长，与客户建立了两年以上的合作关系。拥有这样长期稳定的客户资源是进行联盟的基础。当接手的货物不能满足整车的容量，为了节省成本、提高效益，他们往往寻找附近拥有货源且相同路线的老乡进行拼货，集满一车以后再运走，利益均摊，以此达到高效运作的目的。这种联盟现象在华发北路及赛格广场上尤其明显，其形式往往是动态的、不稳定的，随着一次合作的结束，其关系也就立即解散，它是一个能够快速重构的网络，可以实现资源的共享和高效的利用。同时，在当下物流运输“供过于求”的市场环境下，建立联盟往往形成一个一定范围内相对统一的价格，对于同一运货地点，华发北路、振中路以及赛格广场的定价差别较大，通过这种方式来获得更多的交易主动权，形成市场竞争优势。联盟之间独立运作，以占据不同地理位置的方式存在，面对的客户群体也不同，长期发展之后已形成了各自的内部网络，彼此互不干扰。

与企业运作不同的是，个体运输户的存在建立在长久经营的关系上，无论是与商户的关系，还是与同盟老乡的关系，都是自主选择的结果，他们的资源共享只能建立在自己熟识的人上面，是局限的、内在的。在调研过程中我们了解到，曾有公司设计了一款手机APP，通过整合商户资源和运输户资源实现类似打车软件一样通过抢单形式完成货物接送的功能，但是由于运输户的不配合，这个APP最终流产，主要原因就是开发者忽略了个体运输户的资源共享更多的是建立在“关系”的基础上，其流通也是封闭的、不对外的，而资源的全面共享往往导致“关系”的流失，这是他们所不愿意看到的。

3.3.5 各方关系

1. 商家

从目前来看，对于商家来说，个体运输户的存在仍是不可或缺的。一方面，由于华强北物流企业的分布不均，使得这些个体运输户在各自空间领域内很好地弥补了物流的空白。另一方面，个体运输户也有其自身的服务优势与不可替代性，弥补了快递与传统物流服务的缺失。很多运输户与商家建立了长达十几年的合作关系，是从店铺至买家的一条龙服务，当商家需要出货时，由运货人妻子负责从店铺或仓库拉出，丈夫开车送到买家处。这种方式节约了商家的时间，价格方面也比较优惠，一些合作商家经常优先考虑这种物流方式。

2. 交警交委

在华强北路边划定停车位的道路由交警委托给交委负责，没有停车位的道路则由交警负责，两者都拥有拍照、贴罚单的权力。由于管理条例的限制，无法取得个体运输户长期占用道路的证据，管理者对他们占用道路的行为束手无策，只能采取不定期的巡查驱赶的方式。运输户们基本不跟管理者起正面冲突，当交警过来执行检查时，他们立即离开，转移到别的道路上或者在道路上徘徊，等交警离开以后，他们又回到原处。华强北交警与交委警力有限，无法承担整片区域的管理工作，交警部门与城管部门合作，调动协警来协助管理道路。虽然协警分布在华强北各个区域，但是他们只有劝阻的义务，没有执法的权力，对个体运输户无法构成威慑作用。据交警介绍，在未来一两年内，华强北的交通管理将在技术上跟进，安装监控视频，以此取得车辆长期占用道路的证据，从而做出相应处罚。

3.4 小结

货运公司租用车位与个体运输户占用道路都是在空间紧缺情况下市场自发形成的非正规物流形式，他们的共同特点是受利益驱动，随市场变化灵活应变，在各方利益的牵制下维持着动态平衡，成为在有限空间内高效运转的系统。两者也有着显著的差别，是不同性质的主体对市场做出的不同应对。货运公司作为相对正规的公司法人，受到更多的制约，需要在规则体系之内做出灵活调整，依靠市场规范形成稳定的经济网络，具有更大的计划性和长期性，整体空间利用效率更高；个体运输户属于利用规则漏洞的灰色群体，依靠地域关系与互利往来连接成相对松散的社会网络，能对市场做出更为灵活的应对，以直接占用公共资源（道路）的方式降低成本，同时形成自发的小型货运市场以提高效率。

与合理规划的物流体系相比，这些物流形式并不一定是先进的，但是在华强北这一产权问题棘手、利益关系复杂的地方，这些自发形成的物流形式恰恰弥补了规划难以解决的问题，是从缝隙中生长出来的最适应环境的运转体系，并且仍在市场的大环境中不断适应与发展。它们更像是一定阶段内的过渡形态，随着市场的进步也许会被更高级的形式所取代，但这些自发的应对策略给规划以诸多启示，例如利用时间错位达到空间的充分利用，以及调动区域外空间资源的“人等货”形式等，身处市场环境的利益方自身往往能提出更有效的解决方案。

两种物流形式的对比　　表 10-6

	运营形式	规则应对	资源利用	交易基础	单元内关系	单元间关系
货运公司	固定的位置、路线与时间	顺应规则	非公共资源（付费）	市场规范	雇佣关系	竞争关系
个体运输户	灵活的位置、路线与时间	躲避规则	公共资源（免费）	传统信任	亲缘与地缘关系	竞争关系、合作关系

注：单元分别指各家货运公司和“夫妻档”运货者。

4　启示

4.1　关注“后面”

规划设计者在解读一个场地时，总是最关注“前面”的地方，比如道路、建筑等，而经常忽视“后面”的空间、“后面”的人。但很多情况下这些被忽略之处反而是场地活力的重要来源。正如在本次研究中存在于后巷和内部院落的物流企业，他们在华强北发展的过程中发挥着极其重要的作用，正是他们频繁的业务运转体现出华强北的活力，给城市增加了多样性，却存在于容易被忽略的城市背后。随着华强北建筑的扩张，“后面”的空间逐渐被蚕食，他们无处容身，随之产生的自发调整不过是在弥补规划者犯下的错误，这是在规划中需要时刻警惕的。

4.2　关注“外面”

当华强北的空间日益不足，规划者经常绞尽脑汁想着怎么安排空间给建筑“扩容”。个体运输户对待空间的方法值得我们借鉴，当华强北内场地不够时，他们不是在内部继续寻找空间来停车，使华强北的空间负荷越来越重，而是将这种负荷转移到空间资源相对宽松的华强南，利用外部的道路空间完成物流作业。所以，在做规划时，规划者的目光不要仅仅局限在场地内，也要在周边环境中寻找机会。“扩容”是一种增加空间的方法，“疏散”同样也是一种增加空间的方法。

4.3　关注“可能性”

规划的结果不是唯一的，它具有多种可能性。规划的结果和想象的不一样，往往是因为我们忽略了人的能动性，他们为空间创造了无限的可能。正如车位的用途具有多种可能，道路也存在被停车的人所占用的可能性。规划者需要累积大量的经验，才能了解不同的空间会产生哪些可能的使用方式，适当地通过一些设计抑制或引导，才能使空间的功能最大限度地发挥出来。当然我们无法做出全能的预判，生活的创意永远多于规划者所设想。

4.4 关注“关系”

在华强北，我们深刻地感受到各方关系的牵扯和复杂性，商家、政府、物流企业、物业以及各方管理部门对于这些自发调整的物流运作行为各自持有不同立场和态度。如果我们仅仅关注这些物流从业人员本身的需求，忽视了其他人的态度，则无法取得一个让各方相对满意的结果。因此，我们从技术性的狭隘的视角中跳出来开始关注人与社会，但同时也清楚地认识到单纯关注人的需求是不够的，从而避免陷入成为某类人的“代言人”的泥潭中去。设计师更多的是一个协调与平衡各方关系利益的角色，规划应该建立在与各利益群体充分沟通的基础上。

附　录

长期租用车位的货运公司基本情况　　附表 1

	公司名称	性质	何时出现	租金（元 / 月）	营业时间	运货次数（次 / 天）
赛格经济大厦北侧停车场（后巷）	速尔快递	快递	2009 年	5000	9:00 ～ 21:00	2
	速腾快递	快递		3000	10:00 ～ 20:00	2
	鑫广明太平洋物流	专线	2007 年	3000	11:00 ～ 22:00	1
	优速快递	快递		3000	8:00 ～ 22:00	1
	能达速递	快递		3000	10:30 ～ 19:00	1
赛格康乐大厦北侧停车场（后巷）	乌鲁木齐专线物流	专线		3000	10:30 ～ 16:30	1
	绿东行货运	专线		3000	7:00 ～ 18:00	1
	伟超捷物流	专线		3000	7:00 ～ 18:00	1
	渡商物流	专线		3000	8:00 ～ 19:00	1
	顺丰速递	快递	2011 年	3000	11:00 ～ 21:00	1
	韵达快递	快递		3000	11:00 ～ 21:00	1
宝华大厦北侧停车场（后巷）	祥乐物流	专线	2004 年	3000	10:30 ～ 19:00	1
	安捷特物流	专线		3000	11:00 ～ 22:00	1
	联昊通速递	快递		3000	11:00 ～ 19:00	1
	增益快递	快递		3000	10:30 ～ 19:00	1
	三最物流	专线		3000	13:30 ～ 19:00	1
	吉祥物流	专线		3000	13:30 ～ 19:00	1

续表

	公司名称	性质	何时出现	租金（元 / 月）	营业时间	运货次数（次 / 天）
都会大厦北侧停车场（后巷）	盛启物流（宝安数码城）	专线		5000	9:00 ～ 18:00	30 ～ 40
	盛启物流（中山小榄东凤）	专线	2004 年	5000	9:00 ～ 18:00	1
	港澳台专线	专线		5000	9:00 ～ 18:00	1
	龙邦物流	快递		5000	10:00 ～ 19:00	2

临时租用车位的物流车辆时间错位情况　　附表 2

车位临时停车		
位置	时间段	物流 / 快递公司名称
宝华大厦北侧停车场（内院）	10:30 ～ 12:30	龙华物流、观澜物流
	10:30 ～ 16:30（每天 5 趟）	阳光物流、富海物流
	11:00 ～ 12:30	凤岗物流
	12:00 ～ 14:00	横岗数码电子城物流、布吉物流、老蔡物流、富永兴中宝、南山物流
	14:00 ～ 16:00	公明物流、东莞物流、鑫原盛物流
	14:00 ～ 19:00	大顺物流、金天达物流、都市快车物流、富昌隆物流
	15:30 ～ 16:30	龙华物流、观澜物流
	16:00 ～ 18:00	南山物流
赛格经济大厦北侧停车场（后巷）	8:00 ～ 12:00	速尔快递、速腾快递
	12:00 ～ 14:00	松岗物流
	16:30 ～ 22:00	速尔快递、速腾快递
都会大厦北侧停车场（后巷）	9:00 ～ 18:30（每天 5 趟）	宝安数码城专线
	9:00 ～ 18:30（每天 5 趟）	速尔快递
	11:00 ～ 18:00（每天 4-8 趟）	顺丰速运
	11:00 ～ 18:00（每天 3-5 趟）	浙江专线
	11:00 ～ 12:00	德邦快递
	12:00 ～ 13:00	信和康供应链
	13:00 ～ 14:00	罗氏物流
	14:00 ～ 15:00	籽丰物流
	15:00 ～ 16:00	超捷快运（汕头福建）

参考文献

[1] 张烜．中关村电子产业集聚区物流系统构建研究 [D]. 北京：北京交通大学，2011.

[2] 深圳新闻网．一季度深圳物流增加值 300 亿元 [EB/OL]. http：//www.ebrun.com/20140506/98312.shtml，2014-5-6/2015-6-27.

[3] 周竞宇．基于“更新单元”方法的城市中心区更新规划研究 [D]. 西安：长安大学，2012.

[4] 曾真，李津逵．工业街区——城市多功能区发育的胎胚——深圳华强北片区的演进及几点启示 [J]. 城市规划，2007，31（4）：26-30.

[5] 滕剑仑，秦江萍，王兆金．论市场契约对公允价值目标导向的影响 [J]. 商业研究，2009（382）：14-17.

[6] 王艳艳．基于货运有形市场的中小物流企业联盟模式构建研究 [D]. 西安：长安大学，2013.

专题 11

政府高度介入下观澜古墟保护与利用失败问题研究

小组成员：沈圆媛　王莉斯　胡小攀

摘　要：观澜古墟是深圳仅存的“四大名墟”之一，具有很高的历史与文化价值。本文运用历史研究法，从观澜古墟破败且无人居住的现状作为研究出发点，梳理了 10 年间发生在古墟上的重要事件，并寻找导致古墟保护与利用失败的根源。观澜古墟自 2005 年被定为不可移动文物后，就完全由政府对其进行后续管控，然而，政府在保护与利用的这 10 年间却遇到了诸多问题，最终导致了观澜古墟没落的结局。保护与利用的问题可以归纳为：（1）观澜古墟本身复杂而政府保护利用能力弱；（2）政府各部门立场、利益冲突且协调不畅；（3）保护与利用未取得平衡；（4）民众利益未得到考虑。作为一个历史街区保护与利用失败的典型案例，观澜古墟反映的问题可以为我国历史街区的保护与利用工作，尤其是政府工作提供宝贵的借鉴意义。

关键词：历史街区；文物；政府高度介入[①]；保护与利用失败[②]；观澜古墟

1　引言

作为中国的经济发展特区，深圳给人留下的印象总是国际化、现代化和年轻的，但很少有人会用“文化的”来形容深圳。“文化沙漠”这一词最早用于深圳，是指经济发展迅猛但文艺、科学、教育、精神生活等

① 政府高度介入：一方面指政府运用掌握的行政权力，如行政命令权、城市规划审批权等对文物保护及利用进行宏观的管理，另一方面指对于文物保护及利用资金的投入主要依赖地方财政。在全过程中，基于这种背景，弱化了市场调节、公众参与、社会监督等各方面的力量。

② 保护与利用失败：保护失败是指主管部门在对不可移动文物进行保护的过程中，由于认识或管理上的不足等导致文物没有得到有效的维护，甚至遭到破坏的现象。而利用失败主要是指政府相关部门在其保护的过程中试图对其进行合理的利用，但并未达到预期目的，同时导致了文物损坏。

较为匮乏的地区[①]。这座典型的移民城市聚集了全国各地乃至世界各地的人，经历了多元的外来文化的强烈冲击，加之其快速的经济发展与城市建设，大量的乡村在极短时间内完成城市化的转变，使得传统文化逐渐消失或变迁，文化遗产保护也面临着严峻的挑战。

然而，和其他华南城市一样，深圳在历史上也是极富文化底蕴的，显现出一种多元而包容的内在品质。它有着超过 1700 多年的郡县史，南头城和东部南澳的大鹏古城遗迹也都逾 600 年，海洋文化、广府文化和客家文化在这里交融并存。其中，深圳的宝安区[②]历史悠久，区内保留的大量的文物古迹与非物质文化遗产——例如曾氏大宗祠、铁仔山古墓群遗址、福永舞麒麟舞狮、松岗赛龙舟——使得宝安成为深圳历史文化的代表，甚至连深圳最早的名字就唤作“宝安”[③]。

本文研究的对象观澜古墟，就位于深圳市宝安区（现已归为龙华新区）。事实上，北大的景观社会学课程已经不是第一次研究观澜古墟了。2007 年，刘鹏等（2008）即以“观澜古墟的价值发现与价值实现”为题，研究了古墟“自发式保护”的历史；李婷等（2010）以观澜古墟“空屋行动”这一事件为切入点，探讨了导致当时古墟保护失效的原因。面对观澜古墟深厚而又精彩的历史以及发生在它身上令人遗憾的巨大转折，研究小组对这个陌生的地方产生了强烈的兴趣。

2 观澜古墟概况

图 11-1 观澜古墟鸟瞰（从红楼上拍摄）

图 11-2 观澜古墟的红楼与碉堡

观澜古墟是深圳历史上仅存的“四大名墟”之一，距今已有 260 多年的历史，由观澜大街、卖布街、新东街、东门街、西门街、南门街、龙岗顶街、立新巷等十几条街道、巷道组成。古墟市的整体布局、面貌不仅保存完好，而且许多清中期到民国时期的精美建筑如碉楼、商铺、酒楼、民居也完整地保存下来。作为深圳古代与近代商业文化仅存的物质载体，观澜古墟对于研究深圳历史和墟市演变有着重要的意义（刘鹏等，2008）。其文物价值于 2004 年宝安区第一次文物普查中被发现，被定为宝安区第三批不可移动文物保护点。其中的观澜大街和卖布街又于 2007 年被定为宝安区第四批文物保护单位，后包括其周边一些建筑在内，观澜古墟被确定为历史街区。

不可移动文物是先民在历史、文化、建筑、艺术上的具体遗产或遗址。就其内容而言，通常包含古建筑物、传统聚落、古市街、考古遗址及其他历史文化遗迹。就其分级而言，我国确定的不可移动文物中被保护的

① 百度百科——文化沙漠。深圳早年被冠以文化沙漠的称号，但近十几年来，深圳市政府正通过许多努力使深圳摆脱文化沙漠这一印象。也有学者认为，文化沙漠是对深圳的一种误判（梁英平等，2012）。

② 原宝安区在 2007 ~ 2011 年间被划分为三区，即宝安区、光明新区和龙华新区，此处所说的宝安区指原宝安区。

③ 深圳市最早的前身为广州宝安县，可以说，宝安县是深圳城市历史的开端。

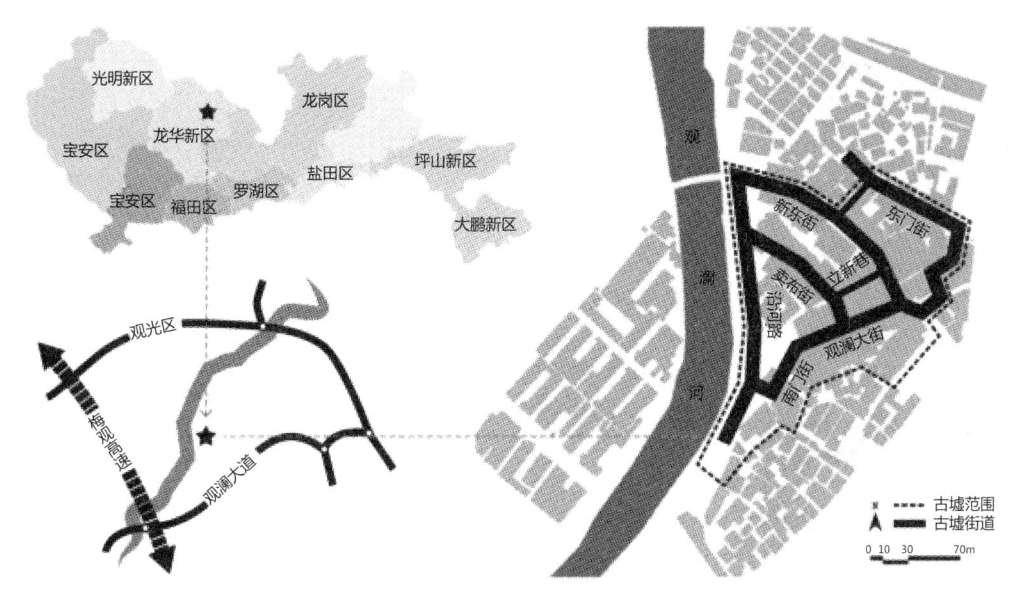

图 11-3　观澜古墟区位及平面图

对象称为“文物保护单位”，可根据它们的历史、艺术、科学价值，分别确定为全国重点文物保护单位，省级文物保护单位和市、县级文物保护单位。尚未核定公布为文物保护单位的不可移动文物，通常也被称之为“不可移动文物保护点”。一旦一个建筑物或遗址被列为不可移动文物、或暂定为不可移动文物时，通常就受到主管机关保护，未经许可，包括所有者在内的任何人，都不可以任意变动、修改。

历史街区是保存有一定数量和规模的历史遗存，具有比较典型和相对完整的历史风貌、融合了一定的城市功能和生活内容的城市地段（杨新海，2006）。随着人们物质文化水平的提高，越来越多的人对传统文化有了更深的认识，历史（文化）街区、古村落、文化名城名镇的社会价值和经济价值日益凸显。我国目前历史街区的保护与利用主要是将其与文化旅游相结合，通过市场运作开发其历史和商业价值，比较成功[①]的案例有如乌镇、成都宽窄巷子等。社会上，对历史街区的改造效果褒贬不一，有些历史街区商业氛围过重，破坏了其原本的社会、文化环境。2006 年时，宝安区政府对观澜古墟进行“空屋行动”，试图对其进行保护性开发利用，但因为种种原因，至今古墟仍空置，无人居住或使用。

3　观澜古墟现状

观澜古墟自 2006 年空屋行动后，因没有得到有效维护，房屋皆有不

① 这里的成功指的是开发者达到了他们开发、赢利的目的。

同程度的破损。部分房屋损毁严重，仅留有一面墙体，大部分屋顶坍塌或有漏洞。为界定其建筑破损情况，将建筑分为轻度、中度、重度和完全损毁。轻度损毁指房屋整体形态保存完好，但窗户、梁柱等有较小破损，通过简单修复即可居住；中度损毁指屋顶存在漏洞、梁柱断裂，室内空间损坏较大但墙体完好，房屋围合界面依旧清晰；重度损毁指屋顶大面积坍塌、墙体部分倒塌，房屋围合界面严重破坏，但仍具备修复再利用的潜力；完全损毁指仅剩一面墙体或地基，完全无法修复。

图 11-4　观澜古墟房屋破损情况（外部）

图 11-5　观澜古墟房屋破损情况（内部）

观澜古墟房屋中度及以上损毁面积占统计总面积的近一半。仍居住在观澜古墟内仅有的一位业主表示，这里的房屋每逢大雨都会发生小面积坍塌，尤其是房屋屋顶。政府清空了当地的居民后，说要对这里进行开发，可是多年过去了，都毫无动静。

图 11-6　观澜古墟房屋损毁示意图

4　观澜古墟保护与利用过程

4.1　2005 年初 ~ 2006 年中：价值的认定与利用的开端

在宝安区的文物普查中，观澜古墟进入公众视野并被定为不可移动文物点，确定了其文物价值，随后政府计划对其进行保护性利用。在这一阶段中，观澜古墟经历了“大起大落”，空屋后由于无人管理维护，建筑遭到部分破坏。

4.1.1　文物定级与保护

2004 年 7 月，宝安区开始在全市率先开展第一次区级文物普查，凡是建于新中国成立以前、目前仍大部分保存完好的民居、宗祠、书室、碉楼等，都被列为普查对象。此次普查中，宝安区共新增 646 处不可移

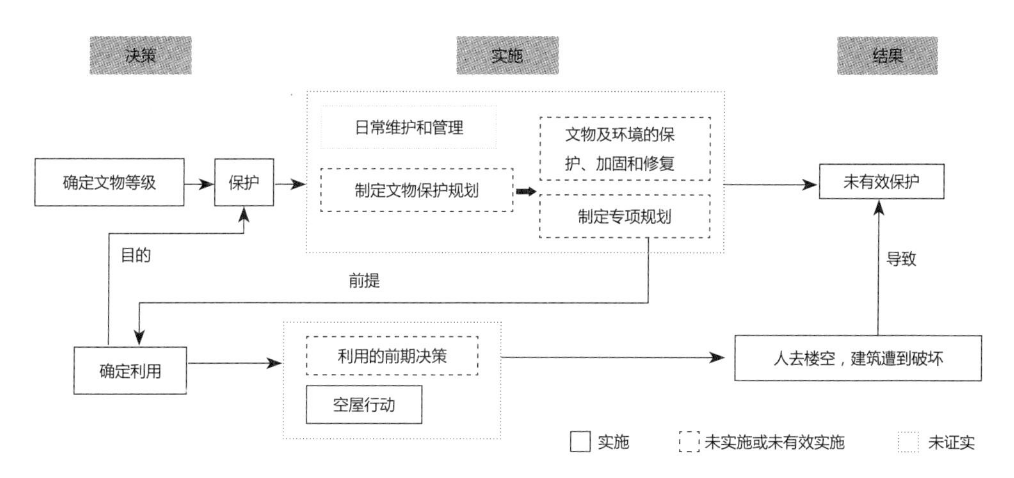

图 11-7　文物价值的认定和开发利用的开端阶段关系

动文物点，后确定公布的数量有所减少。

2005 年 2 月 1 日，观澜古墟作为古建筑被定为不可移动文物点，范围包括观澜大街、卖布街、新东街、东门街、西门街、南门街、龙岗顶街、立新巷的碉楼、红楼、作为古建的商铺和民居。深圳市文物管理遵循属地原则，由街道相关文物部门管理街道范围内文物点，区文物部门管理区内区级文保单位，市文物部门管理市内市级文保单位。观澜古墟被定为文物点后，即接受观澜街道办文体中心管理，同时，根据《中华人民共和国文物保护法》第二十一条[①]，房屋所有人和街道办应共同承担保护责任。

《中国文物古迹保护准则》规定，文物古迹的保护工作一般分为六个步骤，依次是调查、评估、确定保护级别、制定保护规划、实施保护规划和定期检查规划。文物古迹所在地政府应委托有相应资质的专业机构编制文物古迹保护规划。保护规划的内容主要为：确定保护目标、制定保护措施、利用功能、管理手段和分区保护策略，提出保护制度和管理制度建议。文物保护规划是被列为文物保护单位的文物古迹各项保护工作的基础，要求对文物古迹的价值和现状进行评估，分析存在的问题，提出解决这些问题的方法和计划，并根据文物古迹的价值、类型划定或调整能够确保文物古迹安全及真实性、完整性的保护范围和建设控制地带，提出管理、控制要求和指标，以缓解周边建设或生产活动对文物古迹造成的威胁。

在早期阶段，观澜街道办并没有制定相应的保护规划来保护古墟，其保护的方式、范围等指标均未明确。这样的情况造成了一定后果，例如 2006 年 4 月，宝安区水务局开展观澜河污水处理管网铺设工程，在未

① 《中华人民共和国文物保护法》第二十一条，非国有不可移动文物由所有人负责修缮、保养。非国有不可移动文物有损毁危险，所有人不具备修缮能力的，当地人民政府应当给予帮助。

出台新的规划设计方案，也未履行古建筑拆除报批手续的情况下，对西门街 18 间古建筑进行了拆除。虽然 2006 年时西门街的古建筑已经被列为不可移动文物，但由于没有明确的保护界限，在规划的图纸上也没有落实确切的不可拆除范围，其法律效力是很不足的。同时，《关于〈中国文物古迹保护准则〉若干重要问题的阐述》中指出，没有批准保护规划的文物不允许实施日常保养和抢救性工程以外的保护工程，故街道办和房屋所有人也无法对建筑进行保护、加固和修缮等保护工程措施。

4.1.2 利用的开端

2006 年 6 月 20 日，宝安区人民政府在全区开展整治重点场所严管重点人群专项行动，发布《宝安区清理整治重点场所和加强重点人群管理工作方案》。凡存在安全、消防、治安等隐患的旧屋村一律禁止出租，实行“空屋”行动，再区别情况分别采取综合整治、全面改造和政府收购等 3 种模式进行改造。宝安区要求观澜街道从 6 月 20 日～ 22 日，连续 3 天集中执法力量，开展大规模的专项整治行动。旧屋村整治行动中，君子布张一、张二、大水田（即现在的观澜版画村）、观澜古墟作为重点，进行空屋及环境综合整治，整治行动持续 1 个月。

空屋行动可以说是观澜古墟命运的一个转折点。观澜古墟在此次空屋行动中被空屋 143 间房屋，私人房屋分别属于 44 户业主、2 家公司、公产房 48 间。空屋后，古墟房屋不再被允许出租。政府采用整体租赁方式进行统一管理，于 2010 年 6 月起租赁 20 年，发放业主租金予以补偿。空屋后由于古墟无人管理和维护，建筑金属构建时常被盗，并有火灾发生。

关于空屋行动的目的，街道办不同部门、上下级部门、政府与居民存在 3 种不同说法。观澜街道文体中心负责人表示，当年的空屋行动的目的是为了开发观澜古墟，因为观澜古墟本身作为一个墟市，修缮后好好利用，也是促进保护。

空屋行动的不同说法　　表 11-1

部门 / 人员	空屋行动的原因
街道办文体中心	古墟的保护性开发
街道办综治部门，新澜工作站	旧屋村整治，保护居民安全，也有保护古墟的目的
业主	空屋时是以安全为由，后听说是为了保护和开发古墟

虽然空屋行动的目的尚无统一说法，但从观澜街道办负责人的认知和街道办的后续的工作可以看出，政府有意对观澜古墟进行进一步利用，空屋行动则被他们视作是开发利用的开端。在城市建设项目的前期决策中，完善的程序一般包括公众参与、专家论证、风险评估、合法性普查和集体讨论决定。同时，根据《中国文物古迹保护准则》，若适当的利用有利于文物古迹的保护，则应制定专项规划，确定利用的方式和强度。然而，观澜街道文体中心负责人却表示，在施行空屋行动之前，街道办

并没有做关于观澜古墟的开发策划、规划以及前期调查工作，也未曾料到在空屋行动之后面临这么多的掣肘。

4.2　2006 年中～ 2009 年初 : 价值的提升与利用的缓慢推进

2006 ～ 2009 年间，观澜古墟的文物价值被不断提升。政府部门采取了部分保护措施，但建筑依旧破败。同时，宝安区和街道办也在努力推动观澜古墟的开发利用，但进展缓慢。

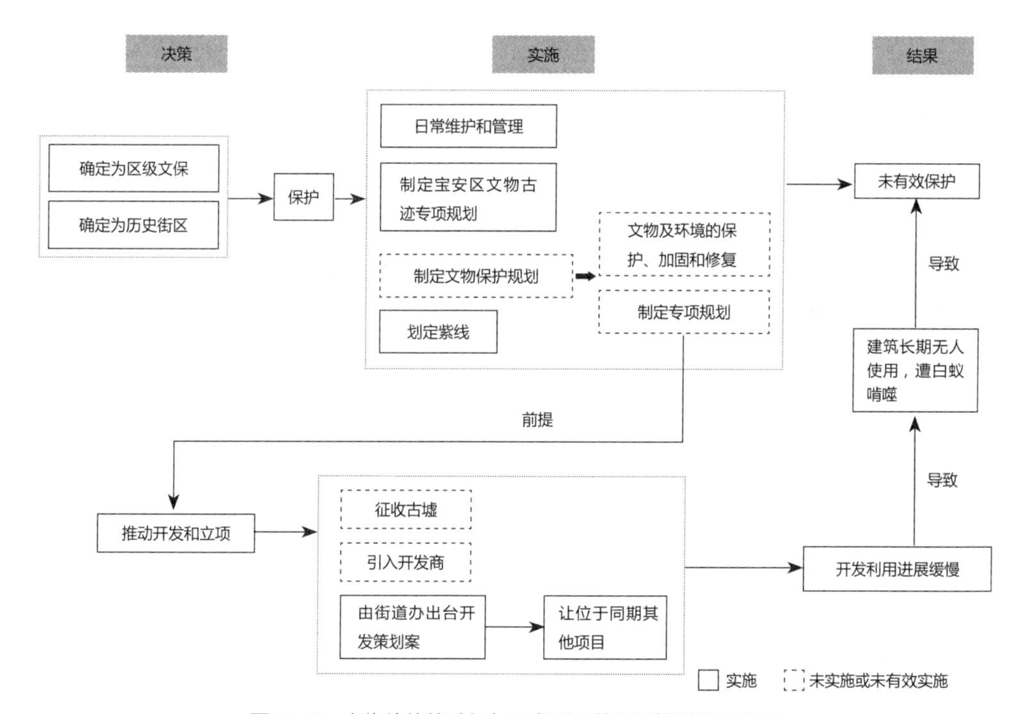

图 11-8　文物价值的升级与开发利用的缓慢推进阶段关系

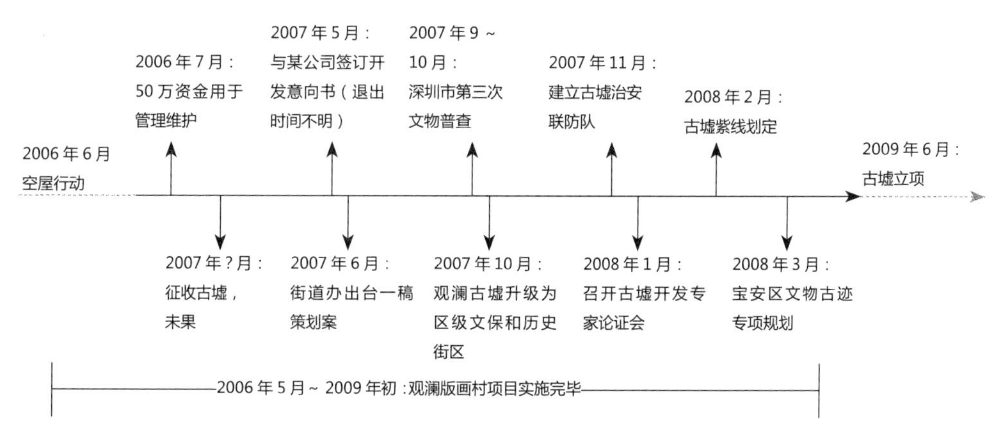

图 11-9　该阶段观澜古墟与观澜版画村项目推进时间轴

图 11-10　观澜大街

图 11-11　卖布街

4.2.1　文物的升级与保护

1. 确定为区级文保和历史街区

2007 年 9 月，深圳市政府成立深圳市第三次全国文物普查领导小组，传统民居、乡土建筑、工业遗产、文化景观等都被列为普查对象。同年 10 月，观澜古墟升级为宝安区文物保护单位，范围仅包含观澜大街和卖布街。

2007 年 10 月，深圳市文物管理部门将观澜古墟纳入《深圳市文物古迹保护“十一五”》规划，观澜古墟被定义为古村落与历史街区大类中的历史街区，范围为商铺、房屋 233 栋，面积 37763m^2，投资概算 3800 万元，实施周期 2007 ～ 2015 年，策略为制定保护规划，整体保护修缮。2008 年 2 月，观澜古墟的紫线保护范围在《深圳市紫线规划》被划定。

第三次文物普查从 2007 年 4 月一直持续到 2011 年 12 月，2009 年时普查小组又对观澜古墟的文物建筑进行了复查，并做出了加强维护及周边环境的建议，希望保持其现有面貌不再受到改变或破坏。

2. 未得到有效保护，建筑持续破败

与不断升级的文物等级相反的是，古墟却未得到有效保护。古墟的文物古迹保护规划一直未制定，使得文物保护的工作处于一个非常被动的状态。

古墟的房屋被定为文物后，政府就采取了强制的手段令居民搬离，使房屋所有人丧失了对其房屋进行管理或保护的能力。建筑的完好保存很大一部分依靠人，无人居住的房子会更容易受到白蚁的啃噬，居民的搬离加速了古墟房屋的破败。在这样的情况下，区政府和街道办仅通过新澜工作站对观澜古墟进行日常管理和治安维护的工作[①]，但无法进行建筑的保护和修缮工作，使得无人居住的古墟在风雨中飘摇。目前负责制定观澜老墟城市更新控制性规划的深圳某规划公司表示，由于一直未出台观澜古墟的保护规划，对后续的工作——例如如何指导城市更新专项规划的编制、如何提出控制要求、如何明确政府和开发商的责任——造成了很大难度。虽然在 2008 年 3 月时，市规土委宝安管理局委托了广东省某设计院制定宝安区文物古迹专项规划，但这一规划覆盖面较广，仅对观澜古墟的保护提出了建议性的指导意见。紫线的划定使得观澜古墟的保护范围得到明确，但依旧无法解决保护修缮的问题。

在访谈的过程中，各级文物部门对文物保护工作都表示出了资金和人力不足的无奈。为每一处文物制定保护规划、进行修复和保护需要耗费大量的资金，同时也需要很多专业人员的参与。宝安区文物管理所主任表示，宝安区分区之前的几年，区里没有拨给过观澜街道办用于文物保护的资金，区里总的文物保护资金也很少。自从 2004 年广东省正式批

① 例如观澜街道办在 2006 年 7 月曾启动 50 万资金用于古墟保护，不准居民乱拆、乱建、乱拉线以及 2007 年 11 月为维护治安建立了治安联防队。

准撤销观澜镇建制，设立观澜街道办事处后，街道办的资金来源就依靠区内下发。街道办文体中心负责人表示，目前文体中心就他和一个小姑娘负责文物工作。他们每年都会向上申请报批文物资金，但区里并不批复，这几年文物保护的资金是街道自己出的，数目非常少。

4.2.2　利用的缓慢推进

1. 古墟征收计划被搁置

起初，观澜街道办计划通过宝安区旧改办的“旧改专项资金”对古墟房屋进行征收，用于后期统一规划、保护开发，并考虑引入开发商。宝安区政府 2007 年做了征收计划，但方案被区人大常委会搁置[①]。

宝安区旧改办称，土地储备中心刚刚成立，对于效益不是很好、无效益的土地不会征收。就实际情况而言，在相当长的一段时间内，观澜地区都处于较缓慢的经济发展和城市化进程当中：古墟周边地块房屋以老旧且简易的农民房为主，大量外来打工者在此居住，周边商业服务人群也主要为中低层消费者。当时严重污染的观澜河、古墟对岸的厂房也使得周边环境较为恶劣。同时，古墟内部房屋产权复杂，业主中有 80% 为海外华侨，部分华侨将古墟房屋看成家乡和精神寄托，不愿改建或重建老屋，本地业主也大都分散在深圳各地。若要征收房屋，在前期的联络工作及协商阶段就会耗去很多时间及人力，且古墟内的 48 间公产房因历史原因无法得知屋主去向及存在与否，这样的房屋也无法轻易处理。

2. 引入开发商未果

2007 年 5 月，观澜街道办文体中心与某文化公司签订意向书，并进行老街开发，但后开发商退出，具体时间和原因不明。据了解[②]，街道办文体中心一直在寻找有意向的开发商，但这一意图并未成功。

观澜古墟由于空屋后无人居住，后期的保护工作及开发计划又没有及时跟上，导致房屋空置多年，破损严重。曾有摄影爱好者在空屋后访谈过仍居住在古墟内的一位老婆婆，老婆婆表示某房地产商曾想将老街开发成古董街，在项目敲定之前，老街居民被强制迁出，剩下的门窗、家具也被后继收破烂的人偷走。房地产商再来看这条街时，已面目全非，考虑到高维护成本及收益的不确定性，放弃了原先的计划。街道办负责人曾表示，观澜古墟处于密集的房屋包围之中，可利用空间十分狭小，修建发展商贸旅游所必需的停车场、人流集散地以及治理观澜河都需要大量资金的投入和持续保护开发的决心与勇气。

3. 街道办出台开发策划案，但让位于同期其他项目

引入开发商未果后，观澜街道办开始自己出台开发策划案，以推动观澜古墟的开发立项工作。此时的观澜街道办除了古墟项目，还在着手

---

① 原因是宝安区政府无征收土地权限，只有宝安区国土局土地储备中心才有该权限。

② 李婷，李青等．历史街区保护失效问题研究——以深圳市观澜古墟“空屋”行动为例（收录于《对土地与社会的观察与思考——〈景观社会学〉教学案例之二》）。

观澜版画村的项目。

2006 年 5 月，宝安区政府、中国美协和深圳文联在的第二届文博会上签订了《关于创建中国·观澜版画原创产业基地的合作意向书》，并决定在未来几年内将大水田建成国家级版画原创产业基地。在 2006 年 6 月的宝安区的空屋行动中，大水田村（即现在的观澜版画村）与观澜古墟一同被列入旧屋村整治项目并进行空屋。2007 年底，版画村西区项目完工。2009 年年初，版画村东区项目也投入使用并对外开放。相较于观澜古墟，大水田的开发则较为顺利。

在观澜版画村建设的这几年中，文体中心一直在进行观澜古墟策划案的制定与修订及其他相关工作：2007 年 6 月，观澜街道办文体中心委托某旅游策划顾问有限公司编制观澜古墟旅游开发总体策划，古墟的开发定位为三期项目，全部实施预计 1.5 亿。2008 年 1 月 8 日，召开“观澜古墟保护性开发利用专家论证会”，邀请了深圳市许多文物专家就观澜古墟旅游开发总体策划进行讨论及修改。街道办文体中心负责人表示，宝安区政府和观澜办事处的原计划是完成了大水田的项目后，就把精力放到观澜古墟上。当时的策划更多的是宣传作用和取得领导的认可，并不能立马就确保古墟的立项工作，况且立项的任务是由城建科负责，项目的推动需要很多部门单位的配合与协调。

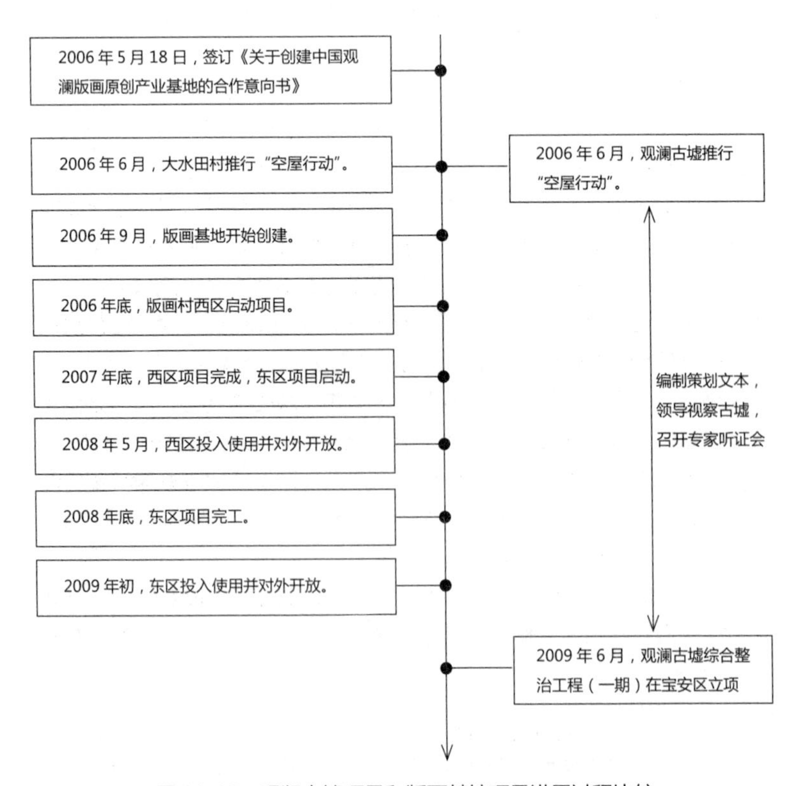

图 11-12　观澜古墟项目和版画基地项目进展过程比较

4.3 2009 年中 ~ 2012 年末：分区前的进一步价值提升和实质性利用

宝安区分区前，观澜古墟的内的部分文物等级又进一步提升，但必要的保护规划与修缮依旧未进行。在观澜街道办的努力推动下，观澜古墟综合整治工程终于立项，观澜古寺修复完成，古墟周边环境改造工程也成功实施。但还未等进行关键的古墟施工工作，宝安区即面临分区，项目被迫暂停。

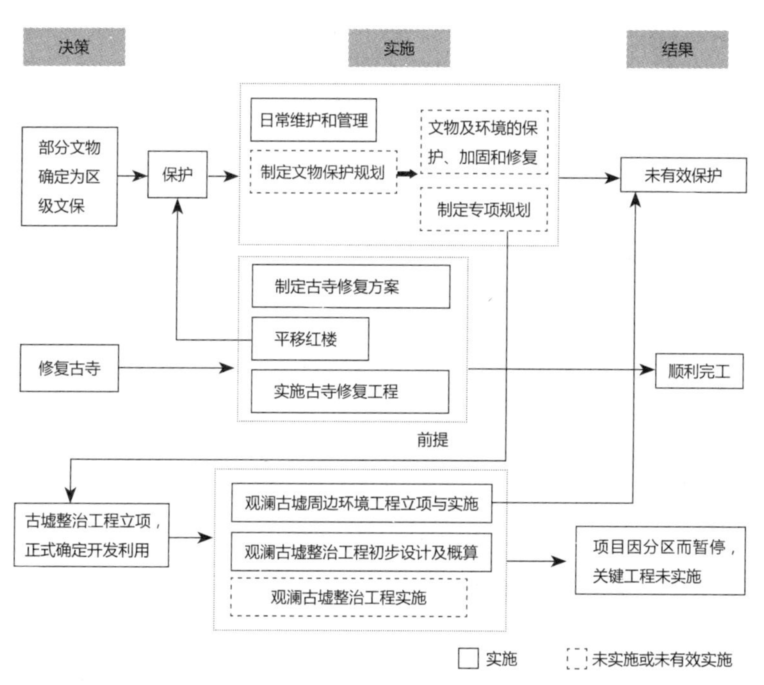

图 11-13 分区前的进一步价值提升和实质性利用阶段关系

4.3.1 文物的升级与保护

观澜古墟文物的升级一直持续到宝安区分区前。在 2012 年 5 月深圳市政府公布宝安区（含龙华新区）不可移动文物名录中，观澜古墟内红楼和部分碉楼升级为被区级文物保护单位。至此，有关观澜古墟价值判定的事宜全部结束。直至分区前，古墟的保护规划依旧未制定，保护资金较少，建筑坍塌受损严重。

2008 年 11 月，在市文物专家和主管部门先前的两次考察以及本地居民和旅居海外的华侨呼吁下，修复观澜古寺的决议被提上日程。观澜古寺紧邻观澜河和红楼，位于观澜古墟紫线范围内。根据市文物局、市民族宗教事务局以及宝安区文件批示，成立观澜古寺修缮委员会，并委托广东省某古建筑园林工程有限公司等多家单位联合制定观澜古寺修复

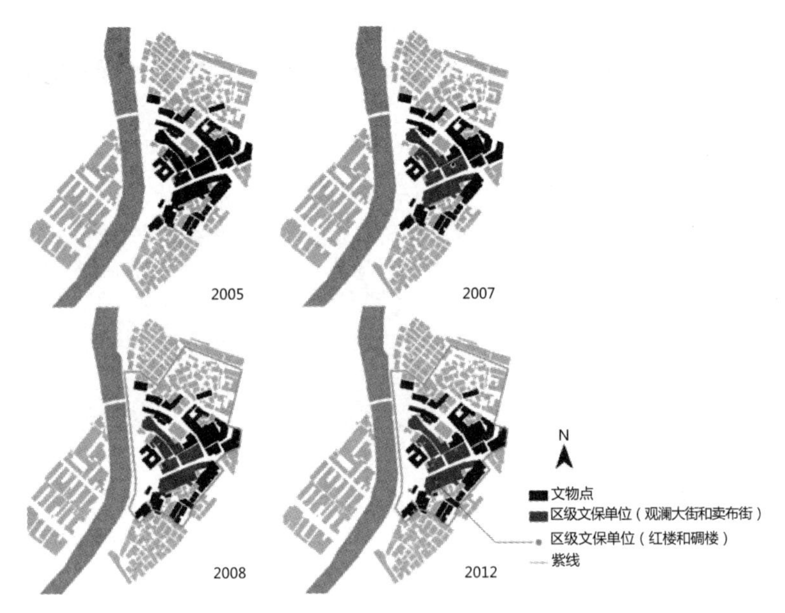

图 11-14　观澜古墟文物与历史街区范围变化

的方案。因红楼位于观澜古寺预计建成的场地范围内，为不破坏区级文物，2009 年 7 月街道办委托上海某土木工程有限公司将红楼斜向右前方平移 43 米，历时 6 天顺利平移，轰动一时。2010 年 1 月，在观澜街道办、古寺委员会、民政局、观澜街道华侨联的共同参与下，观澜古寺修复工程启动，历时一年顺利完工，古寺香火鼎盛。古寺修复工程的资金全由民间集资，共 1000 多万元。

4.3.2　利用的实质性进展

1. 观澜古墟综合整治工程（一期）立项

2009 年 6 月，观澜古墟的开发利用有了实质性进展。观澜古墟综合整治工程（一期）在宝安区立项，区下达资金 30 万元用于前期的初步设计、测量及概算，由观澜街道办城建科负责。宝安区计划将古墟打造成都市中体验闲情逸趣的新型娱乐休闲地带，并将历史文化保护与可持续开发相结合。随后观澜街道办组织成立观澜古墟保护性开发管理办公室，由 5 位办事处建设工程事务中心工作人员组成，负责古墟后续工程的实施监管。2009 年 11 月，街道办文体中心委托某旅游策划公司对之前的策划案进行了修编，该稿为后面观澜古墟综合整治工程（一期）的规划提供参考。

2010 年 1 月，宝安区根据城建科提交的可行性研究报告，规定街道办尽快进行下一步初步设计及概算编制工作。

2. 观澜古墟周边环境改造工程与分区前的初步设计

2010 年 8 月，古墟办立项并启动了观澜古墟周边环境改造工程（沿河路段）——建筑立面及道路改造和观澜古墟（大布巷段）立面刷新整治工程，两个项目总投资 3026.02 万元，历时约 2 个月完工并投入使用，改善了古墟周边控制区域整体环境。为了给后续的整治工程做准备，在环境改造工程实施的过程中，古墟办也委托相关单位对古墟内部分坍塌严重的文物建筑进行了拆除，但并未向文物部门申报。

在观澜古墟综合整治工程（一期）的可行性研究报告中，整个古墟的整治计划分为一期和二期建设项目。一期包括观澜河以东、新东街以南的观澜古墟核心保护区，主要项目是观澜古寺、古榕广场、观澜大街、卖布街、东新街、王氏宗祠和万安堂、红楼等项目的古建筑结构加固、立面改造、广场修建、道路改造、停车场修建、景观绿化等。二期包括新东街以北、东门街以南的古墟保护区部分和古墟保护控制区（大布巷段）以及贵湖塘老围。但是在具体的实施过程中，古墟办的工作人员为了使古墟能够很好地和周边环境衔接上，且考虑到沿河路段为观澜古墟的入口，优先启动了沿河路段和大布巷段的环境整治工程。古墟办的负责人表示，先进行周边的环境工程也是考虑到了工程的难易程度。周边相对于观澜古墟更加好处理，古墟的整治属于古建筑修缮，非常复杂，不是随便粉刷那么简单。

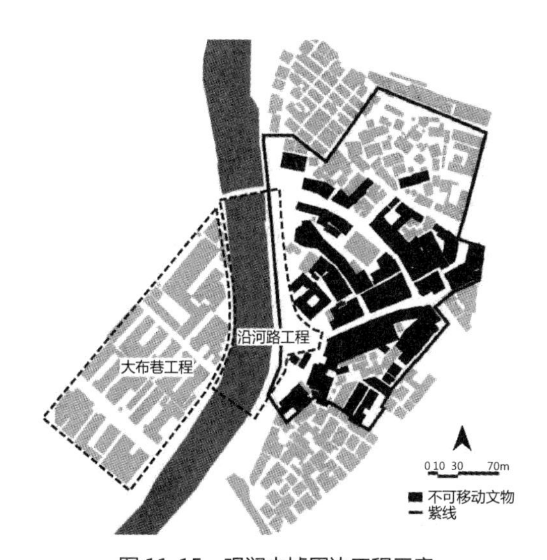

图 11-15 观澜古墟周边工程示意

在周边环境整治工程完工之后，古墟工程的设计方案开始招标制定。街道办城建科委托北京某建筑设计研究院进行观澜古墟综合整治工程（一期）的初步设计及概算，2011 年 1 月完成，项目总金额为 5240.05 万元，但后宝安区同意的概算金额降为 4000 多万。古墟办负责人表示，设计方案完成后需经过一些审批流程，而这个流程还没有来得及走完，就面临了宝安区分区。2011 年 12 月宝安区分区，观澜古墟综合整治工程（一期）项目被迫暂停，暂停时设计图纸审批流程还未完成，建设资金未下发，

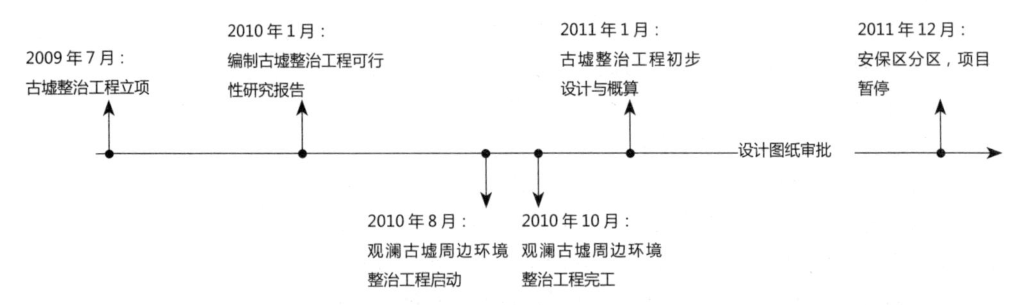

图 11-16　分区前观澜古墟整治工程与周边工程时间轴

工程尚未开展。

观澜古墟在由龙华新区管理之前，处于一种只有规划方案，没有具体实施内容的状态。目前在龙华新区的文物工作中，仅有虔贞女校项目是有推进相关工程的，原因是此项目在宝安区时已经立项且已有相关内容的实施。其他的文物均未立项，目前仅有日常的保护工作。

4.4　2012 年初 ~ 至今：分区后的保护与利用的变更、暂停

2011 年 12 月 30 日龙华新区成立，观澜街道被划入龙华新区管辖范围，人员大幅度调动，机构重设。分区对古墟的利用造成了重大影响，分区后原利用计划暂停，新计划实施时间未知。

4.4.1　保护工作维持现状

2012 年 12 月，龙华新区公共事业局文体旅游科接管观澜古墟文物保护事宜，街道办文体中心继续负责古墟的日常维护和管理工作。分区后龙华新区负责管理宝安区近一半不可移动文物，数量为 237 个，全部由一人管理。文体旅游科的负责人表示，2015 年龙华新区文物资金大概在 40 万左右，仅够基本的日常维护，新区成立后与文物保护有关的工作和分区前一样，没有新的进展。

4.4.2　利用的变更与暂停

2013 年 2 月，龙华新区管委会将观澜古墟综合整治工程（一期）列为年度重大项目，有效期限至 2014 年 2 月。与宝安区相比，新区对观澜古墟的利用计划和观点发生了一定转变。

2013 年初，市规土委龙华管理局将观澜老墟片区列为重点推进的 13 个城市更新统筹片区（观澜古墟在此片区之内，图 11-18）之一，并开始招标设计公司进行初步的控制性规划。2014 年底，深圳某规划设计有限公司得标并开始制定观澜老墟片区的控制性规划，初步方案至今还未确定，预计 2016 年完成。

2013 年 9 月，龙华新区管委会与某地产公司签订了观澜老墟片区城市更新战略合作协议。2013 年 12 月，观澜古墟综合整治工程（一期）

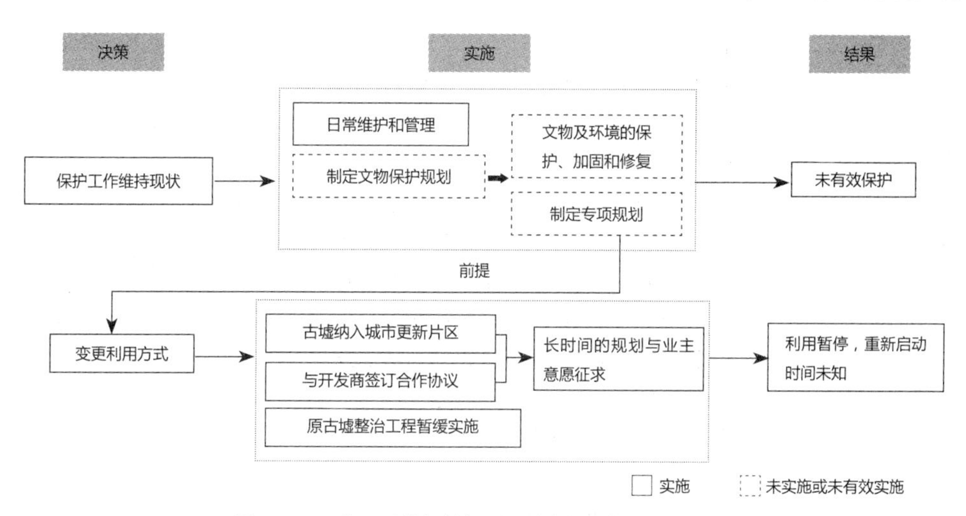

图 11-17　分区后的保护与利用的变更、暂停阶段关系

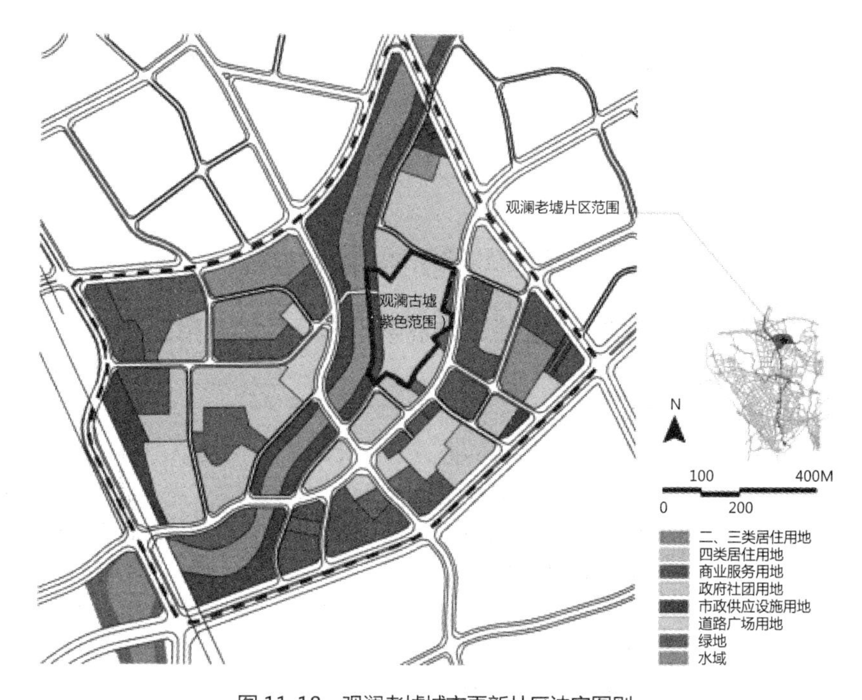

图 11-18　观澜老墟城市更新片区法定图则

被暂缓实施，并计划由公共事业局牵头研究，重新规划，总概算暂不批复。

从访谈中了解到，宝安区原来对于观澜古墟的利用思路是将其打造成具有历史文化特色的休闲旅游街区，通过古朴真实的商行、书社、药铺、茶馆等复位、博物馆的修建，以历史元素来再现百年历史。而文体旅游科负责人则表示，新区领导认为原古墟整治工程层次不够，不符合新区的发展方向。新区计划对古墟实施战略性的规划改造，与房地产公司项目进行共同整理，而不仅仅局限于宝安区规划的那一小片区域。新区城建局相关工作人员表示，城建局领导曾就城市更新工作去了广东佛山的两个旧改区进行考察，并认为观澜古墟应该打造成像佛山岭南新天地、上海新天地那样的项目。

走访得知，目前负责观澜老墟片区城市更新的某房地产公司对于此地块的城市更新进度还仅仅处于征求居民意愿阶段，片区 700 户左右业主同意改造的约一半，剩下的一部分何时谈妥时间未知。城建局负责人表示，此地产公司何时申报更新单元、以怎样的范围上报、新区及市规土委的修改意见都是不确定的，甚至最终是否会由该地产公司来进行老墟片区的更新也无法确定。在目前的情况下，观澜古墟的下一步计划还需经过一段时间的等待才会有定论。

4.5 小结

观澜古墟保护与利用的 10 年间经历了文物定级、空屋行动、立项、分区、纳入城市更新片区等诸多事件，情况复杂，牵扯问题众多。两区政府都不是无所作为，但就现状而言，古墟建筑破败，未得到有效保护，政府的利用计划也一再搁浅，面临停滞的局面。故此，将观澜古墟的保护与利用判定为不成功。

5 保护与利用问题总结

5.1 古墟本身复杂而政府保护利用能力弱

观澜古墟文物点数量众多，且涉及古建的保护与修复的工作，技术难度大，资金要求高。同时，古墟周边环境尴尬，产权构成复杂，作为一个计划开发的历史街区，有着非常不利的因素。

纵观国内较成功的历史街区，均是投入了大量的资金进行建筑的保护与场地的开发。在政府主导的案例中，多由政府投资组建国有开发企业，再由企业进行进一步的融资，以获得足够的资金支持。以乌镇为例，在其保护与开发的启动和前期阶段，由市政府建立“乌镇古镇保护与旅游开发管理委员会”，承担总体的规划、指导、协调和管理。在管委会之下，由市财政局、建设局、国土局等 13 个相关部门共同出资 1300 万元建立乌镇旅游开发有限公司，按市场经济运作方式具体承担资金的筹措和运作，保护与开发的实施和控制以及房屋产权的收回与整体管控。政府在资金方面多依靠市场的力量，同时由自身（或其组建的企业）进行整体的掌控。

然而在观澜古墟的案例中，政府大包大揽，希望通过自己的力量来实现古墟保护和利用，在这样的情况下，政府的能力大小对于古墟的命运有着至关重要的作用。但是，政府在这一过程中却多次出现了能力不足的情况，主要表现在专业能力不足和资金人员不足。空屋行动之前，

观澜古墟相近类别项目开发情况对比　　表 11-2

名称	类别	面积（ha）	开发阶段总投资(亿)	开发主体	运营主体
观澜古墟	历史街区	5.2（仅核心保护区）	未知。宝安区预计为1亿	宝安区政府（分区前）	暂无
宽窄巷子	历史文化保护区	核心保护区 7.2，共 32	6	国有开发公司（由政府投资组建）	
观澜版画村	古村落	中心区 31.6，共 140	3	宝安区政府	
乌镇	历史文化名城	东栅 46，西栅 340	东栅 1.25，西栅 12	国有开发公司(政府投资组建)	中青旅收购 60% 股份，和国有公司一同运营
上海新天地	历史街区	3	14	民间开发商	

政府未对观澜古墟的开发价值进行准确的预判，也未进行通盘的计划。在没有精力同时兼顾多个开发项目时，未调整项目计划或采取应对措施，而是令古墟在没有任何保护的情况下一直破败。观察古寺附近一些近期逐渐开始修缮的店铺施工可以发现，施工人员缺乏专业的技术指导，区级文物部门对此概不知情，而街道级的文物部门也并未派专人对其进行定期的巡查和指导。从全市直至街道负责文物的部门及人员数看，政府没有足够的人员配备和资金去完成如此大规模的文物维护及修缮。采访深圳市文物管理所的工作人员得知，不只是观澜古墟，目前深圳的文物点中，没有一处是已经制定专门的保护规划的，大量的建筑在被定为文物后就面临着保护的困境。

图 11-19　施工人员在修缮观澜古墟屋顶

图 11-20　观澜古墟房屋被清理出来的坍塌墙体

宝安区和龙华新区历年文物资金及各级文物数量　　表 11-3

年份	2001	2002	2003	2004	2005	2011	2015
资金（万）	65	20	50	133	460	—	40
数量（个）	57	58	71	94	105	478（含龙华新区）	237（龙华新区）

各级文物部门人员配置　　表 11-4

部门	职责	人数
深圳市文物管理办公室	全市文物工作、市级文保单位管理	6
宝安区文物管理办公室	全区文物工作、区级文保单位管理	5
龙华新区文体旅游科	全区文物工作、区级文保单位管理	1
街道办文体中心	街道范围文物点管理	2

5.2　政府各部门立场、利益冲突且协调不畅

观澜街道办作为区政府的派出机构，自始至终都参与了观澜古墟保护与开发的全过程，而项目未来的发展方向却因为上级机构的变更产生

龙华新区发展和财政局关于观澜古墟综合整治工程（一期）项目暂缓实施的复函

观澜办事处：

你办报送的《观澜办事处关于申请审核观澜古墟综合整治工程（一期）概算的函》（深龙华观函〔2013〕105号）收悉。根据2013年新区管委会第二十次常务会议要求，复函如下：

观澜古墟片区综合开发已确定由新区公共事业局牵头研究，因此本项目原申报方案暂缓实施，总概算暂不批复，请你办注意与新区公共事业局做好相关工作衔接。

特此函复。

龙华新区发展和财政局

图 11-21　龙华新区对观澜古墟整治工程暂缓实施的批复函

了质的转变。行政区划变更的背后，反映出的更多的是政府对于同一件事情立场、想法的矛盾与利益追求上的冲突。在与街道办文体中心负责人的访谈中，其也反复强调了一个项目的推行和当时的领导人有很大关系。在同等级的不同的政府、同级政府的不同部门、甚至同一部门的不同领导对于一件事也会有不同的考虑，对于一个长达10年、期间又有多部门参与的项目来说，很容易因为“一任领导有一种想法”而造成项目的反复或进展缓慢。

同时，观澜古墟项目即涉及文物保护，又属于历史街区开发，这一过程中文物部门和建设部门的合作也存在诸多问题。首先，一旦区文物保护单位被登记在册并予以公布，区文物部门应该委托有相应资质的专业机构来编制针对每一个不可移动文物保护单位的专项保护规划，再由市规土委相应的分局审核。一方面，就宝安区而言，针对观澜古墟的保护规划迟迟未出台，目前新区的文物部门未表现出要编制保护规划的迹象，市规土委龙华管理局对保护规划的进展也不知情。另一方面，市规土委在后期编制的紫线规划划定了文物保护的范围，又可以视作一个笼统的保护。从中可以看出，文物部门并没有将自己的工作做完，而规划部门又介入，所做工作内容与文物部门的工作存在交叉，相关的责任不

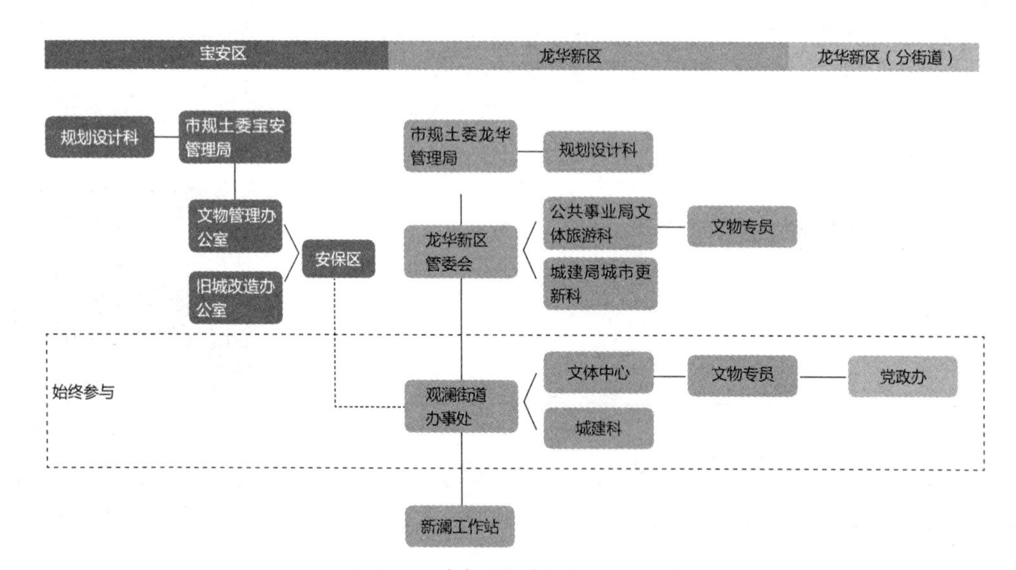

图 11-22　参与观澜古墟相关工作部门

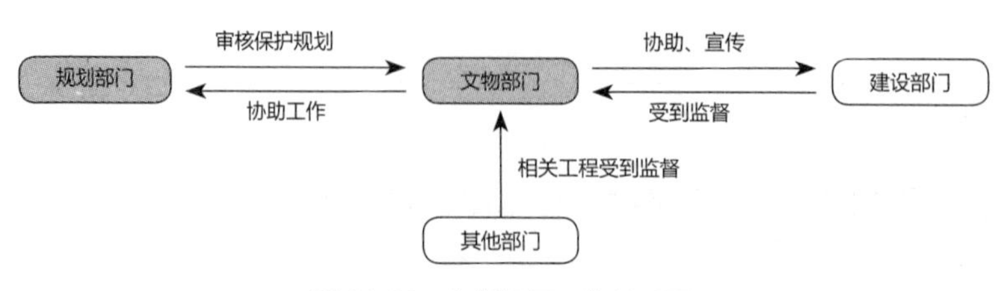

图 11-23　各部门间工作关系图

明晰，导致一旦项目出现问题，追责过程极难开展。其次，就一处有历史价值的建筑群而言，文物方面对其分级评定为各级不可移动文物保护单位，而建设部门对其可评定为历史文化街区，两者的范围会存在高度的重叠。在这一过程中，对其定位及相应的政策会有不同，但这两种分类方式又是紧密缠绕在一起的[①]。就目前的状况而言，文物部门对于建设部门划定历史街区及申报历史文化街区的相关工作进度是不清楚的，且认为那完全是建设部门的工作，不在自己的职责范围之内。当建设部门进行的基础设施建设工作遇到障碍时，也未想过与文物部门进行沟通合协调，而是擅自将已定为区级文物保护单位的建筑拆毁。

就政府部门的不同层级而言，在一项任务自上而下的执行过程中，也存在信息不完全传达的情况。上一层级的领导在做决策向下传达的过程中，选择传达自身意图的一部分，只关心事情最终的完成结果，而并不关心下一级部门所采取的手段和措施，从而为之后出现的一些弊端与冲突埋下伏笔。2006 年观澜古墟进行“空屋行动”的原因，各方说法不一，从新澜工作站传达出去的信息对于民众而言并不完全透明，但事件最后产生的结果却又涉及民众的切身利益，所以导致民众极其不满。

5.3　保护与利用未取得平衡

文物是一种特殊的资源，承载着一定的人类历史信息，是人类文化传承的一种方式。其中不可移动文物包括古建筑物、传统聚落、古街市等，因其特质而在城市发展过程中出现了一系列的矛盾。就其不可移动性而言，人们无法对其进行像瓷器、字画或者青铜器之类的异地保存。在城市化的进程中，经常需要对基础设施老旧，不符合人们现代生活的区域进行更新及改造，这类区域往往也涉及因其历史悠久而得以存留的有价值的不可移动文物。就其不可再生性而言，这些文物正在遭受着人类生产生活无情的破坏。不可移动文物遭受破坏后损失的不仅仅是建筑本身，也损失了街区记录的文化生活与历史信息。所以，不可移动文物需要当代人很好地加以保护，地方各级人民政府和有关部门都应该从对国家和历史负责的高度，从维护国家文化安全的高度，充分认识保护文物的重要性。

目前对于这类不可移动文物，基于我国的经济发展状况和心理能力，较常用的保护方式是对其进行活化利用，以利用来促进保护，如将其作为旅游开发的项目来获取一定的经济利益，并进而利用更充足的资金及各部门的重视对文物进行更好的保护。但这种方式一旦掌握不好尺度则很容易造成文物本身的破坏，也容易使文物沦为获得利益的工具，如在修缮利用的过程中，施工人员缺乏专业指导、开发强度过大、引入不合

① 根据《中华人民共和国文物保护法》第二章第十四条，保存文物特别丰富并且具有重大历史价值或者革命纪念意义的城镇、街道、村庄，由省、自治区、直辖市人民政府核定公布为历史文化街区、村镇，并报国务院备案。

文物保护与利用的各方观点　　表 11-5

<table>
<tr><th colspan="2">人员 / 部门</th><th>观点</th><th>观点总结</th></tr>
<tr><td colspan="2">某文物专家</td><td>把建筑定为文物本身也许就不合适。因为就建筑而言，其寿命往往只有 100 年左右。如果加以修缮，就违背了文物真实性的要求。
历史建筑的存续要通过活化和利用，但是文物是不能活化利用的，文物本质上是不能被消费的。
国家定文物，应该根据其社会的能力，其中主要是经济能力和心理能力。就心理能力而言，我们的管理者没有脱离对利益最大化的追求状态，这也是一个国家在发展的初期必然会经历的一个阶段。文物工程和开发商绑到一起，每一个工程都变成一块“肥肉”，至于最后文物保护成什么样，基本没有人关注。把文物打扮成成漂亮的小姑娘，每个人都乐于看到。但文物已经不存在，出来的都是已经活化以后的新东西，这些东西都已经变成了获取利益的工具</td><td>文物应该采取纯保护方式，不能被活化利用、消费</td></tr>
<tr><td rowspan="2">政府文物部门</td><td>龙华新区</td><td>老房子会倒塌很大的一个原因是没有人居住。如果在文物内从事经营活动，对文物进行利用，只要不对文物造成破坏，都是可以的，且这样的利用对房子本身也是一种保护</td><td rowspan="2">文物可以被利用、经营，利用也是对它变相的保护</td></tr>
<tr><td>街道办</td><td>开发是为了促进保护。单单是保护的话，像中国这样的情况，那就是投钱去保护。一个空城肯定是没有什么用处，文物放在那里还是会烂掉。观澜古墟本身就是一个墟市，把它修缮好了好好地利用起来，也是促进保护，相辅相成</td></tr>
<tr><td colspan="2">相关规划院</td><td>历史建筑的改造以及重新利用是允许的，文物是里面不能去使用新的功能的，通常的做法是完整地保护下来，做一些博物馆，包括它周边的建筑，需要跟它协调，基本上百分之百维持原貌。比如新天地，它里面有很多历史建筑，可以把它的表皮保护下来里面进行改造，但是文物是不允许的</td><td>博物馆式保护</td></tr>
</table>

适的业态等，都会对其的风貌及价值产生一定的影响。

图 11-24　观澜古墟“修缮”说明牌

在观澜古墟的案例中，政府部门最初想要对其进行保护性开发，使其成为深圳的名片，带动区域经济发展，甚至不惜以较为强势的手段获得观澜古墟的房屋租赁权，迫使当时的居住者离开。但事实证明，这一做法没有把握较好的尺度与采用合理的运作方式，导致了资金与人员的浪费，对文物的价值更是造成了很大的破坏。观澜街道办委托第三方设计机构编制的旅游开发策划案、上报观澜古墟一期整治工程以及对其周边环境进行整治，其本意都是希望能使古墟得到更好的利用，但在没有保护规划出台之前，这些做法的合理性和合法性也是值得商榷的。

5.4　民众利益未得到考虑

《中华人民共和国文物保护法》中无明确的条款规定一处私有的房屋被定为文物时应经过房屋所有者的同意，但在该法律中第二十一条[①]，

① 《中华人民共和国文物保护法》第二十一条：国有不可移动文物由使用人负责修缮、保养，非国有不可移动文物由所有人负责修缮、保养。非国有不可移动文物有损毁危险，所有人不具备修缮能力的，当地人民政府应当给予帮助。所有人具备修缮能力而拒不依法履行修缮义务的，县级以上人民政府可以给予抢救修缮，所需费用由所有人负担。

图 11-25　观澜古墟内的宣传牌

却规定了房屋所有者需要履行修缮义务。从条文可以明显看出，民众的权利和义务是不对等的，面对自己的家园被定为文物，民众并没有被赋予相应的权利，却被施加了过多的义务，甚至可能需要做出一些牺牲（图 11-25）。

观澜古墟的保护与利用理应由业主和政府合作完成，但是政府却始终未考虑借助民众的力量。从观澜古寺的顺利实施这件事中可以看出，民间的力量不容小觑，对于保护和捍卫自己的家园，民众有着极高的热情和决心。若当初政府在保护与利用的思路上有些许转变，观澜古墟的命运或许就不会如此。

6　讨论

观澜古墟的命运其实是中国众多文物与历史街区的缩影，如何保护与利用从未有定论，是一个需要漫长探索的过程。案例中反映出的问题很多，在此对未充分描述的两件事进行一些探讨。

一是观澜古墟的文物价值与利用的价值。首先，虽然观澜古墟是深圳唯一保存下来的古代墟市，具有宝贵的研究意义，但其文物的价值是值得商榷的，从两方面可以看出：(1) 深圳市文物普查的过程。据参与当年文物普查的专家反映，当年普查的工作并不十分严谨，对于具有历史文化价值的建筑没有进行评估，就直接登记入册；(2) 深圳的文化环境。由于深圳整体的文化环境相较于其他城市较为弱势，使得政府对这些历史遗产都极为“重视”，希望把每一处都保护起来，光宝安区分区前的文物点就有 478 处。这些文物放在历史文化底蕴较为深厚的城市，或许级别只是（优秀）历史建筑。其次，从宝安区开发商中途退出这一事件中可以推测，市场对古墟的商业价值并不认可。观澜古墟的面积较小，无法像乌镇、周庄一样形成良好的市场效益，同时前期需要投入大量的资金进行建筑的维护整治，再加之周围区域环境较差，潜在目标人群不足，开发商能否从中获利是存疑的。

二是政府扮演的角色。本文研究在政府高度介入下历史街区的保护与失败问题，并不是想说明政府高度介入这一前提的错误性。但是，政府在这一类的案例中扮演的角色却是值得探讨的。政府高度介入的项目存在一定弊端，例如易受各部门间利益的影响，仅靠拨款获得资金等等。在现在的社会环境下，政府的职能应逐渐转变，从权利的主导者变为公共服务的提供者，由市场与民众来行使权利。但过多的放权也可能导致情形失控，故政府应该灵活根据项目的实际情况和自身的能力来决定自己在项目中的位置。

参考文献

[1] 梁英平，谢春红等．深圳十大观念解读——历史背景·文化内涵·时代价值 [M]. 广东：中山大学出版社，2012：13-13.
[2] 刘鹏，李迪华．深圳市观澜古墟完整保存的原因及启发 [J]. 特区经济，2008，7：46-48.
[3] 李婷,李青等．历史街区保护失效问题研究——以深圳市观澜古墟“空屋”行动为例（收录于《对土地与社会的观察与思考——〈景观社会学〉教学案例之二》）[M]. 北京：高等教育出版社，2010：127-153.
[4] 杨新海．历史街区的基本特性及其保护原则 [J]. 人文地理，2006，5：48-50.
[5] 骆秋雄．百年观澜 [M]. 北京：中国社会教育出版社，2014.
[6] 麦志成．观澜古寺 [M]. 深圳：深圳市纳川摄影图片社．
[7] 阮仪三．江南古镇历史建筑与历史环境的保护 [M]. 上海：人民美术出版社，2010.
[8] 罗瑜斌．珠三角历史文化村镇保护的现实困境与对策 [D]. 广州：华南理工大学，2010.
[9] 刘畅．政府欲重金“买”老街百年明清古墟将重开 [N]. 广州日报，2006-7-11（013）.
[10] 城市紫线管理办法（2004）
[11] 宝安区文物古迹专项规划
[12] 宝安区古村落文物保护总体规划
[13] 中国文物古迹保护准则
[14] 广东省文物保护单位“四有”工作规范，2009-08-28.
[15] 深圳市紫线规划（2009）
[16] 龙华新区城市建设局关于佛山市祖庙东华里改造片区和广东省金融高新技术服务区 C 区调研情况的报告，2013-7-19.
[17] 深圳历史风貌保护区和优秀历史建筑保护规划规划研究报告，2011-12.
[18] 深圳市历史风貌保护区、优秀历史建筑和历史文物古迹保护规划现状调研报告
[19] 张晖．对文物保护单位保护规划的几点认识 [J]. 中国文物科学研究，2014，3：55-58.
[20] 深圳市文物古迹保护“十一五”规划
[21] 深圳市城市总体规划（2007-2020）
[22] 印发关于进一步加强旧村整治改造与管理若干措施的通知（深宝府〔2008〕12 号），2008.
[23] 宝安区专项行动将持续到年底．http：//paper.sznews.com/

szsb/20060620/ca2346217.htm
[24] 政府议价收购问题严重旧屋村.http://paper.sznews.com/szwb/20060620/ca2346853.htm
[25] 观澜整治旧屋村“空屋”122间.http://paper.sznews.com/jb/20060621/ca2348017.htm
[26] 观澜专项整治行动成效显著. http://paper.sznews.com/tqb/20060719/ca2381138.htm
[27] 深圳古村落保护：产权之惑待破局.http://paper.sznews.com/jb/20070713/ca2718202.htm
[28] 旧村危房整治好 古墟古榕保护好. http://barb.sznews.com/html/2008-11/05/content_400303.htm
[29] 宝安区领导昨到观澜街道调研. http://www.sz.gov.cn/cn/xxgk/qxdt/200811/t20081105_239957.htm
[30] 观澜古墟将重现昔日繁华.http://barb.sznews.com/html/2009-05/22/content_633317.htm
[31] 四大名墟之一观澜老街受损：许多门窗被偷走.http://sznews.oeeee.com/a/20090424/721194.html
[32] 吴翠明.深圳观澜版画村——古民居保护中的“艺术家部落”模式.http://bj.crntt.com/crn-webapp/cbspub/secDetail.jsp?bookid=37161&secid=37223
[33] 汪媛媛，孙雨等.文化遗产的博物馆式保护途径——以鹤湖新居客家民俗博物馆为例（收录于《对土地与社会的观察与思考——〈景观社会学〉教学案例之三》）[M].北京：高等教育出版社，2011：92-137.